AF509295

HISTOIRE NATURELLE

DES

ANIMAUX SANS VERTÈBRES.

—

TOME PREMIER.

IMPRIMERIE D'HIPPOLYTE TILLIARD, RUE DE LA HARPE, N. 88.

HISTOIRE NATURELLE

DES

ANIMAUX SANS VERTÈBRES,

PRÉSENTANT

LES CARACTÈRES GÉNÉRAUX ET PARTICULIERS DE CES ANIMAUX , LEUR DISTRIBUTION, LEURS CLASSES, LEURS FAMILLES, LEURS GENRES , ET LA CITATION DES PRINCIPALES ESPÈCES QUI S'Y RAPPORTENT ;

PRÉCÉDÉE

D'UNE INTRODUCTION

Offrant la Détermination des caractères essentiels de l'Animal , sa distinction du végétal et des autres corps naturels ; enfin , l'Exposition des Principes fondamentaux de la Zoologie.

PAR J. B. P. A. DE LAMARCK,

MEMBRE DE L'INSTITUT DE FRANCE, PROFESSEUR AU MUSÉUM D'HISTOIRE NATURELLE.

Nihil extra naturam observatione notum.

DEUXIÈME ÉDITION,

REVUE ET AUGMENTÉE DE NOTES PRÉSENTANT LES FAITS NOUVEAUX DONT LA SCIENCE S'EST ENRICHIE JUSQU'A CE JOUR ;

Par MM.

P. DESHAYES ET H. MILNE EDWARDS.

TOME PREMIER.

INTRODUCTION — INFUSOIRES.

PARIS.

J. B. BAILLIÈRE, LIBRAIRE,

RUE DE L'ÉCOLE DE MÉDECINE, 13 BIS.

A LONDRES, MÊME MAISON, 219, REGENT STREET.

1835.

AVERTISSEMENT

SUR

CETTE NOUVELLE ÉDITION.

La première édition de l'Histoire des Animaux sans vertèbres de Lamarck étant épuisée, l'éditeur propriétaire actuel de l'ouvrage sentit qu'il était nécessaire d'avoir toujours à la disposition du public un livre si utile et si indispensable à l'étude de la partie la plus considérable du règne animal ; mais il crut devoir ne pas le faire réimprimer sans y introduire, sous forme de notes, les faits principaux dont la science a été enrichie par l'observation depuis bientôt vingt ans.

L'ouvrage de Lamarck a puissamment contribué à assurer les progrès de plusieurs branches de la zoologie : il est trop connu et assez justement apprécié par tous les savants de l'Europe, pour que nous ayons besoin de faire son éloge. Cependant, publié de 1816 à 1822, dans un temps où les observations se multipliaient de toutes parts, et devaient conduire à de nouveaux résultats, plusieurs parties devinrent bientôt insuffisantes pour satisfaire aux besoins de la science. Pour que ce traité conservât toute son utilité, il était donc effectivement nécessaire que des additions lui fussent faites : c'est la tâche dont nous nous sommes chargés.

Nous avons voulu conserver néanmoins à l'ouvrage de Lamarck toute son intégrité, et nos additions, dont nous acceptons toute la responsabilité, sont entièrement séparées du texte de ce grand naturaliste.

Ces additions sont de deux sortes : les unes, générales, ont rapport à chacune des grandes classes des invertébrés et viennent compléter ou modifier les idées que Lamarck en avait. Nous continuons ces observations générales sur les divisions moins importantes des ordres, des familles et des genres, indiquant ainsi, à mesure que cela devient nécessaire, les faits nouveaux, les observations récentes qui devront entrer comme éléments nécessaires dans une classification nouvelle.

Depuis la publication du travail de Lamarck, la science s'est enrichie d'ouvrages importants dans lesquels sont décrits un grand nombre de genres et d'espèces. Toutes les fois que nous avons cru que ces genres pouvaient être adoptés, nous les avons mentionnés. Relativement aux espèces nous avons cherché à compléter la synonymie des anciennes, et nous avons ajouté les plus remarquables de celles décrites et bien figurées depuis une dixaine d'années. Ces dernières additions, en apparence les moins importantes, sont celles qui ont nécessité de notre part plus de travail ; ce que savent très bien ceux des zoologistes occupés de semblables recherches.

L'entomologie ne pouvait recevoir des additions semblables à celles que nous nous proposions de faire aux autres classes : cette science traitée par Lamarck en 1816 et 1817, ne s'était pas encore accrue d'un nombre considérable d'espèces, de genres et même de familles connus aujourd'hui : pour mettre cette portion de l'Histoire des Animaux sans vertèbres au niveau des connaissances actuelles, il aurait fallu consacrer aux additions plusieurs volumes ; et même après un travail ingrat et opiniâtre il aurait été impossible, gênés par le cadre méthodique de Lamarck, de présenter rien de bien satisfaisant et qui pût être utile après les beaux travaux de Latreille, et d'autres savants, que tous les entomologistes ont entre leurs mains, et qu'ils ont depuis long - temps préférés à ceux de notre auteur. Nous avons donc résolu de laisser, sans y toucher, toute la classe des insectes, en exceptant toutefois les généralités dans lesquelles il était possible de faire des additions fort utiles.

L'introduction, les radiaires échinodermes et les mollusques, ont été revus par M. Deshayes ; les animaux apathiques, moins ceux déjà mentionnés, les arachnides, les crustacés et les annélides, par M. Milne Edwards. Les additions sont tantôt sous la forme de notes, tantôt intercallées dans le texte, mais toujours reconnaissables en ce qu'elles sont placées entre parenthèses [ ] ou bien précédées du signe †.

AVERTISSEMENT

DE LAMARCK.

AVANT d'atteindre le terme de mon existence , j'ai pensé que, dans un nouvel ouvrage, susceptible d'être considéré comme une seconde édition de mon *Système des animaux sans vertèbres* (1), je devais exposer les principaux faits que j'ai recueillis pour mes leçons , soit sur les animaux en général, soit sur ceux qui furent le sujet de mes démonstrations au Muséum d'histoire naturelle , ainsi que mes observations et mes réflexions sur la source de ces faits. Cet ouvrage, d'ailleurs, devant offrir les classes, les genres et les principales espèces des animaux sans vertèbres, dans un ordre particulier, avec la citation des faits essentiels observés à l'égard de leur organisation et des facultés qu'ils en obtiennent, me paraît présenter, pour ainsi dire, les *pièces justificatives* de ce que j'ai publié dans ma *Philosophie zoologique*, et des nouveaux développements que j'en donne ici dans l'Introduction.

____

(1) Paris , 1801, 1 vol. in-8.

Ceux qui aiment l'étude de la nature, qui s'intéressent particulièrement à celle des animaux, et qui ont beaucoup observé ces derniers, pourront rechercher, dans la considération de tous les faits que je cite à leur égard, si ce résultat de mes observations et de mes méditations est aussi fondé, aussi nécessaire qu'il me le paraît; et dans le cas de l'affirmative, ils le feront servir à l'avancement de la science, après l'avoir amélioré ou rectifié par leurs propres observations.

On sait assez combien les *animaux* sont intéressants à observer et à étudier; combien, d'ailleurs, ceux qui sont *sans vertèbres*, sont singuliers par la diversité de leur organisation et par celle des facultés qu'ils en obtiennent. On ne saurait donc se procurer trop de moyens, ni trop rechercher les considérations qui leur sont applicables, si l'on veut parvenir à s'en former une juste idée, en un mot, à les connaître sous tous les rapports.

Ainsi, la manière particulière dont j'ai considéré les *animaux*, les conséquences que j'ai tirées de tout ce que j'ai recueilli à leur égard, enfin, la théorie générale que je présente sur tout ce qui concerne ces êtres intéressants, me paraissent mériter qu'on y donne une grande attention, et que l'on constate, s'il est possible, jusqu'à quel point je fus fondé dans tout ce que j'ai exposé à ce sujet.

Ici, en effet, l'on trouve sur la source de l'existence, de la manière d'être, des facultés, des variations et des phénomènes d'organisation des différents animaux, une théorie véritablement générale , partout liée dans ses parties , toujours conséquente dans ses principes , et applicable à tous les cas connus. Elle est, à ce qu'il me semble, la première qui ait été présentée , la seule par conséquent qui existe : car je ne connais aucun ouvrage qui en offre une autre avec un pareil ensemble de principes et de considérations qui les fondent.

Cette théorie qui reconnaît à la nature le pouvoir de faire quelque chose , celui même de faire tout ce que nous observons, est-elle fondée ? sans doute, elle me paraît telle , puisque je la publie, et que mes observations semblent partout la confirmer. Si l'on en juge autrement , probablement l'on s'efforcera de la remplacer par une autre qui soit aussi générale, et qui ait pour but de s'accorder davantage encore avec tous les faits observés ; ce que je ne crois pas possible.

On m'objectera peut-être que ce qui me paraît si juste, si fondé, n'est cependant que le produit de mon jugement, d'après la somme des mes connaissances ; on pourra même ajouter que ce qui est le résultat de nos jugements est toujours fort exposé, et qu'il n'y a réellement de certain pour nous que les faits constatés par l'observation.

A cela, je répondrai que ces considérations philosophiques, très justes en général, ont néanmoins, comme bien d'autres , leurs limites et même leurs exceptions.

Sans doute , nos jugements sont fort exposés ; car, quoiqu'ils soient toujours en rapport avec les éléments que nous y faisons entrer , et que , sous ce point de vue, ils manquent rarement de justesse , nous n'avons presque jamais la certitude d'avoir employé dans chacune de ces opérations de notre intelligence, la nature et la totalité des éléments qu'il était nécessaire d'y faire entrer.

Cependant, il est des cas où nos jugements ne sont pas les uniques résultats de notre manière d'envisager les faits observés; car ils peuvent l'être aussi de la *force des choses* qui nous entraîne malgré nous en considérant ces faits , sur-tout si nous avons su les réunir. Or, cette *force des choses* qui nous maîtrise lorsque nous parvenons à la sentir , est une puissance à laquelle on ne donne pas assez d'attention et qui fait exception aux considérations trop générales citées ci-dessus. Ainsi, il y a des cas où nos conséquences sont forcées et ne permettent aucun arbitraire.

Maintenant , que l'on veuille se représenter , qu'ayant rassemblé sur l'important sujet dont je m'occupe depuis quarante ans , les faits les plus nombreux et sur-tout les plus essentiels, il est résulté pour moi de leur considération , cette *force des choses* qui m'a conduit à découvrir et à coordonner peu à peu la théorie que je présente actuellement, théorie que je n'eusse assurément pas imaginée sans les causes qui m'ont amené à la saisir. Or, quoique l'on puisse peut-être me reprocher d'avoir exprimé ma pensée, dans cet ouvrage, d'une manière trop décisive, on sentira que j'ai été entraîné malgré moi à montrer la conviction

que j'éprouvais, et que je n'ai pu écrire autrement
que comme je sentais.

Peut-être me fera-t-on un autre reproche; car on
pourra trouver étonnant de me voir traiter certains
sujets qui, au premier abord, paraissent s'éloigner
beaucoup de ceux que je devais avoir uniquement en
vue. Cependant, si l'on approfondit ces mêmes sujets,
l'on en sentira la liaison intime avec ceux qui appartiennent directement à mon travail; l'on sentira même
la nécessité pour moi de faire valoir la lumière qu'ils
retirent les uns des autres, et de montrer qu'ils sont
tous les éléments essentiels des conséquences que j'ai
tirées.

Cet ouvrage est sérieux, n'a que l'instruction pour
but, et ne peut, par sa nature, avoir certaines des
qualités qui obtiennent beaucoup de lecteurs à bien
d'autres. Il lui doit être même d'autant plus difficile
d'obtenir toute l'attention dont il a besoin, que les
goûts et les circonstances de notre temps la font, en
général, porter vers des objets qui lui sont fort étrangers. Enfin, comme il semble ne devoir intéresser
qu'une seule classe de lecteurs, celle même dont il
tend à modifier les opinions, ce qu'il peut offrir qui
soit vraiment digne d'être considéré restera peut-être
long-temps peu connu.

Cependant, je sais que, sous plusieurs rapports, son
sujet a une véritable importance, qu'il sera utile de le
prendre sérieusement en considération; et ce fut ma
conviction à cet égard qui m'a soutenu dans mon tra-

vail. Or, si l'on trouve qu'il remplit réellement l'objet
que j'ai en vue, je serai suffisamment dédommagé de
mes efforts. Mais pour être entendu, j'ai besoin d'une
complaisance qu'on n'accorde pas indifféremment à
tout auteur, et que je me suis toujours efforcé de mériter.

On sait en effet que tout ouvrage, scientifique sur-
tout, ne peut être lu ou étudié profitablement, que
dans l'esprit qui a guidé son auteur; sauf à juger ensuite s'il s'est plus ou moins approché du but qu'il
voulait atteindre; car, en l'examinant avec un esprit
contraire ou prévenu, les considérations les mieux
établies, les vérités, même les plus claires, ne paraissent que des erreurs.

Ainsi, dans le cas d'une divergence de vues entre
celles du lecteur et celles que présente l'ouvrage, il est
utile que le lecteur veuille bien suspendre les siennes,
ne fût-ce que momentanément, afin de se mettre en
harmonie avec l'auteur dans sa manière de considérer
les sujets dont il traite. S'il trouve que ce dernier ait
rempli son objet, il ne lui restera plus qu'à juger, à
l'aide des faits et de la réflexion, laquelle des deux
manières d'envisager les choses en question mérite la
préférence.

J'attends donc de tout lecteur, la complaisance de
se mettre dans la situation d'esprit dont je viens de
parler, pour saisir complétement mon sentiment partout, et ses motifs. Quant au jugement définitif qu'il
en portera ensuite, il sera sans doute d'autant meil-

leur, quel qu'il puisse être, que les faits cités lui seront plus connus, et qu'il aura lui-même plus approfondi le sujet, plus observé la nature.

Je ne parle pas de la difficulté connue d'apercevoir dans un ouvrage un peu philosophique, tout ce qui y est digne de fixer notre attention. Cette difficulté, qui tient tantôt à la fatigue, tantôt à des préoccupations diverses en lisant, est plus ou moins grande à la vérité, selon l'habitude aussi plus ou moins grande du lecteur à la méditation ; mais elle est réelle, et chacun sait qu'à la seconde lecture d'un semblable ouvrage, on y voit en général bien des choses qu'on n'avait pu remarquer à la première.

Relativement au plan de l'ouvrage, à la marche des idées qu'il présente, et aux faits d'observation qui y sont exposés, j'ai cru devoir employer l'ordre suivant.

Dans une *Introduction*, nécessairement un peu longue, mais essentielle pour l'intelligence du sujet, j'entreprends de fixer les bases de la zoologie, les principes les plus généraux qui doivent en constituer le fondement, la source même où les objets qu'elle considère ont puisé leur origine.

En effet, d'abord je compare les animaux avec les autres corps de la nature ; j'essaie d'assigner les caractères positifs et distinctifs des uns et des autres ; je cite les faits zoologiques observés, sur-tout ceux du premier ordre, et je montre les conséquences qu'il me paraît convenable d'en tirer. Ensuite, je recherche

quelle est la source de l'existence des différents animaux, quelle est celle de la composition croissante de
leur organisation, celle des facultés qu'ils possèdent,
celle des anomalies nombreuses qui se trouvent entre la
composition progressive des différentes organisations
animales, et la marche irrégulière des divers systèmes
d'organes particuliers qui entrent dans la composition
de la plupart de ces organisations. Plus loin, je fais
voir que tout ce que l'on observe dans les animaux,
que leurs penchants mêmes sont de veritables produits
de leur organisation, que tous les phénomènes qu'ils
nous offrent sont essentiellement organiques. Enfin,
après avoir montré quelle est cette puissance singulière
que nous désignons par le mot *nature*, je mets en
évidence que c'est à elle que les animaux doivent tout
ce qu'ils sont.

Je termine l'*Introduction* dont il s'agit en exposant
la distribution générale la plus convenable des différents animaux connus, les principes sur lesquels cette
distribution doit être fondée, et la véritable disposition qu'il faut donner à l'ordre entier, pour qu'il soit
conforme à celui qu'a suivi la nature.

On verra que, pour mettre de l'ordre dans ces différentes expositions, j'ai divisé l'Introduction en sept
parties clairement circonscrites ; lesquelles présentent
des développements qui, quoique serrés ou succincts,
suppléent à ce qui manque dans ma *Philosophie zoologique*, et complètent une théorie dont les parties sont
partout dépendantes.

Après l'Introduction, je me renferme dans l'exposition des nombreux *animaux sans vertèbres* qui ont été observés, parce qu'ils font le sujet essentiel de cet ouvrage, et que l'état de leur organisation, les facultés qu'ils en obtiennent, et les caractères qu'ils offrent, établissent les preuves de ce que contient cette Introduction.

Ainsi, je présente successivement leurs différentes classes, leurs familles, les genres qui ont été établis parmi eux, et même plusieurs des espèces les plus connues qui se rapportent à ces genres.

Dans le cours de l'ouvrage, j'ai exposé en tête de chaque classe, de chaque ordre, et même de chaque genre, quelques développements nécessaires pour faire mieux connaître les objets mentionnés sous ces divisions. Ces développements sont d'autant plus bornés, que les divisions qu'ils concernent sont moins générales, et par là moins importantes.

Quant à la citation que je fais d'un certain nombre d'espèces sous chaque genre, soit d'après des déterminations d'auteurs estimés, soit d'après celles qui me sont propres, elle n'a pour objet que de constater la convenance des genres que j'ai admis ou formés moi-même. J'eusse desiré pouvoir donner un *species* (tableau des espèces) aussi complet que l'état des connaissances actuelles le permet, et dont l'exécution est fort à souhaiter ; mais cela eût exigé un travail long et difficile, que les circonstances qui me concernent ne me permettent pas d'entreprendre, et dont un seul homme peut-être ne viendrait pas à bout. Ainsi, j'ai cité d'un premier jet et presque sans recherches, sous chaque genre, tantôt un petit nombre d'espèces, tantôt un nombre beaucoup plus grand, selon que j'ai été plus ou moins à portée de les connaître.

Tel est le fond de l'ouvrage que j'offre au public, aux amateurs de zoologie, et à ceux qui s'intéressent à l'étude de la nature. Je souhaite qu'ils y trouvent quelque chose d'utile, quelque vue qu'ils puissent faire servir à l'avancement des sciences naturelles.

INTRODUCTION.

Les *animaux* sont des êtres si étonnants, si curieux, et ceux sur-tout dont je suis chargé de faire la démonstration sont si singuliers par la diversité de leur organisation et de leurs facultés, qu'aucun des moyens propres à nous en donner une juste idée et à nous éclairer le plus à leur égard, ne doit être négligé.

Cependant, j'ose le dire, la marche que l'on a suivie dans l'étude de ces êtres admirables, est loin encore d'embrasser les considérations capables de nous montrer en eux ce qu'il nous importe le plus d'y voir.

En effet, s'il n'était question, dans l'étude de la zoologie, que d'observer les différences de forme qui distinguent les divers animaux entre eux; s'il ne s'agissait que de déterminer leurs races nombreuses, de les grouper par petites masses, pour en former des genres, en un mot, de les classer d'une manière quelconque, et d'établir ainsi méthodiquement l'énorme liste de leurs espèces observées, on n'aurait presque rien à ajouter à la marche usitée de l'étude; enfin, il suffirait de perfectionner ce qui a été fait, et d'achever de recueillir et de déterminer tout ce qui a, jusqu'à présent, échappé à nos observations.

Mais il y a dans les animaux bien d'autres choses à voir que celles que nous y avons cherchées; et, à leur égard, il y a bien des préventions à détruire , bien des erreurs à corriger.

Voilà ce dont, à mon grand étonnement, l'étude m'a fortement convaincu, ce que je puis établir solidement, ce qui est déjà énoncé dans mes écrits, et, néanmoins, ce qui sera peut-être long-temps sans fruit; tant les causes qui entretiennent ces préventions sont puissantes, et tant la raison même a peu de forces lorsqu'elle a à combattre des idées habituelles, en un mot, ce que l'on a toujours pensé.

Depuis bien des années, que je suis chargé de faire , au Muséum, un Cours annuel de zoologie, particulièrement sur les *animaux sans vertèbres*, c'est-à-dire , ceux qui ne font point partie des *mammifères*, des *oiseaux*, des *reptiles* et des *poissons*; j'ai dù m'efforcer de les connaître, non-seulement sous les rapports de leur forme générale, de leurs caractères externes et distinctifs; mais, en outre , sous ceux de leur organisation, de leurs facultés, et des habitudes de ces animaux; enfin , j'ai dû me mettre en état de donner à ceux qui viennent m'entendre, les idées les plus justes de ces mêmes animaux sous tous ces rapports, au moins relativement aux connaissances que j'avais pu me procurer à leur égard.

En me livrant à ces devoirs, je trouvai bientôt que ma tâche était extrêmement difficile à remplir; car j'avais à m'occuper de la portion du règne animal , la plus étendue , la plus nombreuse en races diverses, la plus variée en organisation, la plus diversifiée dans les facultés réelles des races ; et c'était précisément celle qui n'avait inspiré jusqu'alors qu'un faible intérêt, celle, enfin, que l'on avait le plus négligée, et sur laquelle les principaux faits recueillis et considérés, n'étaient guère relatifs qu'aux formes externes des objets qu'elle embrasse.

Cependant, le besoin de connaître l'organisation de l'homme, afin de tâcher de remédier aux désordres que les causes des maladies y introduisent, avait depuis long-temps fait étudier son être physique, la plus compliquée de toutes les organisations. On s'était ensuite assuré, par l'observation, que cette organisation compliquée avoisinait considérablement, par ses rapports, celle de certains animaux, tels que les *mammifères*. Mais, au lieu de sentir que tout ce que l'on pouvait raisonnablement conclure des observations dont cette organisation avait été le sujet, ne pouvait guère s'appliquer qu'à elle-même, on en déduisit des principes généraux pour la physiologie, et, en outre, plusieurs conséquences relatives à des facultés du premier ordre, que l'on étendit à tous les animaux en général.

On négligea de considérer que toute faculté étant essentiellement dépendante de l'organisation qui y donne lieu, de grandes différences entre des organisations comparées, devaient non-seulement en produire aussi de grandes dans les facultés, mais, en outre, qu'elles pouvaient mettre un terme aux facultés qui, pour se produire, exigent un ordre de choses que certaines de ces différences ont pu anéantir.

Ainsi, sans égard pour ces vérités positives, les conséquences dont je parle, et qu'on applique généralement à tous les animaux, furent admises à constituer les bases d'une théorie, d'après laquelle les études zoologiques furent dirigées et le sont encore.

Tel était l'état des choses en zoologie, lorsque mon devoir de professeur m'obligea d'exposer, dans la démonstration des *animaux sans vertèbres*, tout ce qu'il importe de faire connaître à l'égard de ces animaux ; d'indiquer ce que l'observation nous a appris sur la diversité de leurs races, sur celle de leurs formes et de leurs caractères, sur celle encore de leur organisation et de leurs facultés: en un mot, de montrer comment les principes admis peuvent s'appliquer aux faits d'observation que nous ont offerts quantité de ces animaux.

A la vérité, dans tout ce qui tient à l'art des distinctions, je ne rencontrai d'autres difficultés que celles que l'étude et l'observation des objets peuvent facilement résoudre.

Mais, lorsque je voulus appliquer à ces animaux les principes admis en théorie générale, lorsque j'essayai de reconnaître dans leurs facultés réelles, celles que les principes en question leur attribuaient; enfin, lorsque je cherchai à trouver, dans ces facultés attribuées, les rapports parfaits qui doivent exister entre les organes et les facultés qu'ils produisent, les difficultés pour moi furent partout insurmontables.

Plus, en effet, j'étudie les animaux; plus je considère les faits d'organisation qu'ils nous offrent, les changements que subissent leurs organes et leurs facultés, tant par les suites du cours de la vie, que de la part des mutations qu'ils peuvent éprouver dans leurs habitudes; plus, enfin, j'approfondis tout ce qu'ils doivent aux circonstances dans lesquelles chaque race s'est rencontrée, plus, aussi, je sens l'impossibilité d'accorder les faits observés avec la théorie admise; en un mot, plus les principes que je suis contraint de reconnaître, s'éloignent de ceux que l'on enseigne ailleurs (1).

Que faire dans cet état de choses? Pouvais-je me restreindre, dans l'enseignement dont je suis chargé, à la simple exposition des formes des objets, à la citation des caractères observés et dont on trouve la plupart

---

(1) Il paraît très probable, en effet, que certains principes généraux qui régissent les animaux vertébrés, par exemple ne trouvent plus d'application possible dans les invertébrés.

dans les livres, à l'énonciation des divisions introduites artificiellement parmi ces objets; enfin , comprimant ma conscience pour favoriser l'opinion et maintenir l'erreur, était-il convenable que je privasse ceux qui viennent m'entendre de la connaissance de mes observations, de celle des faits qui attestent combien l'étude des traits variés d'organisation que présentent les *animaux sans vertèbres*, est importante pour l'avancement de la physique animale, en un mot, de celle du précepte qui veut que ce ne soit qu'en considérant à la fois toutes les organisations existantes, que l'on entreprenne de fonder les vrais principes de zoologie ?

Je n'ai pas suivi et n'ai pas dû suivre une pareille marche, c'est-à-dire, je n'ai pas dû taire ce que mes études m'ont fait apercevoir. Ainsi, je me trouve entraîné dans une dissidence, que le temps , plus que la raison, peut convenablement terminer ; car je n'ai guère, maintenant, d'autres juges que la partie même dont je combats les préceptes; partie qui a pour elle l'avantage de l'opinion.

Je me bornerais à ne parler que des *animaux sans vertèbres*, puisqu'ils constituent le sujet de cet ouvrage, si je n'avais à exposer à leur égard quantité de considérations importantes, que les principes admis ne sauraient reconnaître, et si je ne voulais montrer que les imperfections que j'attribue à ces principes ne sont point illusoires. Je dois donc, d'abord, examiner ce que sont les *animaux* en général, m'efforcer de fixer, s'il est possible, les idées que nous devons nous former de ces êtres singuliers, me hâter d'arriver à l'exposition des sujets de dissidence dont j'ai parlé tout-à-l'heure , et essayer de convaincre mes lecteurs, par la citation de quelques-unes des conséquences que l'on a tirées des faits observés, que ces faits sont loin d'en confirmer le fondement.

Il me semble que la première chose que l'on doive faire dans un ouvrage de zoologie, est de définir l'*animal*, et de lui assigner un caractère général et exclusif, qui ne souffre d'exceptions nulle part. C'est cependant ce que l'on ne saurait faire à présent, sans revenir sur ce qni a été établi, et sans contester des principes qui sont enseignés partout.

Qui est-ce qui pourrait croire que, dans un siècle comme le nôtre où les sciences physiques ont fait tant de progrès, une définition de ce qui constitue l'*animal* ne soit pas encore solidement fixée ; que l'on ne sache pas assigner positivement la différence d'un animal à une plante ; et que l'on soit dans le doute à l'égard de cette question, savoir : si les animaux sont réellement distingués des végétaux par quelque caractère essentiel et exclusif ? C'est, néanmoins, un fait certain qu'aucun zoologiste n'en a encore présenté qui soit véritablement applicable à tous les animaux connus et qui les distingue nettement des végétaux. De là, les vacillations perpétuelles entre les limites du règne animal et du règne végétal dans l'opinion des naturalistes; de là même, l'idée erronée et presque générale que ces limites n'existent pas, et qu'il y a des *animaux-plantes* ou des *plantes-animales*. La cause de cet état des choses, à l'égard de nos connaissances zoologiques, est facile à apercevoir(1).

Comme les études sur la nature animale et sur les facultés des animaux ne furent, jusqu'à présent, dirigées que d'après les organisations les plus compliquées, c'est-à-dire, d'après celles des animaux les plus parfaits, on ne put se procurer aucune idée juste des limites réelles

---

(1) Nous rappellerons qu'un naturaliste fort distingué a cru trancher la difficulté en établissant un quatrième règne auquel il donne le nom de Psychodiaire. M. Bory de Saint-Vincent a laissé la question indécise comme nous le verrons plus tard.

de la plupart des facultés animales, de celles même des organes qui les donnent ; enfin, l'on ne peut parvenir à connaître ce qui constitue la vie animale la plus réduite , ni quelle est la seule faculté qu'elle puisse donner à l'être qui en jouit.

Ainsi, pour montrer combien tout ce que l'on a écrit sur les facultés que possèdent les animaux et sur les caractères qui leur sont communs à tous , est peu propre à nous les faire réellement connaître, ne peut que nous abuser, et entrave les vrais progrès de la zoologie, je ne saurais choisir un texte plus authentique que celui qu'offre le mot *animal* dans le Dictionnaire des Sciences naturelles, l'auteur connu de cet article étant un anatomiste et un zoologiste des plus célèbres de notre temps , et en effet, des plus distingués.

« Rien, dit ce savant, ne semble si aisé à définir que l'*animal* : tout le monde le conçoit comme un être doué de *sentiment* et de *mouvement volontaire* ; mais lorsqu'il s'agit de déterminer si un être que l'on observe est ou non un animal, cette définition devient très difficile à appliquer ». (*Dict. des Sciences naturelles.*) (1)

Il est clair, d'après cela, que je suis fondé à insister sur l'examen de ce qui constitue la *nature animale*, puisque le savant que je cite ne désapprouve pas lui-même la définition que tout le monde donne des animaux ; qu'il la trouve seulement difficile à appliquer ;

(1) Cet article est de G. Cuvier, et il mérite d'être lu et médité comme tout ce qu'a produit ce savant naturaliste. On voit qu'en adoptant la définition vulgaire de l'animal , il sentait la difficulté de l'appliquer à tous les animaux, et cependant il fallait qu'elle le satisfît en grande partie, puisqu'il ne fit aucun effort pour la remplacer par une autre plus rationnelle. Depuis la publication de l'ouvrage de Lamarck , un autre zoologiste des plus distingués a également cherché à définir l'animal. Nous verrons plus tard que M. de Blainville a mieux réussi que Cuvier, mais n'a pas atteint à la justesse désirable dans un pareil sujet.

et qu'elle est encore reçue dans tous les ouvrages et dans tous les cours de zoologie, les miens seuls exceptés.

Sans doute, en conservant une pareille définition, qui fut imaginée dans des temps d'ignorance, et d'après la seule considération des animaux les plus parfaits, il est maintenant très difficile de l'appliquer à quantité d'êtres que nous observons chaque jour ; mais on peut ajouter que cette définition n'est pas même applicable au plus grand nombre des animaux reconnus.

La raison de cette difficulté pourra facilement se concevoir, si je montre qu'il n'est pas vrai que tous les animaux soient doués de *sentiment* et de *mouvement volontaire*. Alors on sentira que cette définition que l'on donne partout des animaux, est une erreur que les lumières actuelles doivent repousser ; et pour s'en convaincre, il suffira de rassembler et de considérer les faits connus que je citerai dans le cours de cet ouvrage.

Si l'on en excepte les *parties de l'art* dans les sciences naturelles, parties qui consistent dans des distinctions que l'on emploie à former des classes, des ordres, des genres et des espèces, je me crois autorisé à dire qu'il n'y aura jamais rien de clair, rien de positif en zoologie, tant que l'on continuera d'admettre, pour circonscrire les animaux, la définition citée ci-dessus ; tant que l'on méconnaîtra les rapports constants qui se trouvent entre les systèmes d'organes particuliers et les facultés que donnent ces systèmes ; en un mot, tant que l'on ne considérera pas certains principes fondamentaux sans lesquels la théorie sera toujours arbitraire.

Aussi, tant que les choses subsisteront dans cet état, on verra toujours en zoologie ce qui a lieu actuellement ; savoir : que celui qui en traite ou qui l'enseigne, ne saurait nous dire positivement ce que c'est qu'un *animal*. Enfin, on aura un champ ouvert aux hypothèses les plus singulières, comme celles de dire que certains organes sont confondus dans la substance *irritable* et *sensible* des animaux, afin d'expliquer pourquoi ces organes ne se retrouvent plus dans les plus imparfaits, lorsqu'on a besoin de supposer qu'ils y existent encore et qu'ils y exécutent leurs fonctions.

Ici, je devrais éclaircir toutes ces considérations, montrer l'inconvenance des préceptes admis, et prouver qu'à l'égard de ceux que nous voulons leur substituer, il ne s'agit point d'hypothèses nouvelles, mais de vérités claires, évidentes, sur lesquelles les observations ne peuvent autoriser le moindre doute, lorsqu'on voudra les examiner.

Cependant, il importe, avant tout, de poser les principes fondamentaux suivants, afin d'empêcher tout arbitraire dans les conséquences que les faits connus permettent de tirer.

Principes fondamentaux.

1ᵉʳ *Principe* : Tout fait ou phénomène que l'observation peut faire connaître, est essentiellement physique, et ne doit son existence ou sa production qu'à des corps, ou qu'à des relations entre des corps.

2ᵉ *Principe* : Tout mouvement ou changement, toute force agissante, et tout effet quelconque, observés dans un corps, tiennent nécessairement à des causes mécaniques, régies par des lois.

3ᵉ *Principe* : Tout fait ou phénomène observé dans un corps vivant, est à la fois un fait ou phénomène physique, et un produit de l'organisation.

4ᵉ *Principe* : Il n'y a dans la nature aucune matière qui ait en propre la faculté de *vivre*. Tout corps en qui la vie se manifeste, offre dans le produit de l'organisation qu'il possède, et dans celui d'une suite de mouvements excités dans ses parties, le phénomène physique et organique que la *vie* constitue (1), phénomène qui s'exécute et se maintient dans ce corps, tant que les conditions essentielles à sa production subsistent.

5ᵉ *Principe* : Il n'y a dans la nature aucune matière qui ait en propre la faculté d'avoir ou de se former des idées, d'exécuter des opérations entre des idées, en un mot, de *penser*. Là où de pareils phénomènes se montrent (et l'on en observe de cette sorte dans les animaux les plus parfaits), l'on trouve toujours un système d'organes particuliers, propre à les produire ; système dont l'étendue et l'intégrité sont constamment en rapport avec le degré d'éminence et l'état des phénomènes dont il s'agit.

6ᵉ *Principe* : Enfin, il n'y a dans la nature aucune matière qui ait en propre la faculté de *sentir*. Aussi, là où cette faculté peut être constatée, là seulement se trouve, dans le corps vivant qui en est doué, un système d'organes particulier, capable de donner lieu au phénomène physique, mécanique et organique qui, seul, constitue la *sensation*.

A ces principes, à l'abri de toute contestation solide, et sans lesquels la *zoologie* serait sans fondements, j'ajouterai :

1º Qu'il y a toujours un rapport parfait entre l'état, soit d'intégrité ou d'altération, soit d'étendue ou de perfectionnement d'une faculté organique, et celui de l'organe ou du système d'organes qui la produit.

2º Que, plus une faculté organique est éminente,

____

(1) *Philosophie zoologique* , vol. 1, p. 400.

plus l'organisation à laquelle appartient le système d'organes qui y donne lieu, est composée.

Maintenant, étayé sur ces principes que l'observation met partout en évidence, je vais faire voir que ni la faculté de *penser*, de *juger*, de *vouloir*, ni celle d'éprouver des *sensations*, ne peuvent être le propre de tous les animaux; car elles ne peuvent l'être de ceux qui sont les plus simples en organisation; ce que je prouverai.

D'abord, je dois faire remarquer que la faculté qui, dans un degré quelconque, constitue ce qu'on nomme l'*intelligence*, c'est-à-dire, qui donne à l'individu le pouvoir d'employer des idées, de comparer, de juger, de vouloir; que cette faculté, dis-je, est très distincte de celle qui constitue le sentiment; qu'elle lui est bien supérieure, et qu'elle en est tout-à-fait indépendante.

On peut, en effet, penser, juger, vouloir, sans éprouver aucune sensation, et l'on sait que si l'organe très composé qui donne lieu aux actes d'intelligence, vient à être lésé, à subir quelque altération, les idées alors ne se présentent plus qu'avec désordre, se dérangent, soit partiellement, soit totalement, selon la partie altérée de l'organe ou l'étendue de l'altération, et même se perdent entièrement si l'altération est considérable; tandis que la faculté de *sentir* reste dans son intégrité et n'en éprouve aucun changement.

Qui ne sait que la folie, la démence, sont les résultats d'une altération invétérée dans l'organe où s'exécute le phénomène de la production des idées, et des opérations entre les idées, comme le délire est la suite d'une altération du même organe, mais qui est plus passagère, étant produit par une fièvre ou une affection moins durable. Or, dans tous ces cas, et particulière- ment dans la folie où le fait est plus facile à constater, il est connu que l'organe du sentiment n'est nullement intéressé, qu'il conserve l'intégrité de ses fonctions, enfin, que les sensations s'exécutent comme dans l'état de santé (1).

Le système d'organes qui donne lieu aux opérations entre les idées, aux jugements, aux actes de volonté, n'est donc pas le même que celui qui produit les sensations; puisque le premier peut éprouver des lésions qui altèrent ses facultés, sans exercer aucune influence sur celles du second.

La faculté d'*employer des idées* étant très distincte, très indépendante même de celle de *sentir*, et les animaux les plus parfaits jouissant évidemment de l'une et de l'autre, nous allons montrer que ni l'une ni l'autre de ces facultés ne peuvent être le propre de tous les animaux en général.

Relativement au *mouvement volontaire* attribué à tous les animaux, dans la définition que l'on donne de ces êtres, que l'on prenne en considération les observations qui concernent les actes de *volonté*; bientôt alors on sera convaincu qu'il n'est pas vrai, qu'il est même impossible que tous les animaux puissent former des actes de cette nature; qu'ils ne sauraient tous avoir l'organisation assez compliquée, et l'appareil d'organes particulier capables de donner lieu à une faculté aussi éminente; et qu'il n'y a réellement que les plus parfaits d'entre eux qui puissent posséder une pareille faculté.

---

(1) Ces idées sur la folie, que Lamarck ne fait qu'indiquer en passant, ont été plus tard développées avec un talent bien remarquable par un homme auquel la science médicale est redevable des progrès les plus importants qu'elle ait fait dans les temps modernes; et le livre de l'*irritation et de la folie* n'a pas pu contribué à répandre les plus saines doctrines sur les fonctions du cerveau.

Il est certain et reconnu que la *volonté* est une détermination par la pensée, qui ne peut avoir lieu que lorsque l'être qui veut, peut ne pas vouloir; que cette détermination résulte d'actes d'intelligence, c'est-à-dire, d'opérations entre les idées; et qu'en général, elle s'opère à la suite d'une comparaison, d'un choix, d'un jugement, et toujours d'une *préméditation*. Or, comme toute préméditation est un emploi d'idées, elle suppose, non-seulement la faculté d'en acquérir, mais, en outre, celle de les employer et de former des actes d'intelligence.

De pareilles facultés ne sauraient être le propre de tous les animaux; et celle sur-tout de pouvoir exécuter des actes d'intelligence étant assurément la plus éminente de celles que la nature ait pu donner à des animaux, on sent qu'elle exige, dans le petit nombre de ceux qui en sont doués, un système d'organes particulier, très composé, que la nature n'a pu faire exister que dans la plus compliquée des organisations animales. On peut dire même qu'elle n'y est parvenue qu'insensiblement et par des degrés en quelque sorte nuancés; qu'en l'instituant d'abord d'une manière très obscure, et terminant ensuite par la rendre très remarquable dans les plus parfaits des animaux.

Ainsi, tout acte de volonté étant une détermination par la pensée, à la suite d'un choix, d'un jugement, et tout *mouvement volontaire* étant la suite d'un acte de volonté, c'est-à-dire, d'une détermination par la préméditation, et conséquemment par acte d'intelligence, dire que tous les animaux soient doués de *mouvement volontaire*, c'est leur attribuer à tous généralement des facultés d'intelligence : ce qui ne saurait être vrai, ce qui ne peut être le propre de toutes les organisations animales, ce qui contredit l'observation des faits relatifs aux plus imparfaits des animaux, enfin, ce qui constitue une erreur manifeste, que les lumières de notre siècle ne permettent plus de conserver (1).

Mais quoique ce soient les plus parfaits d'entre les *vertébrés* qui puissent le plus agir volontairement, c'est-à-dire, à la suite d'une préméditation, parce qu'en effet, ils possèdent, dans certains degrés, des facultés d'intelligence, l'observation atteste que chez les animaux dont il s'agit, ces facultés sont rarement exercées, et que dans la plupart de leurs actions, c'est la puissance de leur *sentiment intérieur*, ému par des besoins, qui les entraînent et les fait agir immédiatement, sans préméditation, et sans le concours d'aucun acte de volonté de leur part.

Je n'ai point de terme pour exprimer cette puissance intérieure dont jouissent non-seulement les animaux intelligents, mais encore ceux qui ne sont doués que de la faculté de *sentir*; puissance qui, émue par un besoin ressenti, fait agir immédiatement l'individu, c'est-à-dire, dans l'instant même de l'émotion qu'il éprouve; et si cet individu est de l'ordre de ceux qui sont doués de facultés d'intelligence, il agit néanmoins, dans cette circonstance, avant qu'aucune préméditation, qu'aucune opération entre ses idées, ait provoqué sa *volonté*.

---

(1) Ce qui précéde répond de la manière la plus claire à ceux des zoologistes qui confondent les actes de l'instinct avec ceux de l'intelligence. Dire que les abeilles, les fourmis, etc. pensent, jugent, comparent avec les ganglions abdominaux de leur système nerveux dépourvu du cerveau; c'est faire une proposition sans aucun fondement. Il n'y a d'action volontaire que lorsqu'il y a choix de faire ou ne pas faire. Les animaux sans vertèbres agissent nécessairement : dès qu'un insecte est parvenu à l'état parfait, ses actes seront, dès cet instant même, ce qu'ils seront pendant toute sa vie, ces actes lui sont imposés comme une fatalité à laquelle il ne peut se soustraire ; l'animal intelligent depuis sa naissance jusqu'à sa mort, expérimente sans cesse les circonstances extérieures dans la perfection que lui permet son organisation, les compare et choisit.

C'est un fait positif, et qui n'a besoin que d'être re- marqué pour être connu, savoir : Que dans les ani- maux dont je viens de parler, et dans l'homme même, par la seule émotion du *sentiment intérieur*, une action se trouve aussitôt exécutée, sans que la pensée, le juge- ment, en un mot, la volonté de l'individu y ait eu au- cune part ; et l'on sait qu'une impression ou qu'un besoin subitement ressenti, suffit pour produire cette émotion.

Ainsi, nous-mêmes, nous sommes assujettis, dans certaines circonstances, à cette puissance intérieure qui fait agir sans préméditation. Et, en effet, quoique très souvent nous agissions par des actes de volonté positive, très souvent aussi chacun de nous, entraîné par des impressions intérieures et subites, exécute une multitude d'actions, sans l'intervention de la pensée et conséquemment d'aucun acte de volonté.

Cette puissance singulière, qui fait agir sans prémé- ditation et à la suite des émotions éprouvées, est celle-là même que l'on nomme *instinct* dans les animaux.

On vient de voir qu'elle ne leur est point particu- lière, puisque nous y sommes aussi assujettis ; à cette considération j'ajouterai qu'elle ne leur est pas même générale; car les animaux que j'ai nommés *apathiques*, comme ne jouissant point du *sentiment*, ne sauraient agir par des émotions intérieures, enfin, ne sauraient avoir d'instinct.

Ce n'est point ici que je dois développer le fonde- ment de ces observations; mais ce qui est positif, et ce qu'il est essentiel de dire, c'est que, parmi les causes immédiates, soit de nos actions, soit de celles des ani- maux, il faut nécessairement distinguer celles qui s'exécutent à la suite d'une préméditation qui amène la *volonté*, de celles qui se produisent immédiatement à la suite des émotions du sentiment intérieur; et qu'il faut même distinguer celles-là de celles qui ne sont dues qu'à des excitations de l'extérieur; car toutes ces causes immédiates d'actions sont essentiellement différentes, et tous les animaux ne sauraient être assujettis à la puissance de chacune d'elles; l'étendue des différences d'organisation ne le permettant pas.

Ainsi, il n'est pas vrai que tous les animaux généralement soient doués de *mouvement volontaire*, c'est-à-dire, de la faculté d'agir par des actes de *volonté*; ces actes étant essentiellement précédés de préméditation.

Voyons maintenant si la faculté de *sentir* est réellement le propre de tous les animaux, c'est-à-dire, si le *sentiment*, dont on a fait l'un des caractères distinctifs des animaux dans la définition qu'on en donne, ce qui se trouve copié dans tous les ouvrages et répété partout, leur est véritablement général; ou, si ce n'est pas une faculté particulière à certains d'entre eux, comme l'est celle de mouvoir volontairement leurs parties.

Il n'est aucun physiologiste qui ne sache très bien que, sans l'influence d'un système nerveux, le *sentiment* ne saurait être produit. C'est une condition de rigueur; et l'on sait même que ceux des nerfs qui fournissent à certaines parties la faculté de sentir, cessent aussitôt, par leur lésion, d'y entretenir cette faculté. C'est donc un fait positif que le *sentiment* est un phénomène organique; qu'aucune matière quelconque n'a en elle-même la faculté de sentir (Phil. zool., vol. 2, p. 252); et qu'enfin, ce n'est que par le moyen des nerfs que le phénomène du sentiment peut se produire. Il résulte de ces vérités, que personne actuellement ne saurait contester qu'un animal qui n'aurait point de nerfs ne saurait sentir.

J'ajouterai maintenant, comme seconde condition, que le système nerveux doit être déjà assez avancé dans

sa composition pour pouvoir donner lieu au phénomène du *sentiment*; car, je puis prouver que, pour
sentir, il ne suffit point à un animal d'avoir des nerfs;
mais qu'il faut en outre que son système nerveux soit
assez avancé dans sa composition pour que le phénomène de la sensation puisse se produire en lui.

Ainsi, pour que le *sentiment* soit une faculté générale
aux animaux, il faut nécessairement que le système
nerveux, qui seul y peut donner lieu, soit commun à
tous sans exception ; qu'il fasse partie de tous les systèmes d'organisation que l'on observe parmi eux ; que
partout il y puisse exécuter ses fonctions ; et que la plus
simple des organisations animales soit cependant munie, non-seulement de nerfs, mais en outre de l'appareil nerveux propre à produire le *sentiment*, tel que
celui qui se compose, au moins, d'un centre de rapport
auquel se rendent les nerfs qui peuvent causer la sensation. Or, ce n'est point là du tout ce que la nature a
exécuté à l'égard de tous les animaux connus ; et ce
n'est pas là non plus ce que les faits observés confirment.

Dans les plus simples et les plus imparfaits des *végétaux*, la nature n'a établi que la vie végétale ; elle
n'a pu modifier le tissu cellulaire de ces corps, et y tracer différentes sortes de canaux.

De même, dans les *animaux* les plus imparfaits et
les plus simples en organisation, elle n'a établi que la
vie animale, c'est-à-dire, que l'ordre des choses essentiel pour la faire exister ; aussi dans les corps gélatineux et presque sans consistance qui lui suffirent pour
cet objet, elle n'a pu ajouter aucun organe particulier
quelconque. Cela est évident, et l'observation de ces
animalcules atteste quelle n'a point fait autrement.

Que l'on cherche tant qu'on voudra dans une *monade*, dans une *volvoce*, ou dans une *protée*, des nerfs

aboutissant à un cerveau ou à une moelle longitudinale, ce qui est nécessaire pour la production du *sentiment*, on sentira bientôt l'inutilité, le ridicule même
de cette recherche.

Comme la nature a compliqué graduellement l'organisation animale, et a multiplié progressivement les
facultés à mesure qu'elles devenaient nécessaires, ce
que je prouverai bientôt, on reconnaît en s'élevant
dans l'échelle animale, à quel point de cette échelle
commence la faculté de *sentir*; car dès que cette faculté existe, l'animal qui en jouit offre constamment
un appareil nerveux, très distinct, propre à la produire; et presque toujours alors, un ou plusieurs sens
particuliers se montrent à l'extérieur.

Enfin, lorsque l'appareil nerveux en question ne se
trouve plus, qu'il n'y a plus de centre de rapport pour
les nerfs, plus de cerveau, plus de moelle longitudinale; jamais alors l'animal ne présente aucun sens
distinct. Or, vouloir, dans ce cas, lui attribuer le
sentiment, tandis qu'il n'en a pas l'organe, c'est évidemment se bercer d'une chimère.

On me dira peut-être que c'est un système de ma
part, de vouloir assurer que le *sentiment* n'a point
lieu dans un animal en qui l'on ne voit point de nerfs,
ou même qui en est réellement dépourvu ; puisque
l'on sait qu'en bien des cas la nature sait parvenir au
même but, par différents moyens.

A cela je répondrai que ce serait plutôt un système
de la part de ceux qui me feraient cette objection; car
ils ne sauraient prouver :

1° Que le *sentiment* soit nécessaire aux animaux qui
n'ont point de nerfs;

2° Que là où les nerfs manquent, la faculté de *sentir*
puisse néanmoins exister.

Ce n'est assurement que par système qu'on pourrait supposer de pareilles choses.

Or, je puis montrer que si la nature eût donné la faculté de sentir à des animaux aussi imparfaits que les *infusoires*, les *polypes*, etc., elle eût fait en cela une chose à la fois inutile et dangereuse pour eux. En effet, ces animaux n'ayant jamais besoin de choisir les objets dont ils se nourrissent, de les aller chercher, enfin, de se diriger vers eux, mais les trouvant toujours à leur portée, parce que les eaux qui en sont remplies, les tiennent sans cesse à leur disposition, l'*intelligence* pour juger et choisir, le *sentiment* pour connaître et distinguer, seraient pour eux des facultés superflues et dont ils ne feraient aucun usage. La dernière même (la faculté de sentir) serait probablement nuisible à des animaux si délicats.

Le vrai en cela est que ce fut d'abord d'après les organisations animales les plus perfectionnées que l'on s'est formé une *opinion* sur la nature des animaux en général ; et maintenant, cette opinion reçue fait que l'on se sent porté à regarder comme système toute considération qui tend à la renverser, quelqu'appuyée qu'elle soit par les faits et par l'observation des lois de la nature.

Sans avoir besoin d'entrer ici dans plus de détails, je crois avoir prouvé qu'il n'est pas vrai que tous les animaux soient généralement doués du *sentiment*; j'ai démontré même que cela est impossible :

1° Parce que tous les animaux ne possèdent point l'appareil nerveux nécessaire à la production du sentiment;

2° Parce que tous les animaux ne sont pas même munis de nerfs, et qu'il n'y a que des nerfs aboutissant à un centre de rapport, qui puissent donner lieu à la faculté de *sentir*;

3º Parce que la faculté d'éprouver des sensations n'est pas nécessaire à tous les animaux , et qu'elle pourrait même être très nuisible aux plus frêles et aux plus imparfaits de ces êtres ;

4º Parce que le *sentiment* est un phénomène organique, et non la faculté particulière d'aucune matière quelconque ; et que ce phénomène, quelque admirable qu'il soit , ne saurait être produit que par le système d'organes qui en a le pouvoir ;

5º Enfin, parce qu'on observe que le système nerveux, très compliqué dans les mammifères et sur-tout dans les animaux des premiers genres des *quadrumanes*, va en se dégradant et se simplifiant de plus en plus à mesure que l'on descend l'échelle animale ; qu'il perd progressivement, dans cette marche , plusieurs des facultés dont il faisait jouir les animaux ; et qu'il disparaît entièrement lui-même, long-temps avant d'avoir atteint l'autre extrémité de l'échelle.

Si ce sont là des vérités attestées par l'observation ; si tous les animaux ne possèdent pas la faculté de *sentir*, et n'ont pas celle d'agir *volontairement*, combien est fautive la théorie généralement reçue, qui admet pour définition de l'animal, la faculté du *sentiment* et celle du mouvement *volontaire* (1).

Je ne m'étendrai pas ici davantage sur ce sujet ; mais ayant beaucoup de redressements à présenter, relativement aux principes qu'il convient d'admettre en zoologie, et devant compléter les considérations essentielles qui peuvent, par leur connexion évidente, montrer le fondement de ces principes, je vais diviser cette Introduction en sept parties principales.

---

(1) La réfutation de Lamarck est complète : elle est fondée sur ce que le raisonnement a de plus juste ; elle est la conséquence nécessaire de l'appréciation rigoureuse, les faits relatifs à l'organisation des animaux.

Dans la première, je traiterai des *caractères essentiels* des animaux, comparés à ceux des autres corps naturels que nous pouvons connaître, et je donnerai une définition précise de ces êtres singuliers.

J'établirai, dans la seconde, l'existence d'une progression dans la composition de l'organisation des différents animaux, ainsi, que dans le nombre et l'éminence des facultés qu'ils en obtiennent. Ce fait établi d'après l'observation, deviendra décisif en faveur de la théorie proposée.

Je traiterai dans la troisième, des moyens employés par la nature pour instituer la vie animale dans un corps où elle n'existait pas, composer ensuite progressivement l'organisation des animaux, et établir en eux différents organes particuliers, graduellement plus compliqués, qui leur donnent des facultés en rapport avec ces organes.

Dans la quatrième partie, les facultés observées dans les animaux seront toutes considérées comme des phénomènes uniquement organiques, et j'en offrirai la preuve.

Dans le cinquième, je considérerai la source des penchants et des passions, soit des animaux sensibles, soit de l'homme même, et je montrerai qu'elle est un véritable produit du sentiment intérieur, et par suite, de l'organisation.

Dans la sixième, l'enchaînement des causes essentielles à considérer m'oblige à traiter *de la nature*, c'est-à-dire, de la puissance, en quelque sorte mécanique, qui a donné l'existence aux animaux divers, et qui les a fait nécessairement ce qu'ils sont. J'essaierai de fixer les idées que nous devons attacher à ce mot si généralement employé, et néanmoins si vague dans son acception.

Enfin, dans la septième et dernière partie, j'expo-

serai la distribution générale des animaux, ses divisions, et les principes sur lesquels cette distribution
doit être fondée. Dès lors, le rang des différents animaux sans vertèbres, et les rapports de ces êtres avec
les autres corps connus de notre globe, seront clairement déterminés.

PREMIÈRE PARTIE.

—

DES CARACTÈRES ESSENTIELS DES ANIMAUX, COMPARÉS A CEUX DES AUTRES CORPS DE NOTRE GLOBE.

Jusqu'ici, j'ai essayé de faire voir que le plan général de nos études des animaux était fort imparfait, et n'avait guère de valeur qu'à l'égard des nos classifications, de nos distinctions d'espèces, etc.

J'ai montré effectivement. que ce plan n'embrassait nullement les moyens de nous procurer des notions exactes, de ce que sont réellement les animaux, de ce qu'ils tiennent de la nature, de ce qu'ils doivent aux circonstances, enfin, de la source et des limites de leurs facultés ; en sorte qu'il est résulté du plan borné de nos études zoologiques, qu'actuellement même, nous ne sommes pas encore en état d'attacher au mot *animal*, des idées claires, justes et circonscrites.

Pour fixer définitivement nos idées sur ce que sont essentiellement les *animaux*, ainsi que sur les caractères qui leur sont exclusivement propres, et pour établir la véritable définition qu'il faut donner de ces êtres, il m'a paru indispensable de comparer de nouveau ces mêmes êtres à tous ceux de notre globe, qui ne sont point doués de la vie, et ensuite à ceux des corps vivants qui ne font point partie du règne animal, afin de déterminer les limites positives qui séparent ces différents êtres.

TOME I.   3

Bien des personnes pourront regarder comme super-flues les nouvelles déterminations des coupes primaires, parmi les productions de la nature, dont j'entends faire ici l'exposition ; supposant que celles que l'on a établies sont suffisamment bonnes, assez connues, et qu'aucune rectification ne leur est nécessaire. J'aurai cependant occasion de montrer les incertitudes que les distinctions primaires dont il s'agit n'ont pas dé-truites, en citant les écarts évidents auxquels elles ont donné lieu, même dans nos temps modernes.

Ainsi, reprenant dans ses fondements mêmes, l'édi-fice entier de nos distinctions des corps naturels, je vais considérer d'abord ce que sont essentiellement les corps incapables de vivre; j'examinerai ensuite ce qui constitue positivement les corps doués de la vie, et quelles sont les conditions que l'existence et la conser-vation de la faculté de vivre exigent en eux. De là, passant à l'examen des *végétaux* en général, je mon-trerai que ces corps vivants ont un caractère particu-lier qui les distingue tellement des animaux, qu'ils ne sauraient se confondre avec eux par aucun point de leur série. Enfin, ne m'occupant que des considéra-tions essentielles qui peuvent fixer ces distinctions primaires, et n'entrant dans aucun détail afin d'ar-river rapidement à mon but, je terminerai par exposer, pour les *animaux*, des caractères essentiels et distinc-tifs, qui ne laisseront nulle part, ni incertitude, ni exception quelconque. Alors, la définition de chacune de ces sortes de corps, se trouvera simple, claire, pré-cise et tranchée.

Pour remplir cet objet, je vais diviser cette pre-mière partie en quatre chapitres particuliers, et com-mencer par celui qui a pour but de fixer la détermina-tion des caractères essentiels des corps incapables de vivre.

CHAPITRE PREMIER.

Des corps inorganiques, soit solides ou concrets, soit fluides, en qui le phénomène de la vie ne saurait se reproduire, et des caractères essentiels de ces corps.

Avant de rechercher ce que sont positivement, soit les animaux, soit les végétaux, il importe de connaître ce que sont, de leur côté, les corps qui ne sauraient jouir de la vie, et de fixer nos idées sur l'état et la nature de ces corps incapables de vivre. Alors, les comparant avec ceux en qui le phénomène de la vie peut se produire, les caractères qui indiquent la limite qui sépare ces deux sortes de corps, pourront être mis en évidence, s'ils existent.

Mon dessein n'est assurément pas de considérer ici aucun des corps inorganiques en particulier, ni d'entrer dans le moindre détail sur l'étude déjà fort avancée de ces corps; mais comme nous devons tâcher de nous former une idée juste et claire de *l'animal*, nous efforcer de le connaître sous tous ses rapports, et que *l'animal* est essentiellement un *corps vivant*, il nous importe, avant tout, de savoir en quoi les corps incapables de posséder la vie, diffèrent de ceux qui en jouissent ou peuvent en jouir.

Ainsi, jetons un coup d'œil rapide sur ces corps incapables de vivre, et qui cependant fournissent les matériaux de ceux que la vie anime; et fixons, d'une manière positive, la limite qui la sépare des corps vivants. Quoiqu'admise, cette limite n'est pas tellement déterminée, qu'on ait bien des fois tenté de la franchir de notre temps, en attribuant la vie à des objets dans lesquels il est impossible qu'elle puisse exister (1).

En examinant attentivement tout ce que nous pouvons observer hors de nous, tout ce qui peut affecter nos sens et parvenir à notre connaissance, nous remarquons que, parmi tant de corps divers qui sont dans ce cas, certains d'entre eux offrent cela de particulier, qu'ils manquent de rapports communs, relativement à leur origine, que leur durée et leur volume ou leur grandeur n'ont rien qui soit déterminable; que la conservation de leur existence n'est assujettie à aucun besoin de leur part, et serait sans terme, si, par suite du mouvement répandu dans toutes les parties de la nature, et si, agissant plus ou moins les uns sur les autres, selon les circonstances de leur situation, de leur état et des affinités, ils n'étaient plus ou moins exposés à des changements de toutes les sortes; et qu'enfin, quoique beaucoup moins nombreux en espèces que les autres, ces corps constituent, à eux seuls, la masse principale du globe que nous habitons. Or, c'est à ces mêmes corps, soit solides, soit liquides, soit élastiques et gazeux, que nous donnons le nom de corps *inorganiques*; et nous allons faire voir qu'en aucun d'eux le phénomène de la vie ne saurait se produire.

Afin d'écarter le vague et toute opinion arbitraire à leur égard, déterminons d'abord leurs caractères essentiels.

---

(1) N'a-t-on pas osé dire que le globe terrestre est un corps vivant ; qu'il en est de même des différents corps célestes ; et confondant le phénomène organique de la vie, qui donne des facultés toujours les mêmes aux corps en qui on l'observe, avec le mouvement constamment répandu dans toutes les parties de la nature, n'a-t-on pas osé assimiler la nature même aux êtres doués de la vie !   (*Note de Lamarck.*)

Caractères généraux des corps inorganiques.

Les *corps inorganiques*, de quelque nature, consistance et grandeur qu'ils soient, diffèrent essentiellement de ceux qui possèdent la vie ;

1º En ce qu'ils n'ont *l'individualité spécifique* que dans la molécule intégrante, qui constitue leur espèce particulière, les masses et les volumes que peuvent former, par leur réunion ou par leur aggrégation, ces molécules, n'ayant point de bornes, et n'opérant aucune modification de l'espèce dans leurs variations ;

2º En ce qu'ils n'ont point tous un même genre d'origine ; les uns s'étant formés par l'apposition de molécules déposées successivement à l'extérieur, et les autres ayant été produits, soit par des décompositions partielles ou des altérations de certains corps, soit par des combinaisons que des matières diverses et en contact ont été exposées à former ;

3º En ce qu'ils n'ont point un *tissu cellulaire* servant de base à une organisation intérieure ; mais seulement une structure, un état quelconque d'aggrégation ou de réunion de leurs molécules ;

4º En ce qu'ils n'ont aucun besoin à satisfaire pour leur conservation ;

5º En ce qu'ils n'ont point de facultés, mais seulement des propriétés ;

6º En ce qu'ils n'ont point de terme assigné à la durée d'existence des individus, leur fin, comme leur origine, étant indéterminée et tenant à des circonstances fortuites ou accidentelles ;

7º En ce qu'ils n'ont aucun développement à opérer en eux, qu'ils ne forment point eux-mêmes leur propre substance, et que ceux qui éprouvent des mouvements dans leurs parties, ne les acquièrent qu'acci-

dentellement, et ne les reçoivent jamais par *excitation*.

8o Enfin, en ce qu'ils ne sont point assujettis à des
pertes nécessaires ; qu'ils ne sauraient réparer eux-
mêmes les altérations que des causes fortuites peuvent
leur faire éprouver ; qu'ils ne sont point essentiellement
forcés à une succession graduelle de changement d'état ;
qu'ils n'offrent dans leur aspect, ni les traits de la jeunesse, ni ceux de la vieillesse ; en un mot, que ne connaissant point la vie, ils n'ont point de mort à subir (1).

Tels sont les caractères essentiels des *corps inorganiques*, de ces corps dont la nature et l'individualité de
l'espèce, ne résident absolument que dans la molécule
intégrante qui les constitue, et dont aucun individu
ne saurait en lui-même posséder la vie, parce qu'il
est impossible qu'une molécule intégrante puisse
offrir le phénomène de la vie, sans être détruite dans
l'instant même ; enfin, de ces corps qui, par la réunion
de leurs molécules, peuvent former des masses diverses
dans lesquelles la vie peut exister, mais seulement
dans le cas où elles ont pu être organisées, et recevoir
dans leur intérieur l'ordre et l'état des choses qui permettent les mouvements vitaux et les changements
qu'ils exécutent.

En effet, la vie, dans un corps, consistant, comme
je le prouverai, en une suite de mouvements qui amènent dans ce corps une suite de changements forcés,
la nature ne saurait l'instituer dans une molécule in-

---

(1) Cette définition que Lamarck a donnée dans cette forme pour
être facilement comparée à celles du végétal et de l'animal, pourrait
être réduite, car la propriété essentiellement distinctive des corps inorganiques est de s'accroître de dehors en dedans par additions molécu-
laires, tandis que les corps organisés s'accroissent de dedans en dehors
par assimilation ou intus susception.

tégrante quelconque, sans détruire aussitôt l'état, la forme et les propriétés de cette molécule. Ne sait-on pas que le propre de toute molécule intégrante est de ne pouvoir conserver sa nature et ses propriétés, qu'autant qu'elle conserve sa forme, sa densité et son état? en sorte que c'est uniquement sur cette constance de forme pour chaque espèce, que sont fondés les principes de la *crystallographie* que M. *Haüy* a si heureusement découverts et si habilement développés.

. Ainsi, la *vie* ne saurait exister dans une molécule intégrante de quelque nature qu'elle soit; et cependant tout corps inorganique n'a l'individualité de son espèce que dans sa molécule intégrante. Elle ne saurait exister non plus dans une masse de molécules intégrantes réunies, si cette masse n'a reçu l'organisation qui lui donne alors l'individualité, c'est-à-dire, si elle n'a reçu dans son intérieur l'ordre et l'état de choses qui permettent en elle l'exécution des mouvements vitaux.

Voilà des vérités de fait qu'il était important d'établir, et qui montrent l'intervalle considérable qui sépare les corps inorganiques de ceux qui sont vivants.

Ce n'est, comme nous le verrons, que dans une masse de molécules intégrantes diverses, réunies en un corps particulier, que la nature peut instituer la vie, et jamais dans une molécule intégrante seule; et elle n'y parvient que lorsqu'elle a pu établir dans ce corps particulier, l'état et l'ordre de choses nécessaires pour que le phénomène de la vie puisse s'y produire. Or, cet état et cet ordre de choses nécessaires à la production de la vie, constituent à la fois et l'organisation de ce corps, et son individualité spécifique. Il en résulte qu'à l'instant même où un corps qui jouissait de la vie, a perdu dans ses parties l'état des choses qui permettaient l'exécution de ce phénomène, et qu'il est, par cette perte, devenu incapable de l'offrir désormais; aussitôt alors ce corps perd l'individualité spécifique, et fait partie des *corps inorganiques*, quoiqu'il présente encore les restes grossiers d'une organisation qu'il a possédée, organisation qui achève graduellement de s'anéantir, ainsi que la propre substance de ce même corps.

La vue des restes de l'organisation d'un corps qui a vécu, mais en qui le phénomène de la vie ne peut plus s'exécuter, ne saurait donc laisser aucun doute sur le règne auquel ce corps appartient alors.

Ainsi, les corps généralement appelés *inorganiques*, et qui forment un règne si distinct des corps vivants, n'ont pas pour caractère unique, de n'offrir aucune apparence d'organisation; mais ils ont celui d'avoir leurs parties dans un état qui rend impossible en eux la production du phénomène de la vie.

Ces caractères mis en opposition avec ceux des *corps vivants*, nous font connaître l'existence d'un *hiatus*, en quelque sorte immense, entre les uns et les autres; *hiatus* constitué par l'impossibilité des uns de donner lieu au phénomène de la vie, tandis que l'exécution de ce phénomène est possible et presque toujours effectif dans les autres. Aussi ces deux sortes de corps comparés, présentent une si grande différence dans tout ce qui les concerne, qu'il n'est pas possible de trouver un seul motif raisonnable pour supposer que la nature ait pu les réunir quelque part, c'est-à-dire, passer des uns aux autres par une véritable nuance.

Par leur rapprochement et l'amas qu'en a causés la gravitation universelle, les *corps inorganiques* constituent eux seuls la masse principale du globe que nous habitons; et bien inférieurs aux corps vivants en diversité d'espèces, ce sont eux cependant qui, par les grands volumes et les grandes masses qu'ils forment, occupent presque entièrement la place que tient dans l'espace le globe terrestre.

A leur égard, néanmoins, les volumes et les masses de ces corps ne se conservent pas toujours indéfiniment ; car ceux sur-tout qui se trouvent à la surface du globe, éprouvent sans cesse, de la part des *agents répulsifs et pénétrants* qui y dominent, des effets qui détachent peu à peu les particules de leur superficie. Alors, les lavages produits par les eaux pluviales, entraînent, charrient et déposent ailleurs successivement ces particules ; et toutes celles qui se trouvent réduites en molécules intégrantes libres, l'aggrégation les réunit et les consolide en nouvelles masses, ou en accroît les masses déjà existantes qui les reçoivent.

A l'action des *agents répulsifs et pénétrants*, qui ne font que séparer les particules des corps que les circonstances où elles se trouvent rendent séparables, si l'on ajoute celle des *agents altérants* ou chimiques, qui peut aussi s'exercer sur ces mêmes corps, ainsi que celle des affinités qui dirigent alors chaque action de ces agents, on aura dans ces trois grandes causes, celles qui donnent lieu à toutes les mutations qu'on observe dans la nature, les volumes et les masses des *corps inorganiques.*

Il n'importe nullement à mon objet d'indiquer ici la nature particulière d'aucun des corps inorganiques qui ont été observés ; mais la nécessité où je suis d'attirer l'attention sur certains de ces corps, parce qu'ils jouent un grand rôle dans le phénomène de la vie, et parce que ce phénomène ne saurait s'exécuter sans eux ; cette nécessité, dis-je, me met dans le cas de m'occuper ici sommairement des corps incapables de vivre, et de les distinguer, dans cette vue, *en corps solides* ou concrets, et en *corps fluides.*

Les *corps inorganiques solides* présentent des matières diverses, le plus souvent composées, formant des masses plus ou moins dures, plus ou moins denses, et de différente grandeur. Ces masses résultent d'une aggrégation de molécules intégrantes, soit homogènes, soit hétérogènes, qui ont entre elles une adhérence ou une cohésion plus ou moins considérable : or, chacun sait :

Que ces masses le plus souvent pierreuses, nous offrent des terres diverses, qui se rencontrent les unes pures, les autres mélangées; les unes acidifères, les autres sans union avec aucun acide.

Qu'en outre, parmi ces masses solides de toute grandeur et diversement entassées les unes sur les autres, on trouve des acides et des alcalis presque toujours combinés avec quelque matière concrète, des métaux différents, soit natifs, soit oxidés; des matières combustibles dans l'état concret, soit pures, soit mélangées ou combinées; enfin des aggrégats divers, la plupart sous forme de *roche* d'ancienne et de nouvelle formation, ainsi que d matières pierreuses altérées par le feu des volcans.

Tous ces objets constituent les matériaux d'une science particulière que l'on a nommée *minéralogie;* et ce sont eux principalement que l'on considère commecomposant le *règne minéral.* Ils n'intéressent celui qui s'occupe du phénomène de la vie, que comme fournissant une partie des matériaux qui forment les corps vivants.

Les *corps inorganiques fluides* sont constitués par des matières dont les molécules intégrantes, quelles qu'elles soient, n'ont point d'adhérence entre elles, ou en ont une si faible qu'elle ne saurait les retenir dans leur situation, lorsque la gravitation sollicite leur déplacement. Par une cause connue, les molécules de ces corps sont entretenues dans cet état.

Ces corps fluides doivent aussi faire partie du règne que je viens de citer ; car on sait que la plupart formeraient des corps solides ou concrets, si la cause qui maintient leur fluidité n'agissait plus.

On prendra de ces fluides une idée générale qu'il importe de ne pas perdre de vue, en considérant :

1° Que les uns sont des *fluides liquides*, peu ou point compressibles, et qui, réunis en masse, se voient toujours aisément. Or, indépendamment de ceux qui font partie de différents corps concrets et que l'on en peut obtenir, *l'eau* considérée dans son état ordinaire, et qui est si abondamment répandue dans notre globe, nous offre le principal de ces fluides liquides ;

2° Que les autres sont des *fluides élastiques*, gazeux, et la plupart entièrement invisibles. Or, c'est parmi ceux-ci qu'il est nécessaire d'établir une distinction ; car il y en a de deux sortes particulières, qui sont très importantes à considérer, à cause de leur influence dans un grand nombre de phénomènes qui seraient inintelligibles sans la considération de cette influence : ainsi il faut les diviser ;

1° En *fluides élastiques coërcibles*, contenables et sensiblement pondérables ;

2° En *fluides subtils*, incontenables et qui paraissent incoërcibles, étant pénétrants et pour nous impondérables.

Les *fluides élastiques*, *coërcibles*, *contenables*, *pondérables*, sont ceux dont on peut renfermer et conserver des portions dans des vaisseaux clos ; ce qui nous donne des moyens de les examiner et de les bien connaître, en les soumettant à nos expériences.

L'air atmosphérique et les différents gaz dont les chimistes nous ont donné la connaissance, appartiennent à cette division.

Les *fluides subtils*, *incontenables*, *pénétrants* et

impondérables, sont ceux dont on ne peu saisir et conserver aucune portion dans des vaisseaux clos; que nous ne pouvons soumettre que difficilement et très imparfaitement à nos expériences; que nous ne connaissons qu'incomplètement , mais dont cependant l'existence nous est assurée par l'observation.

Or, ce sont précisément ces fluides subtils qu'il nous importe le plus ici de considérer; car ce sont ceux qui, dans notre globe, produisent les phénomènes les plus étonnants, les plus curieux, les moins connus; ce sont ceux qui, par leur action sans cesse renouvelée, constituent la *cause excitatrice* des mouvements vitaux dans tout corps organisé en qui ces mouvements sont exécutables; en un mot, ce sont ceux que le *biologiste* ne saurait se dispenser de prendre en considération, s'il veut entendre quelque chose au phénomène de la vie, et saisir la cause des autres phénomènes que la vie, dans les animaux, peut amener successivement, en compliquant de plus en plus leur organisation.

On sait assez que les fluides singuliers et incontenables dont je parle, fluides qui sont si pénétrants et si subtils, sont le *calorique*, *l'électricité*, le *fluide magnétique*, etc. , auxquels peut-être il faut joindre la *lumière*, à cause de sa grande influence sur l'état et la conservation des corps vivants (1).

Ces fluides subtils remplissent partout, quoiqu'inégalement , la masse entière de notre globe et son at-

----

(1) Outre qu'il peut exister d'autres fluides incontenables et très subtils que nous ne sommes pas encore parvenus à apercevoir ou à distinguer, je n'associe la *lumière* qu'avec doute , aux autres fluides que je viens de citer : parce que cette matière n'appartient pas exclusivement à notre globe, et parce qu'elle paraît à peine un fluide , ses particules ne se mouvant qu'en ligne droite. (*Note de Lamarck.*)

mosphère. La plupart pénètrent, se répandent et se meuvent sans cesse, soit dans les interstices des autres corps, soit dans leur porosité ; enfin, ils sont si importants à considérer, qu'il est certain que, sans eux, ou au moins sans certains d'entre eux, le phénomène de la vie ne saurait être produit dans aucun corps.

Indépendamment de ses mouvements de déplacement, un d'entre eux au moins (*le calorique*) se trouve constamment dans un état répulsif plus ou moins intense, selon le degré de coërcion dans lequel il se rencontre. Il tend donc sans cesse à écarter ou à séparer les particules réunies des corps.

L'électricité elle-même est dans un cas semblable, toutes les fois que des masses de cette matière se trouvent coërcées momentanément par une cause quelconque.

Je viens de dire que les *fluides subtils et pénétrants* cités ci-dessus, sont sans cesse en mouvement dans les différentes parties de notre globe, dans tous les milieux qui composent sa masse, dans les interstices et même dans la porosité des corps. De cette vérité, qu'attestent les faits connus qui concernent ces fluides, il résulte que ces mêmes fluides sont partout dans une activité continuelle, et qu'ils exercent une influence réelle sur la plupart des phénomènes que nous observons.

Or, pour montrer que les fluides subtils dont il s'agit, sont sans cesse en mouvement dans notre globe, il n'est nullement nécessaire d'attribuer à aucun d'eux le moindre mouvement en propre ; il suffit de considérer que, par leur extrême mobilité et leur facile condensation, ils sont, plus même que les autres corps, assujettis à participer aux mouvements répandus et entretenus dans toutes les parties de la nature.

Ainsi, sans remonter à la cause du mouvement

diurne de rotation de notre globe sur son axe, ni à celle de son mouvement annuel autour du soleil, nous ferons remarquer que ces deux mouvements non interrompus de notre globe, entraînent nécessairement ceux des fluides subtils dont il est question; qu'ils les exposent à des déplacements continuels, et les mettent sans cesse, pour ainsi dire, dans un état d'agitation et de condensation instantanée et diverse.

En effet, que l'on considère les alternatives perpétuelles de lumière et d'obscurité que le jour et la nuit entretiennent sur différents points de notre globe, celles que les saisons, les vents, etc., produisent presque continuellement dans son atmosphère, on sentira qu'il doit en résulter des *variations* locales et toujours renaissantes, dans la température et la densité de l'air atmosphérique, dans la sécheresse ou l'humidité de diverses parties de sa masse, et dans les quantités d'électricité qui pourront se reproduire et s'accumuler localement dans l'atmosphère, ou en être expulsés plus ou moins complètement, selon ces diverses circonstances.

Il sera toujours vrai de dire que, dans chaque point considéré de notre globe où ils peuvent pénétrer, *la lumière, le calorique, l'électricité*, etc., ne s'y trouvent pas deux instants de suite en même quantité, en même état, et n'y conservent pas la même intensité d'action.

L'on sent donc que les *fluides subtils, incoërcibles et pénétrants*, dont il vient d'être question, constituent nécessairement une source féconde en phénomènes divers : et qu'eux seuls peuvent offrir cette cause singulière, excitatrice des mouvements vitaux dans les corps où ces mouvements sont possibles.

Nous étant formé une idée claire des caractères essentiels des *corps inorganiques*, soit solides, soit fluides, passons maintenant à l'examen de ceux qui sont le propre des *corps vivants* (1).

CHAPITRE II.

Des corps vivants, et de leurs caractères essentiels.

De l'idée, plus ou moins juste, que nous nous formerons des *corps vivants* en général, dépendront la solidité plus ou moins grande de nos connaissances sur le phénomène de la *vie*, et celle aussi, plus ou moins grande, de nos théories physiologiques, soit végétales, soit animales.

Nous devons donc apporter la plus grande circonspection dans les conséquences que nous tirerons des faits mêmes pour cet objet ; et nous rappeler que c'est sur-tout ici qu'il faut éviter notre écueil ordinaire, celui de conclure du particulier au général.

Sans doute, il est très dangereux de rechercher directement, à l'aide de notre imagination, ce que sont les *corps vivants*, ce qu'est *la vie* elle-même qu'ils possè-

---

(1) Les découvertes récentes de la physique et de la chimie font supposer avec quelque raison que la chaleur, l'électricité et le magnétisme ne sont que des modifications d'un même agent. Les belles découvertes de M. Duperrey, qui a démontré la coïncidence parfaite des lignes isothermes avec celles d'égale intensité magnétique, tendent à prouver que le magnétisme n'est que la manifestation de la chaleur propre du globe terrestre.

Des physiologistes recommandables pensent que le fluide magnétique modifié d'une manière particulière, est l'agent essentiel de la vie, et que les appareils nerveux ne sont destinés qu'à le contenir, le renouveler et le transmettre ; mais les êtres vivants qui n'ont point de nerfs, comment expliquer la vie chez eux dans cette hypothèse ?

dent et qui les distingue des corps qui ne sauraient en jouir! mais j'ai depuis long-temps remarqué et fait connaître une voie plus assurée pour atteindre le même but sans s'exposer autant à l'erreur ; c'est celle de fixer, d'après l'observation, les conditions essentielles à l'existence des *corps vivants*, et ensuite à celle de la *vie*.

La détermination de ces conditions n'exige aucun raisonnement de notre part, mais seulement un fondement reconnu ou incontestable dans les faits cités. Enfin, ces mêmes conditions, en nous éclairant sur la nature des objets considérés, deviendront les caractères distinctifs de certains de ces objets.

Avant d'établir positivement ces caractères, et conséquemment les conditions essentielles à l'existence des *corps vivants*, considérons les observations suivantes.

A mesure que notre attention fut dirigée sur ce qui est hors de nous, sur ce qui nous environne, et particulièrement sur les objets qui se sont trouvés à la portée de nos observations, outre les corps inorganiques et sans vie qui constituent presque la masse entière de notre globe, nous avons distingué et reconnu l'existence d'une multitude de corps singuliers qui, quelque différents qu'ils soient les uns des autres, ont tous une manière d'être qui leur est commune et à la fois particulière.

Ces corps, en effet, ont tous un même genre d'origine, des termes à leur durée, et des besoins à satisfaire pour se conserver, et ne subsistent qu'à l'aide d'un phénomène intérieur qu'on a nommé *la vie*, et d'une organisation qui permet à ce phénomène de s'exécuter.

Voilà déjà, dans ce peu de faits positifs, des conditions essentielles à l'existence de ces corps. Il y en a bien d'autres encore que je citerai bientôt; et l'on sentira que ce ne peut être que de leur ensemble que naîtra la seule idée juste que nous puissions nous former des corps dont il s'agit.

Ayant exposé dans ma *Philosophie zoologique* (vol. 1, p. 400) les conditions essentielles à l'existence de *la vie*, je ne vais m'occuper ici que des corps en qui ce phénomène s'exécute ou peut se produire.

C'est aux corps singuliers et vraiment admirables dont je viens de parler, qu'on a donné le nom de *corps vivants;* et la vie qu'ils possèdent, ainsi que les facultés qu'ils en obtiennent, les distinguent essentiellement des autres corps de la nature. Ils offrent en eux et dans les phénomènes divers qu'ils présentent, les matériaux d'une science particulière qui n'est pas encore fondée, qui n'a pas même de nom, dont j'ai proposé quelques bases dans ma *Philosophie zoologique*, et à laquelle je donnerai le nom de *Biologie*.

On conçoit que tout ce qui est généralement commun aux *végétaux* et aux *animaux*, comme toutes les facultés qui sont propres à chacun de ces êtres, sans exception, doit constituer l'unique et vaste objet de la *Biologie;* car les deux sortes d'êtres que je viens de citer, sont tous essentiellement des corps vivants, et ce sont les seuls êtres de cette nature qui existent sur notre globe.

Les considérations qui appartiennent à la *Biologie* sont donc tout-à-fait indépendantes des différences que les végétaux et les animaux peuvent offrir dans leur nature, leur état et les facultés qui peuvent être particulières à certains d'entre eux.

Si les facultés généralement communes aux êtres vivants, et qui sont exclusives pour tous les autres, nous paraissent admirables, nous semblent même des merveilles, telles que celles :

1º d'offrir en eux le phénomène de la vie;

2º de se nourrir à l'aide de matières étrangères incorporées;

3º de former eux-mêmes les substances dont leur corps est composé, ainsi que celles qui s'en séparent par les sécrétions;

4º de se développer et de s'accroître jusqu'à un terme particulier à chacun d'eux;

5º de se régénérer eux-mêmes, c'est-à-dire, de produire d'autres corps qui leur soient en tout semblables, etc.,

C'est parce que nous n'avons pas réellement étudié les moyens de la nature et la marche constante qu'elle suit en les employant; c'est parce que nous n'avons pas examiné l'influence qu'exercent les circonstances et les variations qu'elles exécutent dans les produits de ces moyens.

Par ce défaut d'étude et d'examen de ce qui a réellement lieu, les faits observés à l'égard des *corps vivants*, nous paraissent des merveilles inconcevables; et nous croyons pouvoir suppléer aux observations qui nous manquent sur les moyens et la marche de la nature, en imaginant des hypothèses qui seraient bientôt repoussées par les lois qu'elle suit dans ses opérations, si nous les connaissions mieux.

Par exemple, ne prétend-on pas que les engrais fournissent aux végétaux des substances particulières, autres que l'humidité, pour les nourrir; tandis que ces matières, plus propres que les autres à conserver l'humidité (l'eau divisée), ne servent qu'à entretenir autour des racines des plantes celle qui est favorable à leur végétation. Et si certains engrais sont plus avantageux que d'autres à certaines races, n'est-ce pas parce qu'ils conservent l'humidité dans le degré qui leur convient? Enfin, si les particules de certaines

matières entraînées par l'eau que pompent les racines,
donnent à ces végétaux les qualités particulières, cela
empêche-t-il que ces matières ne soient vraiment
étrangères et nullement nécessaires à la végétation de
ces plantes?

Je me borne à la citation d'un seul exemple de nos
états dans les conséquences que nous tirons des faits
observés à l'égard des corps vivants; d'autres exemples
m'entraîneraient trop hors de mon sujet.

Je dirai seulement que, ne considérant pas certaines
limites que la nature ne saurait franchir, bien des
personnes commettent une erreur en croyant qu'il
existe une chaîne graduée qui lie entre eux les différents corps qu'elle a produits. Il suivrait de cette
opinion que les *corps inorganiques* se nuanceraient
quelque part avec les *corps vivants*, savoir, avec les
végétaux les plus simples en organisation; et que les
végétaux eux-mêmes, tenant le milieu entre les deux
autres règnes, se confondraient avec les animaux par
quelque point de leur série réciproque.

L'imagination seule a pu donner lieu à une pareille
idée, qui est ancienne, et qu'on a renouvelée dans
différents ouvrages modernes. Mais je prouverai qu'il
n'y a point de chaîne réelle qui lie généralement entre
elles les productions de la nature, et qu'il ne peut s'en
trouver que dans certaines branches des séries qu'elles
forment; encore ne s'y montre-t-elle que sous certains
rapports généraux (1).

----

(1) Il n'est donc pas juste de dire, comme l'a fait encore tout récem-
ment le savant Geoffroy Saint-Hilaire, dans son mémoire intitulé *Palæontographie* (page 12, note 6), que Lamarck a reproduit et développé la pensée de Telliamud; il la combat au contraire ici comme
dans la philosophie zoologique, ainsi que dans la suite de cette introduction, (deuxième partie etc., de l'existence d'une progression dans
les animaux).

Pour éviter les raisonnements, les discussions particulières, et faire connaître les conditions essentielles à l'existence des *corps vivants*, je vais exposer les vrais caractères de ces corps. Ils me fourniront une distinction positive et très grande entre les corps inorganiques et ceux qui jouissent de la vie. Ensuite, j'en établirai une de toute évidence entre les plantes et les animaux; en sorte que l'on pourra se convaincre que ces trois branches des produits de la nature sont véritablement isolées, et ne se lient nulle part entre elles par aucune nuance.

Déjà nous avons vu les caractères essentiels des corps inorganiques, auxquels il faut joindre ceux qui, possédant les restes d'une organisation qui a existé en eux, sont devenus incapables d'être animés par la vie. Maintenant, pour effectuer notre comparaison, examinons les principaux traits qui caractérisent les *corps vivants*, et qui mettent, entre eux et les corps inorganiques, une distance considérable.

Caractères généraux des corps vivants.

Les *corps vivants*, par des causes physiques déterminables, ont tous généralement :

1º *L'individualité* de l'espèce existante dans la réunion, la disposition et l'état des molécules intégrantes diverses qui composent leurs corps, et jamais dans aucune de ces molécules considérée séparément (1);

---

(1) L'individualité spécifique des corps vivants réside toujours dans une masse résultante de la réunion et de la disposition de molécules intégrantes diverses ; mais elle est tantôt simple et tantôt composée.

Elle est simple, lorsqu'elle réside dans le corps entier ; elle est composée, lorsque le corps entier est lui-même composé d'individus réunis.

Dans la plupart des végétaux, comme dans un grand nombre de

2° Le *corps* composé de *deux sortes* essentielles de parties; savoir : de parties concrètes, toutes ou la plupart contenantes, et de fluides libres contenus; les premières étant généralement constituées par un *tissu cellulaire* flexible, susceptible d'être modifié diversement par les mouvements des fluides contenus, et de former différents organes particuliers;

3° Des *mouvements* internes, dits *vitaux*, qui ne sont produits que par des causes excitatrices ou stimulantes; mouvements qui peuvent être, soit accélérés, soit ralentis ou même suspendus, mais qui sont nécessaires aux développements de ces corps :

4° Un *ordre* ou un *état de choses* dans les parties qui, tant qu'ils subsistent, rendent possibles les mouvements vitaux dont l'exécution constitue le phénomène de la vie (1); mouvements qui amènent dans le corps une suite de changements forcée;

---

polypes, l'individualité est évidemment composée; en sorte qu'elle résulte d'individus réunis, mais distincts, qui donnent lieu, en général, à un corps commun non individuel (a).　　(*Note de Lamarck.*)

(1) Dans ma *Philosophie zoologique* (v. 1, p. 403), j'ai fait voir que *la vie*, dans tout corps qui en est doué, résulte dans ce corps de l'existence d'un ordre et d'un état de choses dans ses parties, y permettent les mouvements organiques ou vitaux, et que ces mouvements néanmoins ne s'exécutent qu'à la provocation d'une cause excitante.

Ainsi, *la vie*, dans un corps, consiste en une suite de mouvements excités, qui s'y renouvellent et s'y maintiennent tant que l'ordre et l'état de choses dans ses parties les permettent, et que la cause qui les excite est subsistante. Il faut donc reconnaître dans un corps vivant l'existence simultanée de ces deux conditions essentielles à la production du phénomène de la vie.　　(*Note de Lamarck.*)

(a) Dans ces derniers temps un anatomiste fort distingué, M. Dugès, dans un mémoire intitulé *Conformités organiques*, a proposé de donner le nom de zonite à l'animal simple, dont plusieurs individus réunis constituent un animal plus composé. M. Dugès n'a pas cité cette note de Lamarck, quoiqu'il présentât sous une autre forme et un peu modifiée la même idée : nous reviendrons plus tard sur ce sujet intéressant.

5° Des *pertes* à subir et des *réparations* à opérer, entre lesquelles une parfaite égalité ne saurait exister; et d'où résulte dans tout corps animé par la vie, une succession de changements d'état, qui amène pour chaque individu, la différence de la jeunesse à la vieillesse, et ensuite sa destruction au moment où le phénomène de la vie cesse de pouvoir se produire;

6° Des *besoins* à satisfaire pour leur conservation, ce qui les met dans la nécessité de s'approprier des matières étrangères qui les nourrissent, et qu'ils changent et transforment en leur propre substance;

7° Des *développements* à opérer pendant un temps quelconque dans toutes les parties; développements qui constituent leur *accroissement* jusqu'à un terme particulier à chacun d'eux, et qui produisent la différence de taille, de volume et d'état, entre le corps nouvellement formé, et le même corps développé complétement;

8° Un même genre d'*origine* (1); car ils proviennent les uns des autres, non par des développements successifs de *germes préexistans*, mais par l'isolement et ensuite la séparation qui s'opère d'une partie de leur corps, ou d'une portion de leur substance, laquelle, préparée selon le système d'organisation de l'individu, donne lieu au mode particulier de reproduction qu'on lui observe;

9° Des *facultés* qui leur sont généralement communes, et qui sont exclusives pour tous les corps vivants, indépendamment de celles qui sont particulières à certains d'entre eux;

---

(1) Il faut en excepter les générations, dites *spontanées*, c'est-à-dire celles que la nature produit immédiatement, comme à l'origine de chaque règne organique, et probablement encore à celle des premières de leurs branches.　　　　　(*Note de Lamarck.*)

10° Enfin, des *termes* assignés à la *durée d'existence* des individus; la vie, par sa propre durée, amenant elle-même une altération des parties qui, parvenues à un certain point, ne permet plus au phénomène qui la constitue de continuer de s'opérer; en sorte qu'alors la plus légère cause de désordre arrête ses mouvements, et c'est à l'instant de leur cessation, sans possibilité de retour, qu'on nomme la *mort* de l'individu.

Ce sont-là les dix caractères essentiels des *corps vivants*, caractères qui leur sont communs à tous. Or, on ne trouve rien de semblable à l'égard des *corps inorganiques*. Leur nature conséquemment est très différente.

Par cette opposition des caractères qui distinguent les *corps vivants* de ceux qui ne peuvent posséder la vie, on apercevra facilement l'énorme différence qui se trouve entre ces deux sortes de corps; et l'on concevra, malgré tout ce que l'on peut dire, qu'il n'y a point d'intermédiaire entre eux, point de nuance qui les rapproche et qui puisse les réunir. Les uns et les autres, néanmoins, sont de véritables productions de la nature : ils résultent tous de ses moyens, des mouvements répandus dans ses parties, des lois qui en régissent tous les genres; enfin des affinités, grandes ou petites, qui se trouvent entre les différentes matières qu'elle emploie dans ses opérations.

Quoique les *corps vivants* soient ici ceux qui nous intéressent le plus, puisque les objets dont nous avons à nous occuper en font partie, je ne développerai aucun des caractères cités qui leur sont propres. Je rappellerai seulement quelques considérations importantes, qui dérivent de ces caractères, et qu'il est nécessaire de ne pas perdre de vue; savoir :

1° Que tous exigent, pour pouvoir vivre, c'est-à-dire, pour que leurs mouvements vitaux puissent

s'exécuter, non-seulement un état et un ordre de
choses dans leurs parties, qui permettent les mouvements de la vie, mais en outre l'action d'une cause
stimulante capable d'exciter ces mouvements ;

2° Que leur corps étant essentiellement constitué
par un *tissu cellulaire*, ce tissu est en quelque sorte
la *gangue* dans laquelle des fluides contenus et mis en
mouvement, ont formé différents organes, selon que
les mouvements de ces fluides se sont plus accélérés,
plus diversifiés, et se sont exécutés dans des parties
plus différentes ;

3° Que tous, à l'aide des matières étrangères dont
ils se saisissent ou qu'ils absorbent, et dont ensuite
ils élaborent, assimilent et s'approprient les parties
employées, composent eux-mêmes leur propre substance, en accroissent leurs parties tant que cela est
possible, et en réparent plus ou moins complétement
les pertes : ce sont-là leurs principaux besoins ;

4° Que toutes leurs parties, et sur-tout leurs fluides
propres, sont dans un *état continuel de changement*
lent ou rapide ; que les molécules qui les constituent,
se composent pour arriver à l'état qui les rend utiles,
s'altèrent ensuite, et sont renouvelés de même par des
remplacements successifs à l'aide des aliments, des
absorptions, de l'influence de l'oxigène et de l'activité
de la vie ; en sorte que des changements que ces parties
subissent dans leurs molécules intégrantes, il résulte
dans leurs solides, des renouvellements perpétuels
quoique insensibles, et dans leur fluide essentiel,
l'existence d'éléments propres à la formation de diverses
matières particulières, dont les unes utiles, sont sécré-
tées et employées, tandis que les autres, inutiles, sont
évacuées par les excrétions diverses ;

5° Que tous se développant et s'accroissant jusqu'à
un terme particulier à chacun d'eux, ne le sont que

par *intus-susception*, c'est-à-dire par une force intérieure ou par des actes d'organisation, qui forment et développent leurs parties par l'intérieur, en identifiant à leur substance et fixant les molécules étrangères introduites et assimilées;

6° Que tous, ayant la faculté de reproduire, quoique par des voies variés, des individus semblables à eux, rapportent dans ces nouveaux individus produits, tous les changements qui se sont opérés dans leur système d'organisation pendant le cours de la vie;

7° Que la vie que chacun d'eux possède, n'est point un être, un corps, une matière quelconque, qu'elle n'est point un ensemble de fonctions (1); mais qu'elle est un phénomène physique, résultant d'un ordre de choses et d'un état de parties qui, tant qu'ils se conservent, permettent dans ces corps les mouvements et les changements qui constituent ce phénomène, et qu'une cause stimulante y excite;

8° Que dans tous, ce sont les actes mêmes de la vie qui produisent tous les genres de changement qu'on observe dans ces corps, qui leur donnent des facultés communes, et qui amènent progressivement en eux, l'état de choses qui les fait périr;

9° Enfin, que par sa durée dans un corps et dans ceux ensuite qui en proviennent de génération en génération, le vie favorisant de plus en plus le mouvement et le déplacement des fluides, acquiert sans cesse les moyens de modifier davantage le *tissu cellulaire*,

---

(1) On a dit que la vie était un ensemble de fonctions : c'est à tort ; car des fonctions n'étant que des actes de l'organisation et des ses parties, ni la vie, l'organisation elle-même, ne sont et ne peuvent être des fonctions : elles sont seulement, l'une, la cause, et l'autre, les moyens qui donnent lieu à ce que des fonctions s'exécutent.

(*Note de Lamarck.*)

d'en changer des portions en canaux vasculaires, en membranes, en fibres, en organes divers; de fortifier, durcir ou solidifier certaines de ces parties, par l'interposition, dans leur tissu, de molécules propres à ces objets, et parvient ainsi à compliquer progressivement l'organisation.

Les dix caractères essentiels qui distinguent les *corps vivants* des autres corps naturels, et les neuf considérations capitales que j'y viens d'ajouter, présentent un ensemble d'idées qui appartient exclusivement à ces corps.

Resserrons maintenant cet ensemble dans les deux considérations suivantes; elles nous aideront, au besoin, dans la détermination des rapports entre les objets.

Les fonctions les plus générales que l'organisation ait à remplir dans les corps vivants, sont au nombre de deux; savoir :

1º Celle de nourrir, de développer et de conserver l'individu;

2º Celle de le reproduire et de le multiplier.

Ces deux fonctions sont principales et du premier ordre, puisque depuis l'organisation la plus simple jusqu'à celle qui est la plus compliquée dans sa composition, toutes généralement les remplissent l'une et l'autre, quoique avec une grande diversité de moyens.

Dès que la *vie* existe dans un corps, c'est-à-dire, dès que l'état de ses parties et l'ordre des choses qui s'y trouve, permettent à ce phénomène de se produire, l'organisation de ce corps est alors capable de remplir les deux fonctions dont il s'agit. Mais, comme elle le fait évidemment par des moyens variés, selon son état de simplicité ou de composition, il en résulte que, dans le système d'organisation la plus simple, ces deux fonctions s'exécutent sans organes spéciaux quelconques; tandis qu'ils sont absolument nécessaires, et qu'ils se

composent de plus en plus, à mesure que l'organisation se compose elle-même davantage. Effectivement,
les organisations les plus simples se trouvant formées
de substances elles-mêmes très peu composées, les molécules nutritives introduites n'ont presque point de
changements à subir pour être assimilées, identifiées.
Dans ce cas, les mouvements et les forces de la vie
suffisent, et il ne faut pas d'organes particuliers pour
la nutrition. Le fait observé à l'égard des corps vivants
les plus simples, prouve que les choses se passent ainsi.

C'est donc à tort que l'on a supposé, dans tous les
corps vivants, des organes particuliers pour l'exécution
de chacune de ces deux fonctions ; qu'on a prétendu
que ceux nécessaires pour la génération, coexistaient
toujours avec ceux de la nutrition ; et que l'existence
des organes destinés à ces fonctions, devait constituer
le caractère des corps vivants.

Ce que l'on peut dire de plus fondé à cet égard,
c'est que la nature étant parvenue, dans certains corps
vivants, à instituer des organes particuliers, d'abord
pour la première et ensuite pour la seconde de ces
fonctions, les caractères que fournissent ces organes
sont véritablement les plus importants à considérer
dans la détermination des rapports ; les fonctions qu'ils
ont à remplir étant elles-mêmes de première importance.

Mais il n'est pas vrai que, dans tout corps vivant
quelconque, il y ait des organes particuliers, soit pour
l'une, soit pour l'autre des deux fonctions dont il s'agit ;
car les organisations les plus simples, végétales ou
animales, n'en offrent ni pour la reproduction, ni
pour la nutrition, à moins qu'on ne prenne les pores
absorbants de l'extérieur pour des organes particuliers.

Maintenant, si l'on rassemble méthodiquement les
dix caractères essentiels des corps vivants, en y ajou-

tant les neuf considérations qui viennent ensuite, et si l'on a égard aux deux fonctions générales que l'organisation, quelle qu'elle soit, doit remplir, on aura des bases solides et incontestables pour une *Philosophie biologique* partout d'accord avec les observations connues; on reconnaîtra facilement que les différents phénomènes que nous offrent les corps viv ···s sont tous véritablement physiques; que leurs causes mêmes sont déterminables, quoique difficiles à saisir; en un mot, on sentira que la seule voie à suivre, pour avancer nos connaissances dans cette intéressante partie de la nature, ne peut être autre que celle de donner la plus grande attention aux caractères cités des corps vivants, et aux considérations que j'y ai ajoutées.

Après avoir perdu la vie qu'ils possédaient, les corps dont il s'agit font partie, dès l'instant même, des corps qu'on nomme *inorganiques*, quoiqu'ils offrent encore les restes d'une organisation qui a existé complétement en eux; et bientôt ils se trouvent réduits à l'état des autres corps inorganiques.

Alors, en effet, leurs parties se décomposent progressivement, se dénaturent, se séparent, et leurs différents résidus ou produits, de plus en plus changés, perdent peu à peu les traits de leur *origine* qui devient graduellement méconnaissable. Enfin, ces résidus changés concourent, avec les circonstances, à la formation d'autres matières plus ou moins composées, et vont augmenter la masses des diverses sortes de *minéraux* et de matières inorganiques, soit solides, soit liquides, soit gazeuses.

La différence qui existe entre un *corps vivant* et un *corps inorganique*, ne consiste donc réellement qu'en ce que, dans le premier, l'état des parties permet en lui la production du phénomène de la vie, qui n'a besoin que d'une cause excitante pour avoir lieu, tandis que, dans le second, ce phénomène est impossible, même malgré l'action de toute cause excitante.

Cette différence se retrouve encore en ce que, dans le corps vivant, l'individualité réside dans un ensemble de molécules intégrantes diverses; tandis que, dans le corps inorganique, cette individualité réside en entier dans chaque molécule intégrante seule.

Cet état des parties, qui rend possible, dans un corps, l'exécution des mouvements vitaux, est si peu déterminable, que l'homme ne saurait parvenir à l'imiter. Aussi l'analyse et la synthèse détruisent et reproduisent à volonté plusieurs corps ou matières inorganiques; mais il est impossible à l'homme de former un corps vivant, ni une seule de ses parties.

Ce sont-là des faits positifs, des vérités qui n'ont rien à redouter d'un examen approfondi. Je n'en expose ici qu'une esquisse resserrée, mais elle est suffisante pour nous diriger dans nos études.

En appendice de ce chapitre, disons un mot des corps vivants composés.

Corps vivants composés.

C'est, sans doute, un fait bien étonnant et à peine croyable que celui de l'existence de corps vivants composés d'individus réunis, qui adhèrent les uns aux autres, et participent à une vie commune; et cependant, quelque extraordinaire que ce fait nous paraisse, on ne saurait maintenant le révoquer en doute.

On n'eût peut-être jamais remarqué ce fait, s'il eût été borné au règne végétal dans lequel il se trouve presque général, et où il est en quelque sorte masqué par un mode particulier qui le rend moins distinct.

Mais, dans les animaux, où ce même fait ne s'offre guère que dans une seule de leurs classes, il s'y montre avec tant d'évidence, qu'on a été forcé de le reconnaître.

C'est, effectivement, dans les animaux, que l'on s'est aperçu, pour la première fois, que la nature avait su former des corps vivants composés, c'est-à-dire, résultant d'une réunion de plusieurs individus distincts, adhérant les uns aux autres, se nourrissant et vivant en commun. Ainsi, ce fait singulier est maintenant constaté dans le règne animal ; et dans ce règne, c'est presque uniquement parmi les *polypes* qu'on en trouve des exemples.

En examinant attentivement le fait dont il s'agit, on reconnaît bientôt qu'il est loin d'être uniquement le propre de certains animaux ; car la nature l'a rendu bien plus général parmi les végétaux. Or, de part et d'autre, une distinction importante dans son mode d'exécution mérite d'être faite.

Par exemple, parmi les *polypes*, dont un si grand nombre présente des animaux véritablement composés, il faut distinguer ceux qui, quoique composés d'individus qui tiennent les uns aux autres, ne paraissent point donner lieu à la formation d'un corps commun, doué d'une vie indépendante de celle des individus, de ceux, pareillement composés, dont les individus concourent chacun à la formation et à l'aggrandissement d'un corps commun et particulier, qui survit aux individus qu'il produit successivement. Cette distinction n'est pas toujours sans difficulté ; et néanmoins, sans elle, la source d'une multitude de faits observés, sur-tout parmi les végétaux, ne saurait être reconnue.

Les polypes composés, de la première sorte, c'est-à-dire, ceux qui ne forment point de corps commun particulier et bien distinct, nous paraissent trouver des exemples dans les *vorticelles rameuses*, dans les *hydres*, dans les *polypes* des *polypiers vaginiformes*, des *polypiers à réseau*, etc. Ces polypes, à corps grêle et plus ou moins alongé, adhèrent les uns aux autres sans agglomération et sans offrir l'apparence d'un corps commun survivant aux individus.

Ceux, au contraire, qui ont un corps commun survivant à tous les individus qui se développent, se régénèrent et périssent successivement sur ce corps; ceux-là, dis-je, continuent la deuxième sorte de polypes composés, et paraissent trouver des exemples dans les polypes agglomérés, tels que ceux des *astrées*, des *méandrines*, des *alcyons*, des *éponges*, etc. C'est surtout dans les *polypes flottants* que ce corps commun jouissant d'une vie indépendante, ne laisse plus de doute sur son existence. Or, nous verrons qu'un pareil corps est éminemment reconnaissable dans un grand nombre de végétaux composés.

Il est certain que, si l'on considère les polypes agglomérés cités ci-dessus, et si l'on examine ce qui se passe à leur égard, on se convaincra qu'ils constituent dans l'eau, une masse commune vivante produisant sans cesse à sa surface des milliers d'individus distincts qui y adhèrent, se développent rapidement, se régénèrent et périssent bientôt après, se trouvant alors remplacés par de nouveaux individus qui parcourent aussi les mêmes termes; tandis que la masse commune résultante de toutes les additions que ces individus passagers y ont formées, continue de vivre presqu'indéfiniment, si l'eau qui l'environne ne lui manque point. Cette masse commune vivante meurt néanmoins partiellement et progressivement dans sa partie inférieure la plus ancienne, tandis qu'elle continue de vivre dans ses parties latérales et supérieures.

Je n'ai conçu réellement l'existence de ce singulier corps commun à l'égard de certains polypes composés, qu'après avoir pris en considération ce qui se trouve d'analogue dans les végétaux vivaces, et sur-tout dans ceux qui sont ligneux.

Certes, aux yeux du naturaliste, ces objets sont d'un trop grand intérêt pour que je ne m'empresse pas d'en dire ici un mot; et l'on me pardonnera sans doute une digression relative aux végétaux composés, parce qu'elle concerne un fait important qui a été négligé, et qui mérite l'attention de ceux qui étudient la nature (1).

---

(1) Le savant professeur dont nous avons mentionné l'ouvrage dans une note précédente, M. Dugès, a considéré l'animal composé d'une manière plus étendue : il a pris la question de plus haut et dans son universalité. Un animal simple peut vivre à telle condition, a-t-il dit, et toutefois que dans l'ensemble d'un même animal, il trouve une série symétrique de ces conditions organiques; il dit qu'il est formé d'un certain nombre de zonites, que c'est par conséquent un animal composé.

Un exemple rendra ceci facile à comprendre : un ténia est composé d'un très grand nombre de segments dans chacun desquels on trouve, dans un état parfaitement semblable, un système nerveux, un système de vaisseaux nutritifs, etc.; de telle sorte que l'on peut concevoir facilement que chaque segment peut jouir de la vie, indépendamment de ceux qui précèdent et qui suivent. Ces segments sont pour M. Dugès autant de zonites; elles sont ici, comme dans les annélides, disposées sur une seule ligne longitudinale; dans d'autres animaux il les voit alterner, se réunir en cercle, se joindre deux à deux, et remontant dans les animaux vertébrés, il les trouve composés de deux parties similaires ou de deux zonites principales; il est cependant arrêté ici par le développement de la vertèbre, dont le corps est toujours d'une seule pièce à tous les âges, comme le prouve l'embriogénie. Au reste, cette considération n'est peut-être pas la seule qui doive arrêter aux animaux invertébrés l'application de cette théorie; car déjà les mollusques ne peuvent être soumis à cette application : elle est donc bornée à des animaux plus simples sur l'étude desquels elle peut jeter une vive lumière.

Comparaison des animaux composés avec des végétaux
pareillement composés.

Rien, sans doute, n'est plus remarquable que l'analogie qui se trouve entre certains végétaux et certains
animaux, sous plusieurs conditions. Elle montre que,
quoique ces deux sortes d'êtres soient entre elles essentiellement différentes, puisqu'elles appartiennent
à des règnes très distincts, la nature, en les formant,
a néanmoins suivi la même marche, et exécuté un
plan uniforme.

Laissant à l'écart les autres considérations sous lesquelles une analogie évidente s'observe dans les faits
que présentent certains végétaux et certains animaux,
nous ne nous arrêterons ici qu'à celle qui concerne,
dans ces deux sortes de corps vivants, des êtres véritablement composés d'une réunion d'individus distincts.
Une petite digression sur ce sujet sera instructive et
très utile à la connaissance des objets que nous avons
en vue.

En effet, qu'on ne s'y trompe pas; de même qu'il
y a des animaux simples, constituant des individus
isolés, et des animaux composés, c'est-à-dire, constitués par des individus réunis, qui adhèrent les uns
aux autres, communiquent ensemble par leur intérieur, et participent à une vie commune, ce dont la
plupart des polypes offrent des exemples; de même
aussi il y a des végétaux simples qui vivent individuel-
lement, et il y a, en outre, des végétaux composés,
c'est-à-dire, constitués par plusieurs individus qui
vivent ensemble, se trouvant comme entés les uns sur
les autres ou sur un corps commun, et qui participent
à une vie commune.

Je vais essayer de montrer que ce fait, à leur égard,

est tout aussi positif qu'il l'est relativement aux animaux cités.

Le propre d'une plante est de vivre jusqu'à ce qu'elle ait donné ses fleurs et ses fruits ou ses corpuscules reproductifs. La durée de sa vie s'étend rarement au-delà d'une année; et si, pour se régénérer, elle développe des organes sexuels, ces organes n'exécutent qu'une seule fécondation; en sorte qu'ayant opéré des gages de reproduction, ils périssent ensuite et se détruisent complétement, ainsi que l'individu qui les a produits. Ce sont-là des vérités que l'on ne peut raisonnablement refuser de reconnaître.

Cependant, si beaucoup de plantes, dans leur durée annuelle, offrent des exemples de ce que je viens de citer, beaucoup d'autres paraissent continuer de vivre après avoir fructifié, et donnent effectivement des fleurs et des fruits plusieurs années de suite avant de périr; il y a donc, à l'égard de ces dernières, un ordre de choses particulier qui les distingue, et qu'il importe de reconnaître.

On va voir que la différence singulière entre la vie très bornée de certains végétaux qui périssent après avoir fructifié, et celle de beaucoup d'autres qui vivent et fructifient plusieurs années de suite, tient essentiellement à ce que les uns sont des individus isolés, soit simples, soit prolifères, qui n'ont pu se former de corps commun, capable de vivre particulièrement; tandis que les autres sont des végétaux véritablement composés d'individus réunis sur un corps commun, qui jouit d'une vie particulière, indépendante de celle des individus.

Effectivement, toute plante annuelle est un végétal individuel, qui n'a point de corps particulier doué d'une vie indépendante de celles des autres parties, et plus durable qu'elles.

Or, ce végétal est, tantôt tout-à-fait simple, comme lorsqu'il ne produit qu'une fleur ou qu'un bouquet de fleur, et qu'il périt après avoir donné ses graines; et tantôt il est prolifère, comme lorsqu'il pousse une tige rameuse ou plusieurs tiges distinctes qui périssent après avoir fructifié, ainsi que les racines. Mais le produit de sa végétation étant totalement employé au développement des parties qui doivent amener sa fructification, n'a pu concourir à la formation d'un corps commun subsistant. Ce végétal, soit simple, soit prolifère, est donc réellement un individu isolé.

Ce qui prouve que le végétal annuel dont je viens de parler est réellement simple, c'est qu'il n'offre point de gemmation véritable; c'est qu'il ne peut reproduire qu'un végétal ou que des végétaux séparés de lui.

Ce n'est pas là, à beaucoup près, le cas de tous les végétaux : la plupart sont véritablement des êtres composés, et nous offrent, comme les polypes, des réunions d'individus qui vivent ensemble sur un corps commun persistant qui en développe successivement d'autres; mais chacun de ces individus conserve rarement son existence au-delà d'une année. Ils laissent tous, avant de périr, des produits subsistants de leur végétation qui ajoutent au volume du corps commun, et, en outre, ils fournissent les gages d'une reproduction prochaine d'individus nouveaux, soit dans les semences, soit dans les corpuscules reproductifs, soit dans les bourgeons qu'ils produisent.

Quant au corps commun qui survit aux individus annuels, il est évidemment le résultat de toutes les végétations qui l'ont d'abord formé, et qui ensuite y ont successivement ajouté leur produit particulier. Ce corps commun, jouissant d'une vie indépendante de celle des individus, continue de s'accroître, de son côté, par les additions qu'il en reçoit; et, sans le concours d'aucun organe sexuel, il produit lui-même une gemmation périodique qui développe successivement les nouveaux individus adhérents qu'il doit nourrir. Ainsi, les graines et les corpuscules reproductifs (les gemmules séparables, les cayeux, etc.) servent à multiplier les végétaux séparés d'une même espèce, et les bourgeons produits par le corps commun, sont employés à renouveler sur ce corps les individus qui y ont vécu et ont péri.

Ce n'est pas tout : non seulement le corps commun dont il s'agit, jouit, dans sa masse entière, d'une vie indépendante de celles des individus qu'il nourrit, mais chaque portion particulière de sa masse jouit elle-même d'une vie indépendante de celle des autres portions, ce qui est cause qu'une de ces portions séparée peut continuer de vivre de son côté : de là les *boutures.*

Si dans les végétaux ligneux, les produits de végétation de chaque individu sont persistants, tandis qu'ils ne le sont pas dans les végétaux annuels, c'est que, fortifiés en se formant par le concours de toutes les autres végétations individuelles, et participant à la vie du corps commun, ces produits acquièrent rapidement assez de consistance pour résister aux causes qui peuvent les faire périr; c'est, en outre, que les matériaux de leur nutrition, élaborés dans le corps commun, y apportent les principes qui les solidifient.

Ainsi, lorsque je vois un arbre ou un arbrisseau, ce n'est réellement pas une plante simple que j'ai sous les yeux, mais c'est une multitude de végétaux de la même espèce, vivant ensemble sur un corps commun solidifié, persistant, doué lui-même d'une vie particulière et indépendante, à laquelle participent tous les individus qui vivent sur ce corps.

Cela est si vrai que si je greffe sur une branche de prunier un bourgeon de cerisier, et sur une autre

branche du même arbre un bourgeon d'abricotier,
ces trois espèces vivront ensemble sur le corps commun
qui les supporte, et participeront à une vie commune,
sans cesser d'être distinctes.

On fait vivre de même sur une tige de rosier, différentes espèces qui y conservent leurs caractères, et
ainsi dans les autres familles, pourvu qu'on n'entreprenne point d'associer des espèces qui soient de familles étrangères.

Les racines, le tronc et les branches, ne sont, à l'é-
gard de ce végétal composé, que des parties du corps
commun dont j'ai parlé, que des produits persistants
de la végétation de tous les individus qui ont existé
sur ce même végétal; comme la masse générale vivante
d'une *astrée*, d'une *méandrine*, d'un *alcyon*, ou d'une
pennatule, est le produit en animalisation des polypes
nombreux qui ont vécu ensemble et en commun et se
sont succédé les uns aux autres.

De part et d'autre, la vie continue d'exister dans le
corps commun, c'est-à-dire, dans l'arbre et dans l'intérieur de la masse charnue qu'enveloppe le polypier;
tandis que chaque plante particulière de l'arbre et
chaque polype de la masse charnue citée, ne conservent
leur existence que pendant une courte durée, mais
laissent, l'un, de nouveaux bourgeons, et l'autre, de
nouveaux germes qui les reproduisent.

Ainsi, chaque bourgeon du végétal est une plante
particulière qui doit se développer comme celle qui l'a
produite, participer à la vie commune comme toutes
les autres, produire ses fleurs annuelles, développer
ensuite ses fruits, et qui peut aussi donner naissance à
un nouveau rameau contenant déjà d'autres bourgeons.

A la vérité, la masse entière du corps commun qui
subsiste et survit aux individus, semble autoriser l'i-
dée d'attacher l'*individualité* à cette masse végétale;

mais, c'est à tort; car cette même masse n'a point l'individualité en elle-même, puisque des portions qu'on en détache peuvent continuer de vivre. D'ailleurs, elle n'est évidemment elle-même qu'une masse végétale ou une plante composée qui fait vivre quantité d'individus particuliers, qui parcourent sur le corps commun qui les a produits la durée de leur propre existence, sont ensuite remplacés par d'autres qui y subissent la même destinée, et offrent ainsi une suite de générations qui se succèdent tant que le corps commun continue de vivre.

Le corps commun dont je parle, est si distinct des individus particuliers qu'il fait vivre, que l'art en réunit à volonté autant qu'il plaît à l'homme pour en former un tout réellement commun. En effet, les *greffes en approche*, que la nature fait elle-même quelquefois, et que l'art imite et exécute si bien, font communiquer et participer à une vie commune différents arbres ou arbrisseaux de la même espèce. On nourrit même et on fait vivre un tronc que l'on sépare totalement de sa base et de ses racines, après lui avoir substitué par cette greffe, des troncs voisins et étrangers qui le soutiennent. On pourrait, avec une espèce, former une grand forêt dont les troncs multipliés, communiquant et vivant ensemble, pourraient à aussi juste titre être considérés comme un seul être, que l'est le corps commun d'un arbre y compris ses racines et ses branches.

Dans l'intérieur des végétaux, il paraît, comme je l'ai dit, qu'il n'y a qu'une organisation propre à y faire exister la vie, organisation qui y est modifiée selon le genre ou la famille du végétal, mais qui n'admet aucun organe spécial quelconque pour des facultés étrangères à celles qui sont le propre de la vie même.

De là, en séparant des parties d'un végétal composé,

parties qui contiennent un ou plusieurs bourgeons, ou qui en renferment les éléments non développés, on peut en former à volonté autant de nouveaux végétaux semblables à celui dont ils proviennent, sans employer le secours des fruits de ces plantes. C'est effectivement ce que les cultivateurs exécutent en faisant des boutures, des marcottes, etc.

J'ai déjà cité dans ma *Philosophie zoologique* (vol. 1, p. 397), différents faits qui prouvent qu'un grand nombre de végétaux nous offrent des corps singuliers sur lesquels vivent, se développent et périssent une multitude d'individus particuliers qui se succèdent par générations nombreuses, tant que le corps commun qui les nourrit continue de vivre. Ici, j'en vais seulement ajouter un seul qui me semble tout-à-fait décisif à cet égard.

Parmi les différentes considérations qui attestent qu'un arbre n'est point un végétal simple, mais que c'est un corps qui produit, nourrit et développe une multitude de plantes de la même espèce, vivant ensemble sur le corps commun que des végétations de plantes semblables ont successivement produit, voici ce que l'on peut citer de plus frappant.

Le propre de tout individu vivant et isolé, est de changer graduellement d'état pendant la durée de son existence, de manière qu'à mesure qu'il approche du terme de sa vie, toutes ses parties, sans exception, portent de plus en plus le cachet de sa vieillesse, et à la fin, celui de sa décrépitude. Je n'ai besoin d'entrer dans aucun détail, pour prouver ce fait suffisamment connu.

Cependant, quel que vieux que soit un arbre, tous ceux de ses bourgeons qui se développent au printemps, présentent des individus qui portent constamment, d'abord l'empreinte de la plus tendre jeunesse, qui six semaines après, prennent les traits plus vigoureux d'un développement complet, et qui, après un état stationnaire de peu de durée, offrent progressivement les caractères d'une vieillesse qui les conduit à la mort, avant que l'année de leur naissance soit écoulée.

Qui n'a pas été frappé du charme que nous offre au printemps le feuillage naissant des arbres, quel que soit leur âge, du vert tendre et délicat de ce feuillage, exprimant alors la jeunesse réelle des individus! Y a-t-il le moindre trait, dans ces parties nouvelles, qui annonce qu'elles appartiennent à un être très vieux et sur le point de cesser de vivre? Non; tous les bourgeons qui s'y développent encore sous des individus particuliers, qui ne participent nullement à la décrépitude du vieil arbre en question. Tant qu'il en pourra faire vivre, chacun de ces individus aura sa jeunesse, parviendra à sa maturité, et arrivera ensuite à sa vieillesse particulière, qui se terminera par [sa destruction. L'arbre qui les soutient est donc un *végétal composé*, sur lequel vivent, se développent et se renouvellent une multitude d'individus de la même espèce, qui participent à une vie commune, et se succèdent les uns aux autres annuellement, tant que le corps commun, produit de toutes les végétations particulières, conservera l'état propre à les faire vivre.

Or, de même que la nature a fait des végétaux composés, elle a fait aussi des animaux composés, et pour cela elle n'a pas changé, de part et d'autre, soit la nature végétale, soit la nature animale. En voyant des animaux composés, il serait tout aussi absurde de dire que ce sont des *animaux-plantes*, qu'il le serait, en voyant des plantes composées, de dire que ce sont des *plantes-animales*.

Qu'on ait donné, il y a un siècle, le nom de *zoophytes* aux animaux composés de la classe des *polypes*, ce tort était excusable : l'état peu avancé des connaissances qu'on avait alors sur la nature animale, rendait cette expression moins mauvaise. A présent, ce n'est plus la même chose; et il ne saurait être indifférent d'assigner à une classe d'animaux, un nom qui exprime une fausse idée des objets qu'elle embrasse (1).

Maintenant, comme il existe deux sortes très distinctes de corps vivants, savoir : des *végétaux* et des *animaux*, examinons les caractères essentiels de ces premiers, et montrant la ligne de séparation qu'a établie la nature entre ces deux sortes d'êtres, prouvons que les végétaux ne sauraient s'unir aux animaux par aucun point de leur série, pour former une véritable chaîne.

CHAPITRE III.

Des caractères essentiels des végétaux.

Afin de connaître les *animaux* sous tous les rapports, nous avons entrepris de les comparer avec tous les autres corps de notre globe; et pour cela, considérant les animaux comme *corps vivants*, nous avons vu que les corps doués de la vie étaient, par leurs caractères

---

(1) Lamarck blâme avec raison cette dénomination, qui dans son acception rigoureuse, n'a point d'application possible; aussi elle est presque abandonnée : nous ne la voyons en usage que chez les zoologistes qui ont le tort de n'attacher aucune importance aux mots scientifiques, ou par ceux qui ont adopté la nomenclature de Cuvier sans examiner et sans rejeter ce qu'elle a de mauvais.

généraux et leurs facultés propres, séparés des corps inorganiques par un intervalle considérable.

Ainsi, nous savons actuellement que, comme *corps vivants*, les animaux, même les plus imparfaits, ne peuvent être confondus avec les corps inorganiques; et qu'aucun animal, quelque imparfait qu'il soit, quelque simple que soit son organisation, ne fait nuance avec aucun des corps en qui le phénomène de la vie ne peut se produire.

Mais les animaux ne sont pas les seuls corps vivants qui existent, et l'on peut s'en convaincre qu'il s'en trouve de deux sortes extrêmement distinctes; car les corps de chacune de ces sortes offrent entre eux une si grande différence dans l'état et les phénomènes de leur organisation, qu'il est facile de faire voir que la nature a établi, entre les uns et les autres, une ligne de démarcation frappante. Ce n'est, néanmoins, qu'une ligne de démarcation tranchée, et non un intervalle considérable, comme celui qui sépare les corps inorganiques des corps vivants.

On a senti qu'il existait une différence réelle entre les deux sortes de corps vivants dont je viens de parler; et quoiqu'on n'ait point su assigner positivement en quoi consiste cette différence, on a de tout temps partagé les corps vivants en deux coupes primaires dont on a fait deux règnes particuliers, savoir : le règne *végétal* et le règne *animal*.

Or, il s'agit de savoir maintenant, si les *végétaux* se lient et se nuancent, par quelque point de leur série, avec les *animaux*, ou s'ils en sont généralement distingués par quelque caractère constant et reconnaissable.

D'abord, je remarquerai que, dans ses opérations, dans l'existence qu'elle a donnée à ses productions, la nature n'a procédé et n'a pu procéder que progressivement, que du plus simple au plus composé : c'est une vérité que l'observation atteste.

S'il en est ainsi, la nature a dû commencer par produire les *végétaux*, et pour cela elle a dû débuter par la production des végétaux les plus imparfaits, de ceux qui ont le tissu cellulaire le moins modifié, avant de faire exister ceux qui ont, à l'intérieur, des canaux multipliés et divers, des fibres particulières, une moëlle et des productions médullaires, en un mot, un tissu cellulaire tellement modifié que leur organisation intérieure paraît en quelque sorte composée. Dès lors, il devient évident que si les végétaux formaient avec les animaux une chaîne nuancée, résultant d'une production graduelle, ce seraient les végétaux à tissu cellulaire le plus modifié qui devraient se lier et, pour ainsi dire, se confondre avec les premiers animaux, avec les animaux les plus imparfaits.

C'est cependant ce qui n'est pas; et, en effet, je vais montrer que la nature a commencé à la fois la production des uns et des autres; en sorte qu'à cet égard, commençant ses opérations sur des corps essentiellement différents par leurs éléments chimiques, tout ce qu'elle a pu faire exister dans les uns, s'est trouvé constamment différent de ce qu'elle a pu produire dans les autres, quoiqu'elle ait, de part et d'autre, travaillé sur un plan très analogue.

Il est certain que si les végétaux pouvaient se lier et se nuancer avec les animaux, par quelque point de leur série, ce serait uniquement par ceux qui sont les plus imparfaits et les plus simples en organisation que la nature aurait formé cette nuance, en établissant un passage insensible des plantes les plus imparfaites aux animaux qui sont dans le même cas. Tous les naturalistes l'ont senti, et c'est effectivement, en ce point, c'est-à-dire, dans celui qui offre de part et d'autre la plus grande simplicité de l'organisation, que les végétaux paraissent le plus se rapprocher des animaux. S'il y a nuance en ce point, on ne pourra s'empêcher de convenir qu'au lieu de former une chaîne, les végétaux et les animaux présentent deux branches distinctes, et réunies par leur base, comme les deux branches de la lettre V. Mais, je vais faire voir qu'il n'y a point de nuance dans le point cité; que chacune des branches dont je viens de parler, se trouve réellement séparée de l'autre à sa base, et qu'un caractère positif, qui tient à la nature chimique des corps sur lesquels la nature a opéré, fournit une distinction éminente entre les êtres qu'embrasse l'une de ces branches, et ceux qui appartiennent à l'autre.

Je vais, en effet, montrer que les *végétaux* n'ont point dans leurs solides de parties véritablement *irritables*, susceptibles de se contracter subitement dans tous les temps et pendant la durée entière de leur vie, et qu'ils ne sauraient conséquemment exécuter des mouvements subits, répétés de suite, autant de fois qu'une cause excitante les pourrait provoquer.

Je prouverai ensuite que tous les animaux généralement, ont, dans leurs solides, des parties constamment *irritables*, subitement contractiles, et qu'ils sont susceptibles d'exécuter des mouvements instantanés ou subits, qu'ils peuvent répéter de suite, dans tous les temps, autant de fois que la cause excitatrice de ces mouvements agira sur eux.

Voyons donc d'abord ce que sont les végétaux, et quels sont leurs caractères essentiels. Après l'exposition de ces caractères, nous présenterons les faits et les preuves qui en établissent le fondement.

Caractères essentiels des végétaux.

Les *végétaux* sont des corps vivants non *irritables*,
dont les caractères essentiels sont :

1° D'être incapables de contracter subitement et itérativement, dans tous les temps, aucune de leurs parties solides, ni d'exécuter par ces parties des mouvements subits ou instantanés, répétés de suite autant
de fois qu'une cause stimulante les provoquerait (1) ;

2° De ne pouvoir agir, ni se déplacer eux-mêmes,
c'est-à-dire, quitter le lieu dans lequel chacun d'eux
est fixé ou situé ;

3° D'avoir seulement leurs fluides susceptibles
d'exécuter les mouvements vitaux ; leurs solides, par
défaut d'irritabilité, ne peuvent, par des réactions
réelles, concourir à l'exécution de ces mouvements
que des causes excitatrices du dehors ont le pouvoir
d'opérer ;

4° De n'avoir point d'organes spéciaux intérieurs ;
mais d'obtenir, des mouvements de leurs fluides, une
multitude de canaux vasculiformes, la plupart per-
forés latéralement, et, en général, parallèles entre
eux (2) ; ce qui est cause que, dans tous, l'organisation

---

(1) Ceux en qui l'on observe des mouvements, ne les exécutent que
par des causes mécaniques, pyrométriques, ou hydrométriques. Dans
les uns, ces mouvements sont d'une lenteur qui les rend insensibles,
et ne se jugent que par leurs produits ; et dans ceux où ils sont apparents et subits, ils sont dus à des détentes ou à des affaissements de parties, et ne peuvent de suite se répéter, ni se manifester dans tous les
temps. (*Note de Lamarck.*)

(2) Les mouvements des fluides dans les végétaux s'exécutant principalement en deux sens opposés, il en est résulté que les canaux vasculiformes de ces corps sont, en général, parallèles entre eux, ainsi qu'à
l'axe longitudinal, soit de la tige, soit des branches, des rameaux, des

n'est que plus ou moins modifiée sans composition réelle, et que les parties de ces corps se transforment aisément les unes dans les autres;

5° De n'exécuter aucune *digestion*, mais seulement une élaboration des sucs qui les nourrissent et qui donnent lieu à leurs produits, en sorte qu'ils n'ont qu'une surface absorbante (l'extérieure), et qu'ils n'absorbent pour aliments que des matières fluides ou dont les particules sont désunies;

6° De n'avoir point de *circulation* réelle dans leurs fluides, mais d'offrir dans leurs sucs séveux, des mouvements de déplacement dont les principaux paraissent alternativement ascendants et descendants; ce qui a fait supposer l'existence de deux sortes de sève : l'une provenant de l'absorption par les racines, et l'autre résultant de celle par les feuilles;

7° D'opérer en eux deux sortes de végétations; l'une ascendante, et l'autre descendante, à partir d'un point intermédiaire ou *nœud vital* situé dans la base du collet de la racine, et qui est, en général, plus vivace que les autres ;

8° D'avoir une tendance à diriger leur végétation supérieure, perpendiculairement au plan de l'horizon, et non à celui du sol qui les soutient (1);

9° De former la plupart des êtres composés d'indivi-

---

pétioles et des pédoncules. En effet, ils ne perdent leur parallélisme que dans les parties qui s'épanouissent en feuilles, fleurs et fruits.

(Note de Lamarck.)

(1) Les végétaux paraissent devoir cette tendance au *calorique* et à l'*électricité* des milieux environnants; ces fluides subtils, trouvant plus de difficulté à traverser l'air que des corps humides plus conducteurs, s'élancent à travers les tiges végétales dans une direction qui tend à s'approcher le plus possible de la verticale, et communiquent, sur-tout pendant le jour, cette direction au mouvement de la sève pompée par les racines.   (*Note de Lamarck.*)

dus réunis sur un corps commun vivant, qui développe annuellement les générations successives de ces indi-vidus.

A ce tableau resserré des faits positifs qui caractéri-sent les *végétaux*, si, comme je vais le faire, on oppose celui des caractères essentiels des *animaux*, on recon-naîtra que la nature a établi entre ces deux sortes de corps vivants, une ligne de démarcation tranchée qui ne leur permet pas de s'unir par aucun point des séries qu'elles forment. Or, ce n'est point là ce qu'on nous dit à l'égard de ces deux sortes d'êtres : tant il est vrai que preque tout est encore à faire pour donner des uns et des autres l'idée juste que nous devons en avoir !

Le point le plus essentiel à éclaircir, afin de détruire l'erreur qui a fait prendre une fausse marche à la science, consiste donc à prouver que les végétaux sont généralement dépourvus *d'irritabilité* dans leurs par-ties.

Dès que j'aurai établi les preuves de ce fait, il sera facile de sentir quelle infériorité, dans les phénomènes d'organisation, le défaut *d'irritabilité* des parties doit donner aux végétaux sur les animaux; et l'on conçe-vra pourquoi ils sont tous réduits à n'obtenir leurs mouvements vitaux, c'est-à-dire, les mouvements de leurs fluides, que par des impressions qui leur vien-nent du dehors.

Une discussion concise et claire doit me suffire pour établir les preuves que j'annonce; et d'abord je vais faire voir que j'étais fondé, lorsque j'ai dit dans ma *Philosophie zoologique* (vol. 1, pag. 93) qu'il n'y a dans les faits connus à l'égard des plantes, dites *sen-sitives*, rien qui appartienne au caractère de *l'irrita-bilité* des parties animales; qu'aucune partie des plan-tes n'est instantanément contractile sur elle-même; qu'aucune, enfin, ne possède cette faculté qui caractérise exclusivement la nature animale. Aussi , par cette cause essentielle , par cette privation d'*irritabi-lité* et de *contractilité* de leurs parties , les végétaux sont généralement bornés à une faible et obscure disparité dans les traits de leur organisation intérieure, et à une grande infériorité dans les phénomènes de cette organisation, comparés à ceux que la nature a pu exécuter dans les animaux.

*Discussion pour établir les preuves du défaut d'*irritabilité *dans les parties des végétaux.*

Le point essentiel que je dois traiter d'abord , est celui de prouver que le *sentiment* et l'*irritabilité* sont des phénomènes très différents, et qu'ils sont dus à des causes qui n'ont aucun rapport entre elles. On sait que *Haller* avait déjà distingué ces deux sortes de phénomènes ; mais , comme la plupart des zoologistes de notre temps les confondent encore, il est utile que je m'efforce de rétablir cette distinction dont le fondement est de toute évidence.

Je montrerai ensuite qu'indépendamment de l'erreur qui fait confondre le *sentiment* avec l'*irritabilité*, on a pris, dans les végétaux, certains mouvements observés dans des circonstances particulières , pour des produits de l'*irritabilité* ; tandis que ces mouvements, comme je vais le prouver, n'ont pas le moindre rapport avec ceux qui dépendent du phénomène organique dont il est question.

Pour s'assurer que le *sentiment* est un phénomène très différent de celui que l'*irritabilité* constitue, il suffit de considérer les trois caractères suivants dans lesquels les conditions des deux phénomènes sont mises en opposition.

Premier caractère : Tout animal doué du *sentiment* possède constamment dans son organisation un système d'organes particulier, propre à la production de ce phénomène. Or, ce système d'organes qui se compose toujours de nerfs et d'un ou de plusieurs centres de rapports, se distingue aisément des autres parties de l'organisation. Il en résulte qu'en altérant ce système dans certaines de ses parties, l'on détruit à volonté la faculté de *sentir* dans les parties de l'animal que l'organe altéré faisait jouir du sentiment, et l'on rend ces parties insensibles, sans détruire leur vitalité.

Au contraire, pour la production du phénomène de l'*irritabilité*, il n'y a dans les parties irritables des animaux, aucun organe particulier quelconque, aucun organe distinct qui ait seul en propre le pouvoir de donner lieu au phénomène en question ; mais la composition chimique de ces parties est telle, qu'elle les met continuellement dans le cas, tant qu'elles sont vivantes, de se contracter sur elles-mêmes à la provocation de toute cause irritante. Or, l'on ne saurait altérer la faculté irritable de ces parties, qu'en y anéantissant la vie, puisqu'elles ne tiennent d'aucun organe particulier l'*irritabilité* qu'elles possèdent.

Deuxième caractère : Les organes bien connus par la voie desquels le phénomène du *sentiment* s'exécute, ne sont point distinctement ou essentiellement contractiles; aussi, aucune observation constatée ne nous apprend que, pour opérer la *sensation*, les nerfs soient obligés de se contracter sur eux-mêmes.

Au contraire, les parties irritables de tout corps animal ne sauraient exécuter aucun mouvement dépendant de l'*irritabilité*, qu'elles ne subissent alors une véritable contraction sur elles-mêmes. Ces parties ne sont donc irritables, que parce qu'elles sont essentiellement contractiles ; ce que ne sont point les organes du sentiment.

Troisième caractère : Lorsqu'un animal, doué de la faculté de *sentir*, vient à périr, le *sentiment* s'éteint en lui avant l'anéantissement complet des ses mouvements vitaux.

Au contraire, lorsqu'un animal quelconque meurt, l'*irritabilité* dont toutes ses parties ou certaines d'entre elles jouissaient, est, de toutes ses facultés, celle qui s'anéantit constamment la dernière.

Le phénomène du *sentiment* et celui de l'*irritabilité* sont donc essentiellement différents l'un de l'autre, puisque les causes et les conditions nécessaires à leur production ne sont point les mêmes, et qu'on a toujours des moyens décisifs pour les distinguer.

Maintenant, pour montrer combien les principes de la théorie admise en zoologie sont encore imparfaits, je vais faire remarquer que les plus savants zoologistes de notre temps confondent encore le *sentiment* avec l'*irritabilité*, et que, par la citation de quelques faits mal jugés, ils croient pouvoir étendre aux végétaux l'une et l'autre de ces facultés.

« Plusieurs plantes, dit-on dans le Dictionnaire des Sciences naturelles, à l'article *Animal*, se meuvent d'une manière extérieurement toute pareille à celle des animaux : les feuilles de la sensitive se contractent lorsqu'on les touche, aussi vite que les tentacules du polype : comment prouver qu'il y a du sentiment dans un cas et non dans l'autre? » (1)

____

(1) Il nous paraît évident que G. Cuvier, en établissant cette comparaison avait oublié ces beaux principes d'armonie dans les organisations, d'après lesquels les actes, si simples qu'ils soient, sont toujours le produit d'organes; on doit être surpris de voir ce grand naturaliste, dont les travaux ont fortement contribué à mettre ces principes hors de toute

Je puis assurer, d'après mes propres observations, qu'il n'y a dans tout ceci rien d'exact, rien qui soit conforme au fait observé à l'égard de la sensitive ou des autres plantes qui offrent des mouvements analogues; qu'en un mot, il n'y a aucun rapport entre les mouvements de ces plantes, et ceux qui proviennent de l'excitation de l'*irritabilité* dans les animaux, et qu'il y en a bien moins encore avec le phénomène du *sentiment.*

D'abord, dans la contraction citée que subissent les tentacules du polype, lorsqu'on les touche, il n'y a point de preuve que le *sentiment* en soit la cause, c'est-à-dire, qu'il y ait eu une *sensation* produite; car l'*irritabilité* seule a pu opérer cette contraction. On est, au contraire, fondé à dire qu'aucune *sensation* n'a pu avoir lieu par l'attouchement cité, puisque le système d'organes essentiel à la production de ce phénomène n'existe point dans ce polype, et que le propre de la *sensation* n'est pas de produire du mouvement. Ainsi, la question de savoir pourquoi il y a du sentiment dans le polype, tandis qu'il n'y en aurait pas dans la sensitive, ne devait pas se faire, s'il n'est pas vrai que le polype lui-même puisse éprouver des sensations. Or, je vais maintenant prouver que, dans les faits cités du polype et de la sensitive, il n'y a nulle parité de phénomène; car les tentacules du polype ne se sont mus, lorsqu'on les a touchés, qu'en subissant une véritable contraction, tandis que l'attouchement n'en a pu opérer aucune sur les parties de la sensitive.

---

contestation, les abandonner dans une question de l'importance de celle-ci, qui ne pouvait être jugée que par leur application rationnelle et profonde. Lamarck a connu toute la difficulté, l'a abordée avec une grande supériorité, et il est le seul qui en ait donné une solution satisfaisante.

6*

Le polype se sera donc mu, dans le fait en question, par la voie de l'*irritabilité* de ses parties, et la sensitive par une voie très différente.

En effet, il n'est pas vrai qu'aucune partie de la sensitive se contracte lorsqu'on la touche; car, ni les folioles, ni les pétioles, soit communs, soit particuliers, ni les petits rameaux de cette plante, ne subissent alors aucune contraction sur eux-mêmes; mais ces parties se reploient dans leurs articulations sans qu'aucune de leurs dimensions soit altérée; et par cette plication, qui s'exécute comme une détente, la plupart de ces parties sont subitement et simplement abaissées, en sorte qu'aucune d'elles n'a subi la moindre contraction, le plus léger changement dans ses dimensions propres. Ce n'est assurément point là le caractère de l'*irritabilité*, et ce n'est, effectivement, que dans les animaux, que des parties peuvent se contracter subitement sur elles-mêmes, changer alors leurs dimensions, et conserver pendant la vie de l'animal ou pendant la durée de leur intégrité, la faculté de se contracter de nouveau à chaque provocation d'une cause excitante; jamais d'ailleurs personne n'a pu observer de semblables contractions dans quelque corps que ce soit.

Dès qu'on a opéré cette plication articulaire des parties d'une sensitive, par un attouchement ou par une secousse suffisante, la répétition de l'attouchement ou de la secousse n'y saurait plus alors produire aucun mouvement. Pour renouveler le même phénomène, il faut attendre pendant un temps assez long, qui est toujours de plusieurs heures, qu'une nouvelle tension dans les articulations des parties les ait relevées ou étendues; ce qui ne s'exécute que très lentement lorsque la température est basse.

Je le répète : ce n'est point là du tout le propre de l'*irritabilité* animale; cette faculté reste la même dans les parties qui en sont douées tant que l'animal est vivant, et leur contraction peut se répéter de suite, autant de fois que la cause excitante viendra la provoquer. D'ailleurs, la contraction d'une partie animale n'offre point simplement des mouvements articulaires, comme dans la sensitive, mais un resserrement subit, un raccourcissement réel des parties, en un mot, un changement dans leurs dimensions; or, rien de semblable ne se manifeste dans les plantes.

Ainsi, dès qu'il n'est pas vrai que les mouvements subits qu'on observe dans certaines parties des plantes, dites *sensitives*, lorqu'on les touche, soient de véritables contractions ou des changements réels dans les dimensions de ces parties, il est dès lors évident que ces mouvements n'appartiennent point à l'*irritabilité* : aussi ne sauraient-ils se répéter de suite, dans tous les temps sans exception, comme ceux que l'*irritabilité* produit à la provocation de toute cause excitante.

Nous savons donc maintenant que l'*irritabilité* n'est point la cause des mouvements cités des plantes, dites sensitives, et qu'il y a une disparité manifeste entre ces mouvements et les phénomènes de l'*irritabilité* animale. Mais quelle est la cause des mouvements singuliers des plantes, dont il est question?

A cela je répondrai : que nous parvenions à connaître positivement cette cause, ou que nous ne puissions que l'entrevoir à l'aide de quelque hypothèse plausible et appuyée sur des faits, il n'en sera pas moins toujours très vrai que cette même cause est étrangère à l'*irritabilité* animale.

Or, j'ai cru apercevoir cette cause, pour les plantes dites sensitives, dans une particularité qui concerne les émanations des fluides élastiques et invisibles que ces plantes produisent dans le cours de leur vie, comme les autres corps vivants, et cela d'autant plus abondamment que la température est plus élevée.

D'abord, je dois faire remarquer que les mouvements observés dans les végétaux ne se bornent pas à ceux des plantes dites sensitives; car on en connaît de diverses sortes, et l'on peut s'assurer, par un examen attentif de ces mouvements, qu'aucun d'eux n'appartient à l'*irritabilité*.

Ensuite, je ferai voir que ces mouvements prennent leur source dans différentes causes, la plupart facilement déterminables.

Les uns, en effet, sont des mouvements subits très visibles, comme ceux de détente, d'affaissement de parties, etc.

Les autres, au contraire, sont des mouvements lents et insensibles, comme ceux qui sont dus à des causes hygrométriques, pyrométriques, etc.

Tous ne s'exécutent et ne s'obervent que dans certaines circonstances. Quelques-uns ne se renouvellent plus après leur exécution, comme ceux de détente de certains fruits dont les graines sont lancées au loin par la détente de leur péricarpe. Il y en a qui ne se montrent que dans certaines parties, comme certaines fleurs, soit à l'époque de leur épanouissement, soit dans ce temps d'effervescence particulière où les organes sexuels sont sur le point d'exécuter leurs fonctions.

Ici, je puis montrer que les mouvements articulaires de la sensitive sont de la première sorte, et que ce ne sont que des affaissements de parties, qui s'opèrent par des détentes d'articulations. Je ferai même voir que les mouvements de l'*hedysarum gyrans* sont aussi de même sorte, quoiqu'ils soient moins subits, et que ces mouvements s'exécutent de la même manière, c'est-à-dire, par la même sorte de cause.

En effet, dans l'*hedysarum gyrans*, les mouvements

observés sont encore articulaires , et aucune des parties
de cette plante ne subit la moindre contraction. Ce
sont les mêmes mouvements singuliers de cet *hedysa-*
rum, qui m'ont fait entrevoir le mystère des faits relatifs aux plantes dites sensitives.

Dans l'*hedysarum* en question, les mouvements des
folioles étant toujours lents et graduels, et ne se rendant
bien sensibles que dans les temps chauds, temps où
les émanations des plantes sont les plus considérables,
j'ai senti que des vésicules ou des cavités situées dans
les articulations de ces folioles, pouvaient se remplir
graduellement de quelque émanation gazeuse et élas-
tique du végétal, et que ces cavités pouvaient par là se
distendre proportionnellement jusqu'à un certain
terme de plénitude; qu'alors elles pouvaient se vider
et s'affaisser aussi graduellement. Or, il devait résulter
de cet état de choses, des alternatives lentes d'élévation et d'abaissement de ces mêmes folioles, qui décrivent une ligne demi-circulaire, sans qu'aucune
secousse ou cause étrangère ait provoqué ces mouvements.

Cette cause simple et uniquement mécanique, s'accorde avec les émanations connues des plantes, et l'on
sait que ces émanations de matières gazeuses et élastiques sont considérables dans les temps chauds, qu'elles
varient selon les plantes qui les produisent, qu'elles
sont odorantes dans beaucoup de végétaux, et que,
dans la fraxinelle (*dictamus albus*), elles sont susceptibles de s'enflammer. Ainsi, cette cause me paraît
satisfaire pleinement à l'explication du phénomène
dont il s'agit.

Elle nous montre que dans les plantes *sensitives*, il
faut un attouchement, une secousse, etc., pour provoquer l'évacuation subite des vésicules articulaires;
tandis que dans l'*hedysarum gyrans*, une simple plé-

nitude de ces vésicules suffit pour les mettre dans le cas de commencer l'évacuation lente et graduelle du gaz qu'elles contiennent.

Lorsqu'on voudra réellement savoir la vérité à l'égard des objets dont il vient d'être question, il sera difficile de ne pas reconnaître le fondement des causes que je viens d'indiquer.

Ce qu'il y a de très positif, c'est que, dans les phénomènes connus, soit de la *sensitive*, soit de l'*hedysarum gyrans*, soit de la plication subite des feuilles de la *dionée*, soit des détentes des étamines du *berberis*, soit du redressement des fruits qui succèdent à des fleurs pendantes, soit enfin de divers mouvements observés dans les parties de certaines fleurs, il n'y a véritablement rien qui soit comparable au phénomène de l'*irritabilité* animale, et bien moins encore à celui du *sentiment*.

L'*irritabilité*, dit-on, n'est qu'une modification de la sensibilité : elle n'est pas une faculté spécialement attribuée à l'animal; elle est commune à tous les êtres vivants. Il n'y a pas de doute que toutes les parties bien vivantes des animaux n'en soient douées; mais les végétaux nous donnent aussi des preuves qu'ils la possèdent. L'action de la lumière, de l'électricité, de la chaleur, du froid, de la sécheresse, des acides, des alcalis, du mouvement communiqué, etc., etc., voilà autant de causes de l'irritabilité des végétaux; c'est à leurs effets qu'on doit rapporter l'épanouissement de certaines fleurs à des heures marquées dans le jour, le sommeil des plantes, la direction de leurs tiges, la dissémination de leurs graines, les eschares plus ou moins profondes que produisent la grêle, le vent sec, etc.; et cependant aucun de leurs organes ne communique le mouvement qu'il éprouve à la totalité de l'être qui y paraît sensible. Telle est la manière dont on croit prouver que l'*irritabilité* est une faculté commune aux plantes, comme aux animaux !

On dit ailleurs : « Si les animaux montrent des désirs dans la recherche de leur nourriture, et du discernement dans le choix qu'ils en font, on voit les racines des plantes se diriger du côté où la terre est plus abondante en sucs, chercher dans les rochers les moindres fentes où il peut y avoir un peu de nourriture ; leurs feuilles et leurs branches se dirigent *soigneusement* du côté où elles trouvent le plus d'air et de lumière. Si l'on ploie une branche la tête en bas, ses feuilles vont jusqu'à tordre leurs pédicules, pour se retrouver dans la situation la plus favorable à l'exercice de leurs fonctions. Est-on sûr que cela ait lieu sans *conscience ?* » (*Dictionnaire des Sciences naturelles,* au mot déjà cité.)

C'est ainsi que, par la citation de faits précipitamment et inconvenablement jugés, l'on introduit dans les sciences, des vues et des principes, dont il est ensuite difficile de revenir, parce qu'ils ont une apparence de fondement lorsqu'on ne les approfondit pas, et qu'on a l'habitude de les considérer sous ces rapports.

Quant à moi, je ne vois dans aucun de ces faits, rien qui indique, dans le végétal qui les offre, une conscience, un discernement, un choix ; rien, enfin, qui soit comparable au phénomène de l'*irritabilité* animale, et encore moins à celui du *sentiment.*

Je sais comme tout le monde, qu'à raison de leurs diverses propriétés, les différents corps de la nature, vivants ou non, exercent les uns sur les autres des actions lorsqu'ils sont en contact, et sur-tout lorsqu'au moins l'un d'eux est dans l'état fluide. Ce n'est pas un motif pour supposer que ces corps soient irritables.

Le cheveu de mon hygromètre qui s'alonge dans les temps de sécheresse et se raccourcit dans les temps d'humidité, et la barre de fer qui s'alonge dans l'élévation de sa température, ne me paraissent point pour cela des corps *irritables*.

Lorsque le soleil agit sur le sommet fleuri d'un *helianthus*, qu'il hâte l'évaporation sur les points de la tige et des pédoncules qu'il frappe par sa lumière, qu'il dessèche plus les fibres de ce côté que celles de l'autre, et que par suite d'un raccourcissement graduel de ces fibres, chaque fleur se tourne du côté d'où vient la lumière, je ne vois pas qu'il y ait là aucun phénomène d'*irritabilité*, non plus que dans la branche ployée en bas qui redresse insensiblement ses feuilles et sa sommité vers la lumière qui les frappe.

En un mot, lorsque les racines des plantes s'insinuent principalement vers les points du sol qui sont les plus humides, et qui cèdent le plus au nouvel espace que l'accroissement de ces racines exige, je ne me crois pas autorisé par ce fait à leur attribuer de l'irritabilité, des perceptions, du discernement, etc., etc.

Partout, assurément, on voit des actions produites et suivies de mouvement, entre des corps en contact qui ne sont ni irritables, ni sensibles, puisqu'on en observe de telles entre des corps qui ne sont point vivants. Or, ces actions suivies de mouvement ont lieu lorsqu'il y a du mouvement communiqué; lorsqu'il se trouve quelque affinité qui s'exerce, quelque décomposition ou combinaison qui s'opère; lorsqu'un corps reçoit quelque influence hygrométrique ou pyrométrique, ou qu'il se trouve dans le cas de subir un affaissement de parties, un effet de détente, celui d'une explosion, d'une rupture, d'une compression, etc., etc. Dans tous ces cas et leurs analogues, il n'y a certainement aucun rapport entre les mouvements lents ou prompts que l'on observe, et ceux qui appartiennent à l'*irritabilité* animale. Or, ces derniers mouvements, qui ne se produisent que par excitation et toujours dans des parties susceptibles de les renouveler chaque fois qu'une cause excitante les provoquera , ne se montrent dans aucun autre corps de la nature que dans celui des animaux.

C'est donc un fait positif que, hors des animaux , l'on ne trouve pas un seul exemple d'un mouvement produit par *excitation*; de ce mouvement singulier, toujours prêt à se renouveler, et dans lequel les rapports entre la cause et l'effet sont insaisissables ; de ce mouvement , enfin , qui semble lui-même offrir une réaction subite des parties contre la cause agissante, et qui ne ressemble nullement à aucun de ceux qui ont été observés dans les plantes.

Mais , me dira-t-on , comment concevoir l'existence de la vie dans un végétal , et par suite, la possibilité des mouvements vitaux, sans une cause capable d'opérer et d'entretenir ces mouvements , sans des parties réagissantes sur les fluides , en un mot , sans l'irritabilité ?

A cela , je répondrai que l'existence de la vie , dans le végétal comme dans l'animal, se concevra facilement et clairement, lorsqu'on aura égard aux conditions que j'ai assignées pour que le phénomène de la vie puisse se produire ; et ici, sans l'*irritabilité*, ces conditions se trouvent remplies.

Un *orgasme vital* est essentiel à la conservation de tout être vivant; il fait partie de l'*état de choses* que j'ai dit devoir exister dans un corps pour qu'il puisse posséder la vie, et pour que ses mouvements vitaux puissent s'exécuter. Or, cet *orgasme*, quoique commun à tout corps vivant, ne montre, dans les végétaux , qu'un fait peu remarquable et qui n'a point attiré notre attention; tandis qu'il offre, dans les animaux , un phénomène singulier, et qui n'a point jusqu'à présent été expliqué.

En effet, ce même *orgasme*, qui a lieu dans tous les points des parties souples de tout végétal vivant, ne produit, dans les points de ces parties souples, qu'une tension particulière, qu'une espèce d'éréthisme ; au lieu que dans les parties souples et non médullaires de tout animal, il y constitue le phénomène de l'*irritabilité*. De part et d'autre, la composition chimique des parties concrètes de ces corps vivants, donne lieu à la différence entre ces deux sortes d'orgasme.

L'espèce de tension ou d'éréthisme de tous les points des parties souples des végétaux vivants, est facile à apercevoir lorsqu'on y donne de l'attention, et surtout lorsque l'on compare une plante morte et encore en place avec un autre individu de la même espèce qui jouit de la vie.

Or, cette tension des points des parties souples de la plante vivante est probablement le produit de fluides élastiques qui se dégagent sans cesse du végétal, y subsistent quelque temps avant de s'en exhaler, et mettent ce corps, par leur formation et leur exhalation successives, dans le cas de pouvoir absorber les fluides du dehors.

L'orgasme dont il s'agit, n'est, dans les végétaux, qu'à son plus grand degré de simplicité. Il y est effectivement si faible, qu'un coup de vent d'un air très sec, ou certain brouillard, ou une gelée suffit souvent pour le détruire ; ce qui fait périr aussitôt la plante ou celle de ses parties qui s'en trouve affectée. Rien n'est plus commun que de voir un arbrisseau vigoureux et bien portant dans toutes ses parties, perdre la vie en moins de vingt-quatre heures, soit dans une de ses branches, soit dans tout son être, par une des causes que je viens de citer. Mais, tant que l'*orgasme,* ou l'espèce de tension particulière des points des parties souples du végétal, subsiste, il lui donne le pouvoir d'absorber les fluides de l'extérieur en contact avec ses parties, c'est-à-dire, les fluides liquides par ses racines, et les fluides élastiques ou gazeux par ses feuilles, etc. ; en un mot, il lui donne la faculté de vivre.

C'est-là que se bornent les facultés de cet orgasme. Il ne rend point les parties souples de la plante capables, par des réactions subites, de servir, ni même de concourir aux mouvements des fluides intérieurs, en un mot, aux mouvements vitaux. Cela n'est nullement nécessaire; car, dans les végétaux, les mouvements des fluides intérieurs sont toujours les résultats évidents des excitations, que des fluides subtils, incoërcibles et pénétrants du dehors (le calorique et l'électricité) viennent exercer sur eux.

Ce qui prouve que ce que je viens de dire ne s'appuie point sur une supposition gratuite, mais a un fondement réel, c'est que l'observation atteste qu'il y a toujours un rapport parfait entre la température des milieux environnants et l'activité de la végétation : en sorte que, selon que la température s'abaisse ou s'élève, la végétation et les mouvements des fluides intérieurs sa ralentissent ou s'accélèrent proportionnellement.

Dans les grands abaissements de température , comme dans l'hiver de nos climats, ceux des végétaux qui ne sont point accoutumés à supporter un grand froid périssent; mais les autres, quoique conservant encore leur orgasme , ont leurs mouvements vitaux tellement ralentis, que leur végétation est alors presque entièrement suspendue. Néanmoins, à un certain degré de froid, leur orgasme serait détruit, et dès lors le phénomène de la vie ne saurait plus se produire en eux.

Maintenant, s'il est vrai que l'orgasme fasse partie essentielle de l'état de choses nécessaires à la vie dans un corps, et que, dans les végétaux, cet orgasme ne soit propre qu'à leur donner le pouvoir d'absorber les fluides de l'extérieur, on concevra, d'une part, que lorsque l'absorption végétale a introduit dans le tissu ou dans les canaux de la plante les fluides qui lui deviennent propres, dès lors l'excitation des fluides subtils ou incoërcibles du dehors (du *calorique*, de l'*électricité*, etc.) suffit pour leur donner le mouvement; de l'autre part, on sentira que lorsque, par l'anéantissement de l'orgasme, le végétal a perdu sa faculté absorbante, alors ne se pénétrant que d'humidité à la manière des corps poreux non vivants, selon l'état hygrométrique de l'air, ce végétal n'a plus à l'intérieur ces masses de fluides propres, celles que les fluides subtils ambiants faisaient mouvoir, et que, dès ce moment, la vie n'existe plus en lui.

Cette différence de l'arbre vivant d'avec l'arbre mort encore sur pied, et que les fluides subtils ambiants ne sauraient plus vivifier, quoiqu'ils existent toujours, s'accorde avec l'observation et avec tous les faits connus. L'orgasme étant détruit, soit dans telle branche de cet arbre, soit dans toutes ses parties, la vie ne saurait plus se manifester dans les parties qui l'ont perdue.

L'*orgasme* que possèdent les végétaux vivants, et qui leur donne à tous leur faculté absorbante, suffit donc pour les faire vivre. Il les met dans le cas de se passer de la faculté d'être *irritables*; faculté que la composition chimique de leurs parties ne leur permet point de posséder.

Ainsi, les végétaux ne sont point *irritables*, ne jouissent point du sentiment, et ne sauraient se mouvoir. On est même fondé à dire que, quelle que soit la puissance de la nature, et quelque temps qu'elle accorde à l'organisation qui tend toujours à se composer, le propre des végétaux est tel, que jamais la nature ne pourra leur donner, ni la faculté de se mouvoir eux-mêmes, ni celle de sentir, ni, à plus forte raison, celle de se former des idées, de les employer pour comparer les objets, pour juger, pour discerner ce qui leur convient, etc. Ils resteront à jamais dans une infériorité de phénomène organique qui les distinguera toujours éminemment des animaux.

Examinons actuellement les caractères essentiels de ces derniers, et nous les opposerons à ceux des végétaux, afin d'en apercevoir les grandes différences.

CHAPITRE IV.

Des animaux en général, et de leurs caractères essentiels.

Nous voici enfin parvenu aux objets qui nous intéressent directement, et que nous nous proposons de faire connaître sous les véritables rapports qui les concernent. Effectivement, il s'agit ici des *animaux*, c'est-à-dire, de ces corps vivants singuliers, qui se meuvent instantanément et qui, la plupart, peuvent se déplacer ; de ces corps vivants qui, bien plus diversifiés et plus nombreux en races que les végétaux, tiennent de si près par l'organisation à celle même de l'homme.

Qui ne sait que toutes les parties de la surface du globe et le sein de toutes les eaux liquides, sont remplis de ces êtres vivants infiniment variés dans leur forme, leur organisation et leurs facultés ; et qu'ils offrent tous cela de particulier, qu'ils peuvent se mouvoir subitement ou mouvoir de même certaines de leurs parties, sans l'impulsion d'aucun mouvement communiqué !

Or., puisque ces mêmes êtres, si dignes de notre admiration et de notre étude par les facultés qui leur sont propres, se rapprochent de nous par l'organisation, et que les *animaux sans vertèbres* que nous voulons connaître, en font généralement partie, essayons de fixer et de circonscrire nettement les caractères essentiels qui les distinguent. Les preuves du fondement de ces caractères seront développées après leur exposition.

Caractères essentiels des animaux.

Les *animaux* sont des corps vivants irritables, dont les caractères essentiels sont :

1º D'avoir des parties instantanément contractiles sur elles-mêmes, et d'être susceptibles de les mouvoir subitement et itérativement ;

2º D'être les seuls corps vivants qui aient la faculté d'*agir*, et la plupart de pouvoir se déplacer ;

3º De n'exécuter aucun des mouvements de leurs parties, tant internes qu'externes, qu'à la suite d'*excitations* qui les provoquent, et de pouvoir répéter de suite ces mouvements autant de fois que la cause excitante les provoquera ;

4º De n'offrir aucun rapport saisissable entre les mouvements qu'ils exécutent et la cause qui les produit ;

5º D'avoir leurs solides, ainsi que leurs fluides, participant aux mouvements vitaux ;

6º De se nourrir de matières étrangères déjà composées ; et la plupart d'avoir la faculté de digérer ces matières ;

7º D'offrir entre eux une immense disparité dans la composition de leur organisation et dans leurs facultés particulières, depuis ceux qui ont l'organisation la plus simple, jusqu'à ceux dont l'organisation est la plus compliquée, et dont les organes spéciaux intérieurs sont les plus nombreux; de manière que leurs parties ne sauraient se transformer les unes dans les autres;

8º D'être, les uns simplement *irritables*, ce qui fait qu'ils ne se meuvent que par des excitations qui leur viennent du dehors; les autres *irritables* et *sensibles*, ce qui leur donne la faculté de se mouvoir par des excitations internes que le *sentiment intérieur* qu'ils possèdent produit en eux; les autres, enfin, *irritables*, *sensibles* et *intelligents*, ce qui les rend capables de se mouvoir par des actes de volonté, quoique le plus souvent ils agissent sans préméditation;

9º De n'avoir aucune tendance, dans le développement de leur corps, à s'élancer perpendiculairement au plan de l'horizon, et de n'avoir aucun parallélisme dominant dans les canaux qui contiennent leurs fluides;

Tels sont les neuf caractères essentiels qui sont généralement propres aux *animaux*, et qui les distinguent éminemment de tout végétal quelconque, ces neuf caractères étant tous en opposition et contradictoires à ceux qui appartiennent aux végétaux.

Ayant déjà prouvé, d'une part, que l'*irritabilité* n'existe nullement dans les végétaux, comme elle ne saurait exister dans aucun corps inorganique; qu'aucun végétal, en effet, ne possède de parties instantanément et itérativement contractiles sur elles-mêmes; en sorte que les mouvements observés dans différentes plantes, n'ont rien de comparable au phénomène de l'*irritabilité* animale; et de l'autre part, les zoologistes sachant très bien qu'il n'est pas un seul animal qui ne soit muni de parties instantanément contractiles; c'est donc une vérité incontestable et partout attestée par les faits; savoir, que les *animaux* sont les seuls corps de la nature (au moins dans notre globe) qui soient doués de parties irritables et de parties contractiles, susceptibles de se mouvoir subitement et itérativement à chaque provocation d'une cause excitante. Ils sont donc les seuls corps de la nature qui soient capables de se mouvoir par *excitation*.

Si l'on recherche, en effet, quelle est la source des mouvements des animaux, on reconnaîtra qu'elle réside uniquement dans cette faculté singulière de leurs parties souples, qui leur donne le pouvoir de se contracter subitement à chaque *excitation*, et de réagir aussitôt sur le point affecté. Dès lors, la comparaison de ces singuliers mouvements avec tous ceux que l'on peut observer ailleurs, montrera, comme je viens de le dire, que les *animaux* sont réellement les seuls corps connus qui soient dans ce cas.

Ceux des animaux dont le corps est entièrement gélatineux, comme les *infusoires*, les vrais *polypes*, les *radiaires mollasses*, ceux-là, dis-je, ont toutes leurs parties concrètes éminemment *irritables*, et la simplicité de leur organisation fait propager l'effet de toute excitation, soit sur une grande portion de leur corps, soit sur leur corps entier. Or, comme ces animaux trouvent autour d'eux ce qui peut les nourrir, car ils s'emparent de tout ce qu'ils peuvent saisir, et rejettent ce qu'ils ne peuvent digérer, ils n'ont point de mouvements particuliers à exécuter pour un choix d'aliments, n'ont besoin d'aucuns muscles pour se mouvoir eux-mêmes, et, en effet, on ne leur en connaît pas positivement.

Mais ceux qui sont plus avancés dans la composition de leur organisation, ainsi que ceux qui ont des parties dures, comme des téguments coriaces, cornés ou crustacés; ceux-là, dis-je, ont l'*irritabilité* plus bornée dans ses effets, et possèdent tous intérieurement des muscles, c'est-à-dire, des parties charnues, irritables, contractiles sur elles-mêmes, et qui peuvent se mouvoir par des excitations internes. Ainsi, il n'est aucun animal, depuis la *monade* jusqu'à l'*ourang-outang*, qui n'ait de ces parties contractiles.

Voilà des faits que l'observation constate à l'égard de tous les animaux, qui ne souffrent aucune exception nulle part, et qui ne se retrouvent, ni dans les végétaux, ni dans les autres corps de la nature : ils doivent donc servir à caractériser généralement les animaux.

Effectivement, ces caractères positifs nous seront utiles pour prononcer définitivement sur la nature de certains corps organisés, que les uns rapportent aux végétaux, tandis que les autres les regardent comme appartenant au règne animal (1).

On sent bien que je n'entends pas m'occuper ici des causes prochaines et mécaniques des divers mouvements des animaux; mouvements qu'ils exécutent principalement dans leur locomotion, comme lorsqu'ils marchent, courent, sautent, rampent, volent ou nagent; objet qui fut traité par *Aristote, Borelli, Barthez, Daudin*, etc.; mais qu'il s'agit de la source même où les animaux puisent la faculté de se mouvoir.

Or, j'ai déjà dit que si l'on demande quelles sont les

---

(1) Les plantes de la famille des *tremelles*, et particulièrement les *oscillatoires* de Vaucher, sont dans le cas que je viens de citer, et néanmoins ce sont évidemment des végétaux. Ces corps vivants ne sont point irritables; leurs mouvements oscillatoires sont toujours très lents et jamais subits; ils sont plus ou moins apparents en raison de la température, et aucune excitation particulière ne les fait point varier. *Voyez* Vaucher, *Hist. des Conferves, p.* 163 *et suiv.*

(*Note de Lamarck.*)

causes physiques, ou quelle est la source des mouvements subits que les animaux peuvent exécuter et
répéter, la solution de cette question se trouvera dans
la considération du fait que j'ai cité, savoir : que les
animaux ne se meuvent que par *excitation*, et qu'eux
seuls, dans la nature, sont généralement dans ce cas.

On peut, effectivement, se convaincre par l'observation que les mouvements des animaux ne sont point
communiqués; qu'ils ne sont point le produit d'une
impulsion, d'une pression, d'une attraction ou d'une
détente; en un mot, qu'ils ne résultent point d'un
effet, soit hygrométrique, soit pyrométrique; mais
que ce sont des mouvements excités, dont la cause
excitante agissant sur des parties subitement contractiles, n'est point proportionnelle aux effets produits.

Dans les *corps inorganiques*, et même dans les *végétaux*, les mouvements des parties concrètes, quels
qu'ils soient, ne sont que communiqués, ou que déterminés par quelque affinité ou quelque élasticité qui
exerce son action; mais ils ne sont jamais *excités*; aussi
sont-ils toujours proportionnels aux causes qui les produisent. De là vient que les lois de ces mouvements
se sont trouvées déterminables, et qu'elles ont donné
lieu à une science particulière qu'on nomme *mécanique*,
à laquelle les mathématiques sont applicables. (1)

---

(1) On m'objectera peut-être, comme exception au principe que je
viens de poser, que les matières qui entrent en *fermentation* ont alors
des mouvements excités. Mais on se tromperait à cet égard; car, outre
que les corps qui fermentent se détruisent, ce qui n'a point lieu dans
les animaux qui se meuvent, je ne vois pas que les mouvements des
corps qui fermentent soient en rien comparables aux mouvements excités des animaux, aucune des parties de ces corps n'étant contractile.
(Note de Lamarck.)

Les personnes qui voudraient soutenir cette fausse comparaison devront d'abord consulter les traités élémentaires de chimie pour se faire une

Dans les *animaux*, au contraire, les mouvements subits qu'on leur observe ne s'opérant que par des excitations sur des parties concrètes, mais molles et contractiles, on ne trouve plus de rapports déterminables entre la cause excitante, sa force et les mouvements produits; la nature même des mouvements d'une partie qui se contracte, semble opposée à ceux qu'ailleurs les causes physiques exécutent.

D'après ce que je viens d'exposer, on voit que les animaux diffèrent énormément, par leur nature, des autre corps vivants dépourvus de parties *irritables*, tels que les végétaux. Aussi, possèdent-ils, dans *l'irritabilité* qui leur est exclusivement propre, une cause de supériorité de moyens qui a permis à la nature d'établir progressivement en eux les différentes facultés qu'on leur connaît.

Cependant, un caractère aussi frappant, aussi tranché que celui que je viens de citer, ne fut réellement point saisi jusqu'à présent, puisque de notre temps on a cherché à l'étendre jusques aux végétaux, c'est-à-dire, à des êtres qui ne le possèdent point.

De même, n'a-t-on point attribué généralement à tous les animaux la faculté de se mouvoir volontairement, et celle de sentir, sans examiner auparavant ce que peuvent être le *sentiment* et la *volonté* !

Et, dans l'ouvrage que j'ai déjà cité (1), ne prétend-on pas que les organes essentiels à *l'animalité* sont ceux des sensations et du mouvement. Or, comme ces organes sont des nerfs et des muscles, il s'ensuit que

---

juste idée de la fermentation et de la cause du mouvement qu'elle produit dans les corps soumis à son action : c'est une décomposition avec dégagement de gaz qui ne peut avoir rien de commun avec les mouvements des animaux.

(1) Voyez le *Dict. des Sciences naturelles*, au mot ANIMAL, pag. 161.

tout animal doit en être pourvu ! Néanmoins, étant forcé de convenir qu'on ne les retrouve plus dans quantité d'animaux imparfaits, on suppose que ces organes y existent toujours, et qu'ils sont mêlés et confondus dans la substance irritable et sensible de ces animaux.

On nous dit ensuite, dans le même ouvrage, que c'est la manière dont s'exerce la nutrition qui fournit le meilleur caractère distinctif entre les animaux et les végétaux; et pour le prouver, on assure que tous les animaux connus possèdent une cavité intestinale qui a nécessairement pour entrée une ou plusieurs bouches.

Ces assertions, qu'on ne s'est pas mis en peine de prouver, parce que la considération de quantité d'animaux en eût rendu les preuves trop difficiles à établir, montrent une prévention très forte en faveur des anciennes opinions que l'on s'était formées des animaux, quoique nos connaissances actuelles ne les permettent plus. Elles ne sont propres qu'à retarder les progrès de la zoologie, et l'on peut dire maintenant qu'aucune d'elles n'offre le vrai caractère qui distingue les *animaux* des *végétaux*.

En niant formellement ces assertions, parce qu'elles sont évidemment contraires à la marche que suit la nature dans ses productions; qu'elles le sont à l'ordre progressif de la formation des organes spéciaux qui seuls donnent lieu à des facultés particulières; et surtout qu'elles le sont à la nécessité des appareils d'organes compliqués qui sont indispensables pour des facultés très éminentes; voici celles que je leur substitue, et que j'appuierai de preuves telles, qu'il faudra bien un jour les admettre.

Sans doute, quelques animaux des plus parfaits sont doués de facultés d'intelligence, et peuvent agir par des actes de volonté, c'est-à-dire, à la suite d'une préméditation ; mais il n'est pas vrai que tous les animaux aient la faculté de se mouvoir ainsi par les suites d'une volonté ;

Sans doute, beaucoup d'animaux peuvent éprouver des *sensations* ; mais il n'est pas vrai que les animaux jouissent tous de la faculté de sentir ;

Sans doute, il n'y a que des nerfs qui soient les organes des sensations ; mais il n'est pas vrai que tous les nerfs soient propres à la production de *sentiment* ;

Sans doute, beaucoup d'animaux sont pourvus de nerfs ; mais il n'est pas vrai que tous les animaux en soient munis d'une manière quelconque ;

Sans doute, quantité d'animaux se meuvent par un système musculaire ; mais il n'est pas vrai que tous les animaux aient des muscles et puissent en avoir ;

Sans doute, enfin, un très grand nombre d'animaux possèdent une cavité intestinale, organe spécial pour la digestion ; mais il n'est pas vrai que tous les animaux soient munis d'une pareille cavité, qu'ils aient tous une ou plusieurs bouches, et que tous digèrent.

Certes, si ces assertions sont fondées, il doit en résulter que tout ce qui a été dit de l'*animal* est fort inconvenable, ne saurait fonder solidement la philosophie des sciences zoologiques, et probablement ne provient que de ce qu'on a généralisé inconsidérément ce qui a été observé dans les animaux les plus parfaits.

J'ai déjà donné les motifs sur lesquels se fondent quelques-unes de ces assertions ; je donnerai bientôt ceux qui concernent les autres ; mais auparavant je dois poser les axiomes ou principes suivants, qui sont les conséquences des six principes fondamentaux présentés dans mon premier discours (pag. 11), et qui s'accordent avec tous les faits observés.

Principes ou Axiomes zoologiques.

1º Nulle sorte ou nulle particule de matière ne saurait avoir en elle-même la propriété de se mouvoir, ni celle de vivre, ni celle de sentir, ni celle de penser ou d'avoir des idées; et si, hors de l'homme, l'on observe des corps doués, soit de toutes ces facultés, soit de quelqu'une d'entre elles, on doit considérer alors ces facultés comme des phénomènes physiques que la nature a su produire, non par l'emploi de telle matière qui possède elle-même telle ou telle de ces facultés, mais par l'ordre et l'état de choses qu'elle a institués dans chaque organisation et dans chaque système d'organes particulier;

2º Toute faculté animale, quelle qu'elle soit, est un phénomène organique; et cette faculté résulte d'un système ou appareil d'organes qui y donne lieu, en sorte qu'elle en est nécessairement dépendante;

3º Plus une faculté est éminente, plus le système d'organes qui la produit est composé et appartient à une organisation compliquée; plus aussi son mécanisme est difficile à saisir. Mais cette faculté n'en est pas moins un phénomènes d'organisation, et est en cela purement physique;

4º Tout système d'organes qui n'est pas commun à tous les animaux, donne lieu à une faculté qui est particulière à ceux qui le possèdent; et lorsque ce système spécial n'existe plus, la faculté qu'il produisait ne saurait plus exister (1);

---

(1) Ce principe est d'une vérité incontestable, et il est l'expression d'un fait important dans les animaux. Ce fait peut être encore exposé de cette manière-ci : point d'acte sans l'instrument de cet acte; point de fonction sans l'organe de cette fonction.

5o Comme l'organisation elle-même, tout système d'organes particulier est assujetti à des conditions nécessaires pour qu'il puisse exécuter ses fonctions ; et parmi ces conditions, celle de faire partie d'une organisation dans le degré de composition où on l'observe, est au nombre des essentielles (2) ;

6o *L'irritabilité* des parties souples, quoique dans différents degrés, selon leur nature, étant une faculté commune à tous les animaux, n'est point le produit d'aucun système d'organes particulier dans ces parties; mais elle est celui de l'état chimique, des substances de ces êtres, joint à l'ordre de choses qui existe dans le corps animal pour qu'il puisse vivre;

7o La nature, dans toutes ses opérations, ne pouvant procéder que graduellement, n'a pu produire tous les animaux à la fois : elle n'a d'abord formé que les plus simples, et passant de ceux-ci jusques aux plus composés, elle a établi successivement en eux différents systèmes d'organes particuliers, les a multipliés, en a augmenté de plus en plus l'énergie, et, les cumulant dans les plus parfaits, elle a fait exister tous les animaux connus, avec l'organisation et les facultés que nous leur observons. Or, elle n'a rien fait absolument, ou elle a fait ainsi.

Sachant parfaitement, par mes études des animaux, combien ces principes sont fondés, ces mêmes principes me dirigeront désormais dans l'exposition que je

---

(1). Supposer dans une monade, dans une hydre, etc., l'éminente faculté de *sentir*, quoiqu'il soit impossible d'y trouver le système d'organes compliqué qui, seul, peut donner lieu à cette faculté, c'est une pensée contraire aux lois de l'organisation, et à la marche que la nature est obligée de suivre dans tout ce qu'elle produit. (*Note de Lamarck*).

ferai des facultés que possèdent les animaux que nous considérerons.

Mais auparavant, il convient de fixer la définition précise qui caractérise les coupes principales, parmi les corps naturels; coupes dont j'ai fait l'exposition des caractères avec détail. Or, ces coupes principales sont les *corps inorganiques* et les *corps vivants*, et parmi ceux-ci les *végétaux* et les *animaux*.

Définition de chacune des deux coupes primaires qui partagent les productions de la nature.

— Les *corps inorganiques* sont ceux en qui l'état des parties ne permet pas au phénomène de la vie de s'exécuter en eux, quelque relation qu'ils aient avec les causes excitatrices de l'extérieur.

— Les *corps vivants* sont ceux en qui un ordre de choses et un état des parties, permettent à des causes excitatrices d'y produire le phénomène de la vie, qui en amène plusieurs autres.

Définition de chacune des deux coupes principales qui divisent les corps vivants.

— Les *végétaux* sont des corps vivants non irritables, incapables de contracter instantanément et itérativement aucune de leurs parties sur elles-mêmes, et dépourvus de la faculté d'agir, ainsi que de celle de se déplacer.

— Les *animaux* sont des corps vivants doués de parties irritables, contractiles instantanément et itérativement sur elles-mêmes; ce qui leur donne à tous la faculté d'agir, et à la plupart celle de se déplacer.

Ces définitions sont claires, positives, à l'abri de

toute objection, et ne rencontrent aucune exception nulle part.

Que l'on oppose maintenant ces caractères des *animaux* à ceux exposés ci-dessus qui appartiennent aux *végétaux*, l'on sera convaincu de la réalité de cette ligne de démarcation tranchée que la nature a établie entre les uns et les autres de ces corps vivants.

Conséquemment, les auteurs qui indiquent un passage insensible des animaux aux végétaux par les *polypes* et les *infusoires* qu'ils nomment *zoophites* ou animaux-plantes, montrent qu'ils n'ont aucune idée juste de la nature animale, ni de la nature végétale, et abusés eux-mêmes, ils exposent à l'erreur tous ceux qui n'ont de ces objets que des connaissances superficielles.

Les *polypes* et les *infusoires* ont même si peu de rapports avec aucun végétal quelconque, que ce sont, de tous les animaux, ceux en qui l'*irritabilité* ou la contractilité subite des parties a le plus d'éminence.

J'ai déjà dit que, si, sous une seule considération, l'on peut rapprocher les animaux très imparfaits que constituent les *infusoires*, les *polypes*, etc., des *algues*, des *champignons*, des *lichens*, et autres végétaux aussi très imparfaits, ce ne peut être que sous le rapport d'une grande simplicité d'organisation de part et d'autre.

Or, la nature suivant partout une même marche, et étant partout encore assujettie aux mêmes lois, il est évident que, si, pour former les *végétaux* et les *animaux*, elle a travaillé, d'un côté sur des matériaux d'une nature particulière, et de l'autre sur des matériaux dont la composition chimique était différente, ses produits sur les premiers n'ont pu être les mêmes que ceux qu'elle a pu faire exister dans les seconds. C'est ce qui est effectivement arrivé; car, très bornée dans ses moyens, relativement aux végétaux, la nature n'a pu établir en eux l'*irritabilité*, et, par cette privation, ces corps vivants sont restés dans une grande infériorité de phénomènes, comparativement aux animaux. Enfin, comme la nature a commencé en même temps les uns et les autres, ils ne forment point une chaîne unique, mais deux branches séparées à leur origine, où elles n'ont de rapports que par la simplicité d'organisation des uns et des autres. Voilà ce qu'attesteront toujours l'observation de ces deux sortes de corps vivants, et l'étude de la nature.

Maintenant que nous connaissons l'*animal*, que nous pouvons même distinguer le plus imparfait des animaux, du végétal le plus simple en organisation, nous avons, à l'égard des premiers, quantité d'objets très importants à considérer, si nous voulons réellement les connaître.

D'abord, quoiqu'il soit prouvé qu'il n'y ait point de chaîne réelle entre toutes les productions de la nature, qu'il n'y en ait même point entre tous les corps vivants, puisque les végétaux ne sauraient se lier aux animaux par une véritable nuance, pour montrer l'unité du plan qu'a suivi la nature, dans la formation des animaux, je vais constater dans la seconde partie, l'existence d'une *progression* dans la composition de l'organisation des animaux, ainsi que dans le nombre et l'éminence des facultés qu'ils en obtiennent.

DEUXIÈME PARTIE.

DE L'EXISTENCE D'UNE PROGRESSION DANS LA COMPOSI-
TION DE L'ORGANISATION DES ANIMAUX, AINSI QUE
DANS LE NOMBRE ET L'ÉMINENCE DES FACULTÉS QU'ILS
EN OBTIENNENT.

Il s'agit maintenant de constater l'existence d'un fait qui mérite toute l'attention de ceux qui étudient la nature dans les animaux ; d'un fait entrevu depuis bien des siècles, jamais parfaitement saisi, toujours exagéré et dénaturé dans son exposition ; d'un fait, en un mot, dont on s'est servi pour étayer des suppositions entièrement imaginaires.

Ce fait, le plus important de tous ceux qu'on ait remarqués dans l'observation des corps vivants, consiste dans l'existence d'une *composition progressive* de l'organisation des animaux, ainsi que d'un accroissement proportionné du nombre et de l'éminence des facultés de ces êtres.

Effectivement, si l'on parcourt, d'une extrémité à l'autre, la série des animaux connus, distribués d'après leurs rapports naturels, et en commençant par les plus imparfaits ; et si l'on s'élève ainsi, de classe en classe, depuis les *infusoires* qui commencent cette série, jusqu'aux *mammifères* qui la terminent, on trouvera, en considérant l'état de l'organisation des différents animaux, des preuves incontestables d'une *composition progressive* de leurs organisations diverses, et d'un accroissement proportionné dans le nombre et l'éminence des facultés qu'ils en obtiennent ; enfin, l'on sera convaincu que la réalité de la progression dont il s'agit, est maintenant un fait observé et non un acte de raisonnement.

Depuis que j'ai mis ce fait en évidence, on a supposé que j'entendais parler de l'existence d'une chaîne non interrompue que formeraient, du plus simple au plus composé, tous les êtres vivants, en tenant les uns aux autres par des caractères qui les lieraient et se nuanceraient progressivement ; tandis que j'ai établi une distinction positive entre les végétaux et les animaux, et que j'ai montré que, quand même les végétaux sembleraient se lier aux animaux par quelque point de leur série, au lieu de former ensemble une chaîne ou une échelle graduée, ils présenteraient toujours deux branches séparées, très distinctes, et seulement rapprochées à leur base, sous le rapport de la simplicité d'organisation des êtres qui s'y trouvent. On a même supposé que je voulais parler d'une chaîne existante entre tous les corps de la nature, et l'on a dit que cette chaîne graduée n'était qu'une idée reproduite, émise par *Bonnet*, et depuis par beaucoup d'autres. On aurait pu ajouter que cette idée est des plus anciennes, puisqu'on la retrouve dans les écrits des philosophes grecs. Mais cette même idée, qui prit probablement sa source dans le sentiment obscur de ce qui a lieu réellement à l'égard des animaux, et qui n'a rien de commun avec le fait que je vais établir, est formellement démentie par l'observation à l'égard de plusieurs sortes de corps maintenant bien connus (1).

---

(1) C'est donc à tort que M. Geoffroy Saint-Hilaire, dans son opuscule intitulé palæontographie dans la note de la page 12, a attribué à Lamarck une opinion qu'il repousse ici avec juste raison. Cette opinion

Assurément, je n'ai parlé nulle part d'une pareille chaîne : je reconnais partout, au contraire, qu'il y a une distance immense entre les corps inorganiques et les corps vivants, et que les végétaux ne se nuancent avec les animaux par aucun point de leur série. Je dis plus ; les animaux mêmes qui sont le sujet du fait que je vais exposer, ne se lient point les uns aux autres de manière à former une série simple et régulièrement graduée dans son étendue. Aussi, dans ce que j'ai à établir, il n'est point du tout question d'une pareille chaîne, car elle n'existe pas.

Mais le sujet que je me propose ici de traiter, concerne une *progression* dans la composition de l'organisation des animaux, ne recherchant cette progression que dans les masses principales ou classiques, et ne considérant partout la composition de chaque organisation que dans son ensemble, c'est-à-dire dans sa généralité. Or, il s'agit de savoir si cette progression existe réellement ; si le nombre et le perfectionnement des facultés animales, se trouvent partout en rapport avec elles, et si l'on peut actuellement regarder cette même progression comme un fait positif, ou si ce n'est qu'un système.

Qu'il y ait des lacunes connues en diverses parties de l'échelle que forme cette progression, et des anomalies à l'égard des systèmes d'organes particuliers qui se trouvent dans différentes organisations animales, lacunes et anomalies dont j'ai indiqué les causes dans ma *Philosophie zoologique*, cela importe très peu pour l'objet considéré, si l'existence de la progression dont il s'agit est un fait général et démontré, et si ce fait

---

n'est pas non plus dans l'hydrogéologie de Lamarck , comme le dit M. Geoffroy dans la note citée.

résulte d'une cause pareillement générale, qui y aurait
donné lieu.

A la vérité, on a reconnu qu'il était possible d'établir, dans la distribution des animaux, une espèce de
suite qui paraîtrait s'éloigner par degrés d'un type pri-
mitif; et que l'on pouvait, par ce moyen, former une
échelle graduée, disposée, soit du plus composé vers
le plus simple, soit du plus simple vers le plus composé.
Mais on a objecté que, pour pouvoir ainsi établir une
série unique, il fallait considérer chacune des organisations animales dans l'ensemble de ses parties; car, si
l'on prend en considération chaque organe particulier,
on aura autant de séries différentes à former, que l'on
aura pris d'organes régulateurs, les organes ne suivant
pas tous le même ordre de dégradation. Cela montre,
a-t-on dit, que, pour faire une échelle générale de
perfection, il faudrait calculer l'effet résultant de
chaque combinaison; ce qui n'est presque pas possible.
(Cuvier, *Anat. comp.*, *vol*, 1, *p.* 59.)

La première partie de ce raisonnement est sans doute
très fondée; mais la suite et sur-tout la conclusion,
selon moi, ne sauraient l'être; car on y suppose la
nécessité d'une opération que je trouve au contraire
fort inutile, et dont les éléments seraient très arbitraires. Cependant, cette conclusion peut en imposer
à ceux qui n'ont point suffisamment examiné ce sujet,
et qui ne donnent que peu d'attention à l'étude des
opérations de la nature.

Voilà l'inconvénient de raisonner, à l'égard des
choses observées, d'après la supposition d'une seule
cause agissante pour la progression dont il s'agit, avant
d'avoir recherché s'il ne s'en trouve pas une autre qui
ait le pouvoir de modifier çà et là les résultats de la
première. En effet, on n'a vu, dans toutes ces choses,
que les produits d'une cause unique, que ceux com-

pris dans l'idée qu'on se fait des opérations de la nature; et cependant il est facile de s'apercevoir que ces
mêmes choses proviennent de l'action de deux causes
fort différentes, dont l'une, quoique incapable d'a-
néantir la prédominance de l'autre, fait néanmoins
très souvent varier ces résultats.

Le plan des opérations de la nature à l'égard de la
production des animaux, est clairement indiqué par
cette cause première et prédominante qui donne à la
vie animale le pouvoir de composer progressivement
l'organisation, et de compliquer et perfectionner graduellement, non-seulement l'organisation dans son
ensemble, mais encore chaque système d'organes particulier, à mesure qu'elle est parvenue à les établir.
Or, ce plan, c'est-à-dire, cette composition progressive de l'organisation, a été réellement exécuté par
cette cause première, dans les différents animaux qui
existent.

Mais une cause étrangère à celle-ci, cause accidentelle
et par conséquent variable, a traversé çà et là l'exécution de ce plan, sans néanmoins le détruire, comme je
vais le prouver. Cette cause, effectivement, a donné
lieu, soit aux lacunes réelles de la série, soit aux rameaux finis qui en proviennent dans divers points et
en altèrent la simplicité, soit, enfin, aux anomalies
qu'on observe parmi les systèmes d'organes particuliers
des différentes organisations.

Voilà pourquoi, dans les détails, l'on trouve souvent, parmi les animaux d'une classe, parmi ceux
mêmes qui appartiennent à une famille très naturelle,
que les organes de l'extérieur, et même que les systèmes
d'organes particuliers intérieurs, ne suivent pas toujours une marche analogue à celle de la composition
croissante de l'organisation. Ces anomalies n'empêchent
pas, néanmoins, que la progression dont il s'agit, ne

soit partout éminemment reconnaissable dans la série des masses classiques qui distinguent les animaux ; la cause accidentelle citée n'ayant pu altérer la progression en question, que dans des particularités de détail, et jamais dans la généralité des organisations.

J'ai montré dans ma *Philosophie zoologique* (vol. 1, p. 220), que cette seconde cause résidait dans les circonstances très différentes où se sont trouvés les divers animaux, en se répandant sur les différents points du globe et dans le sein de ses eaux liquides ; circonstances qui les ont forcés à diversifier leurs actions et leur manière de vivre, à changer leurs habitudes, et qui ont influé à faire varier fort irrégulièrement, non-seulement leurs parties externes, mais même, tantôt telle partie et tantôt telle autre de leur organisation intérieure. (1)

C'est en confondant deux objets aussi distincts ; savoir : d'une part, le propre du pouvoir de la vie dans les animaux, pouvoir qui tend sans cesse à compliquer l'organisation, à former et multiplier les organes particuliers, enfin, à accroître le nombre et le perfectionnement des facultés ; et de l'autre, la cause accidentelle et modifiante, dont les produits sont des anomalies diverses dans les résultats du pouvoir de la vie ; c'est, dis-je, en confondant ces deux objets, qu'on a trouvé des motifs pour ne donner aucune attention au plan de la nature, à la progression que nous allons prouver, et lui refuser l'importance que sa considération doit avoir dans nos études des animaux.

____

(1) Il y a donc, d'après Lamarck, deux causes toujours agissantes sur les animaux, l'une qui tend à les perfectionner d'une manière uniforme dans leur organisation, l'autre modifiant irrégulièrement ces perfectionnements, parce qu'elle agit selon les circonstances locales, fortuites, de température, de milieu, de nourriture, etc., dans lesquels les animaux vivent nécessairement.

Pour se convaincre de la réalité du plan dont je parle, et mettre dans tout son jour ce même plan que la nature suit sans cesse, et qu'elle maintient dans tous les rangs, malgré les causes étrangères qui en diversifient çà et là les effets; si, conformément à l'usage, l'on parcourt la série des animaux, depuis les plus parfaits d'entre eux jusques aux plus imparfaits, on reconnaîtra qu'il existe dans les premiers, un grand nombre d'organes spéciaux très différents les uns des autres; tandis que, dans les derniers, on ne retrouve plus un seul de ces organes; ce qui est positif. On verra, néanmoins, que, partout, les individus de chaque espèce sont pourvus de tout ce qui leur est nécessaire pour vivre et se reproduire dans l'ordre de facultés qui leur est assigné; l'on verra aussi que, partout où une faculté n'est point essentielle, les organes qui peuvent la donner ne se trouvent et n'existent réellement pas.

Ainsi, en suivant attentivement l'organisation des animaux connus, en se dirigeant du plus composé vers le plus simple, on voit chacun des organes spéciaux, qui sont si nombreux dans les animaux les plus parfaits, se dégrader, s'atténuer constamment, quoique irrégulièrement entre eux, et disparaître entièrement l'un après l'autre dans le cours de la série.

Les organes de la digestion, comme les plus généralement utiles dans les animaux, sont les derniers à disparaître; mais, enfin, ils sont anéantis à leur tour, avant d'avoir atteint l'extrémité de la série; parce que ce sont des organes spéciaux, qu'ils ne sont pas essentiels à l'existence de la vie, et qu'ils ne le sont que dans les organisations qui les possèdent.

Maintenant, voyons les faits connus, d'après lesquels on peut établir et constater la *progression* dont il s'agit.

8*

Faits sur lesquels s'appuient les preuves de l'existence d'une progression dans la composition de l'organisation des animaux.

Premier fait : Tous les animaux ne se ressemblent point par l'organisation, soit extérieure, soit intérieure, de leur corps; on trouve parmi eux des différences nombreuses, constantes et très considérables; en sorte qu'ils offrent, sous ce rapport, une immense disparité.

Deuxième fait : Il est certain et reconnu que, sous le rapport de l'organisation, l'homme tient aux animaux, et sur-tout à certains d'entre eux.

Troisième fait : On peut présenter comme un fait positif, comme une vérité susceptible de démonstration, que, de toutes les organisations, c'est celle de l'homme qui est la plus composée et la plus perfectionnée dans son ensemble, comme dans celui des facultés qu'elle lui procure. (1)

Quatrième fait : L'organisation de l'homme étant la plus composée et la plus perfectionnée de toutes les organisations; l'homme ensuite tenant aux animaux par l'organisation; enfin, par cette dernière encore, les animaux différant plus ou moins considérablement entre eux; c'est un fait certain qu'il existe des animaux qui se rapprochent beaucoup de l'homme, sous le rapport de l'organisation; qu'il s'en trouve d'autres qui, sous le même rapport, s'en éloignent davantage que ceux-ci; et que, sous la même considération, d'autres encore en sont considérablement écartés.

---

(1) Plusieurs animaux offrent, dans certains de leurs organes, un perfectionnement et une étendue de facultés dont les mêmes organes, dans l'homme, ne jouissent pas. Néanmoins, son organisation l'emporte en perfectionnement, dans son ensemble, sur celle de tout animal quelconque; ce qui ne peut être contesté.   (*Note de Lamarck.*)

De ces quatre faits, trop reconnus et trop positifs pour qu'il soit possible d'en contester raisonnablement aucun, la conséquence suivante résulte nécessairement.

L'organisation de l'homme étant la plus composée et la plus perfectionnée de toutes celles que la nature a pu produire, on peut assurer que, plus une organisation animale approche de la sienne, plus elle est composée et avancée vers son perfectionnement; et de même, que plus elle s'en éloigne, plus alors elle est simple et imparfaite. (1)

Maintenant, en nous réglant sur cette conséquence déjà tirée; savoir : que, plus une organisation animale approche de celle de l'homme, plus elle est composée et rapprochée de la perfection; tandis que, plus elle s'en éloigne, plus alors elle est simple, et imparfaite; il s'agit de montrer que les diverses organisations animales, d'après les faits relatifs à l'ensemble de leur

---

(1) On est si éloigné de saisir les véritables idées que l'on doit se former sur la nature et l'état des animaux, que plusieurs zoologistes prétendant que tous ces corps vivants sont également parfaits chacun dans leur espèce, les mots *animaux parfaits* ou *animaux imparfaits* leur paraissent ridicules ! comme si, par ces mots, l'on n'entendait pas exprimer ceux des animaux qui, par le nombre, la puissance et l'éminence de leurs facultés, se rapprochent en quelque sorte de l'homme, ou désigner ceux qui, par les bornes extrêmes du peu de facultés qu'ils possèdent, s'éloignent infiniment du terme de perfection organique dont l'homme offre l'exemple !

Qui ne sait que, dans l'état d'organisation où il se trouve, tout corps vivant, quel qu'il soit, est un être réellement parfait, c'est-à-dire, un être à qui il ne manque rien de ce qui lui est nécessaire ! mais, la nature ayant composé de plus en plus l'organisation animale ; et par là, étant parvenue à douer ceux des animaux qui possèdent l'organisation la plus compliquée, de facultés plus nombreuses et plus éminentes, on peut voir dans ce terme de ses efforts, une perfection dont s'éloignent graduellement les animaux qui ne l'ont pas obtenue.

(*Note de Lamarck.*)

composition , forment réellement un *ordre* très reconnaissable, et dans lequel l'arbitraire n'entre pour rien.

Pour nous accommoder à l'usage, procédons du plus composé vers le plus simple, et recherchons dans les faits observés, si l'ordre dont nous venons de parler existe positivement.

Faits qui concernent les animaux vertébrés et qui prouvent l'existence d'une progression dans la composition et le perfectionnement de leur organisation.

Si l'*ordre de progression* que nous recherchons existe, nous devons trouver une *dégradation* progressive de classe en classe dans l'organisation des animaux ; puisque nous allons procéder dans leur série, du plus composé vers le plus simple, commencer notre examen par les animaux qui ont l'organisation la plus composée, et le terminer par ceux qui sont les plus simples à cet égard, c'est-à-dire, par les plus imparfaits.

Dans cette marche, nous devons nous occuper d'abord des *animaux vertébrés ;* car, ce sont ceux qui ont l'organisation la plus composée, la plus féconde en facultés, la plus rapprochée de celle de l'homme, et à leur égard, nous remarquerons que le plan de leur organisation , plus ou moins développé dans chacune de leurs races, et aussi plus ou moins modifié par les circonstances dans lesquelles chacune d'elles se trouve, embrasse pareillement l'organisation de l'homme qui offre le complément parfait de ce plan particulier.

En conséquence , sans entrer dans tous les détails que l'*anatomie comparée* a fait connaitre, et qui multiplient les preuves que nous pourrions citer, nous dirons que, si l'on examine attentivement les *animaux vertébrés,* on est bientôt convaincu :

1º Que, de tous les vertébrés connus, ce sont les *mammifères* qui tiennent de plus près à l'homme par l'organisation; qu'ils sont même les seuls qui aient de commun avec lui la génération sexuelle vraiment *vivipare*; qu'ils sont plus avancés que tous les autres dans le développement de leur plan d'organisation, et conséquemment que c'est parmi eux que se trouvent les plus parfaits des animaux;

2º Que, parmi les *mammifères*, ceux de l'ordre des *onguiculés* (*Philos. zool.*, vol. 1, p. 345), sont de tous les animaux à mamelles, ceux dont l'organisation approche le plus de celle de l'homme, et leur donne plus de facultés qu'aux autres; que même parmi eux l'on trouve des familles particulières qui l'emportent sur les autres familles du même ordre, par un plus grand rapprochement à cet égard; qu'en effet, dans les *quadrumanes*, le cerveau présente, avec tous ses accessoires, le plus grand volume, proportionnellement à celui de leur corps, après le cerveau de l'homme, et conséquemment l'organe de l'intelligence le plus développé après le sien; qu'en outre, ces derniers ont les extrémités de leurs membres mieux disposées pour saisir les objets, pour les sentir, juger de leur forme ou de leurs autres qualités, en un mot, pour s'en servir, que les autres *onguiculés* : en sorte que l'organisation de ces animaux est effectivement la plus perfectionnée des organisations animales, et ne présente ensuite, dans les autres familles du même ordre, que des dégradations croissantes, qui entraînent des appauvrissements dans les facultés;

3º Qu'outre la dégradation qui s'observe déjà parmi les différentes races des *mammifères onguiculés*, celle qui a lieu dans les *mammifères ongulés*, se manifeste plus fortement encore; car ces animaux ont le corps plus gros, plus lourd; les doigts moins séparés, moins libres, moins sensibles, puisqu'ils sont enveloppés de corne; ils sont moins adroits, ne peuvent guère se servir de leurs pieds que pour se soutenir, ou pour leurs mouvements de translation, ne sauraient même s'asseoir, se reposer sur le derrière; enfin, ils ont déjà perdu de grandes facultés dont jouissent les premiers; parmi eux on observe encore une dégradation sensible, car les *pachidermes* ont les pieds moins altérés que les *bisulces* et les *solipèdes*;

4° Qu'en quittant les mammifères et arrivant aux *oiseaux*, l'on reconnaît que des changements plus graves se sont opérés dans l'organisation de ces derniers, et les éloignent davantage de celle de l'homme; qu'en effet, la génération des vrais *vivipares*, qui est la sienne, est anéantie et ne se retrouvera plus désormais; car, il n'est pas vrai que, hors des mammifères, l'on connaisse aucun animal réellement vivipare, soit dans les reptiles, soit dans les poissons, etc., quoique souvent les œufs éclosent dans le ventre même de la mère, ce que l'on a nommé génération *ovo-vivipare*; en un mot, en arrivant aux *oiseaux*, on voit que la poitrine cesse d'être constamment séparée de l'abdomen par une cloison complète (un diaphragme), cloison qui reparaît dans quelques reptiles et disparaît ensuite partout; qu'il n'y a plus de vulve extérieure, séparée de l'anus, plus de saillie au dehors pour les parties sexuelles mâles, plus de saillie de même pour le cornet de l'oreille extérieure, et que les animaux n'ont et n'auront plus désormais la faculté de se coucher et de se reposer sur le côté;

5° Qu'en laissant les oiseaux, pour considérer les *reptiles*, des changements et des diminutions plus graves encore dans le perfectionnement de l'organisation se font remarquer, et les éloignent plus encore de celle de l'homme; que le cœur n'a plus partout deux ventricules sans communication, que la chaleur du sang n'excède presque plus celle des milieux environnants, qu'il n'y a plus dans tous qu'une partie du sang qui reçoive dans chaque tour, l'influence de la respiration pulmonaire, que le poumon lui-même n'est plus constamment double (comme dans les *ophidiens*), et qu'à mesure qu'il approche de l'origine de sa formation, ses cellules sont plus grandes ou moins nombreuses, que le cerveau ne remplit qu'incomplétement la cavité du crâne, que le squelette offre çà et là de grandes altérations dans l'état et le complément de ses parties (point de clavicules dans les *crocodiles*, point de sternum ni de bassin dans les *ophidiens*), qu'une diminution d'activité dans les mouvements vitaux et dans les changements qu'ils produisent, permet à beaucoup d'animaux de cette classe de pouvoir vivre longtemps de suite sans prendre de nourriture (les *tortues*, les *serpents*); qu'enfin, si dans les premiers ordres des *reptiles*, le cœur a encore deux oreillettes, il n'en présente plus qu'une seule dans le dernier;

6º Qu'en arrivant aux *poissons*, l'on remarque que l'organisation animale s'éloigne de celle de l'homme bien plus encore que celle des animaux déjà cités, et qu'elle est conséquemment plus dégradée, plus imparfaite que la leur, indépendamment des influences du milieu dense qu'habitent les animaux dont il s'agit; qu'effectivement l'on ne retrouve plus dans les *poissons* l'organe respiratoire des animaux les plus parfaits, que le véritable poumon, que nous ne rencontrerons plus nulle part, y est remplacé par des *branchies*, organe bien plus faible en influence respiratoire, puisque pour parer aux inconvénients de ce grand changement, la nature fait passer tout le sang par cet organe avant de l'envoyer aux parties, ce qu'elle n'a point fait dans les reptiles; que la poitrine, ou ce qu'elle doit contenir, a passé ici sous la gorge, dans la base même de la tête ; qu'il n'y a plus et qu'il n'y aura plus désormais de trachée artère, ni de larynx, ni de voix véritable ; que les paupières, qui ont déjà manqué sur les yeux des serpents, ne se retrouvent plus ici, et ne reparaîtront plus à l'avenir ; que l'oreille est tout-à-fait intérieure, sans conduit externe ; qu'enfin le squelette très incomplet, singulièrement modifié, partout sans bassin et sur le point de s'anéantir, n'est plus qu'ébauché dans les derniers animaux de cette classe (les *lamproies*), et finit avec eux.

Ces preuves que fournissent les *animaux vertébrés* d'une dégradation progressive de l'organisation, depuis le plus perfectionné des *quadrumanes*, jusqu'au plus imparfait des poissons, et conséquemment d'une diminution croissante dans la composition et le perfectionnement de l'organisation (à mesure que l'on parcourt leurs classes en se dirigeant vers ceux dont l'organisation s'éloigne plus de celle de l'homme) , deviennent de plus en plus frappantes et décisives, si l'on étend la même recherche aux *animaux sans vertèbres*.

Faits qui concernent les animaux sans vertèbres, et qui prouvent aussi l'existence d'une progression dans la composition et le perfectionnement de l'organisation de ces animaux.

En continuant notre examen, et recueillant les faits observés que nous offrent les animaux sans vertèbres, on reconnaît :

1° Qu'avec les poissons se termine complétement le plan particulier de l'organisation des animaux vertébrés, et par conséquent l'existence du *squelette* qui fait une partie essentielle de ce plan ; qu'effectivement, après les poissons, la moelle épinière, ainsi que la colonne vertébrale, cette base de tout véritable squelette, ont cessé d'exister ; que par conséquent, le squelette lui-même, cette charpente osseuse et articulée, qui fait une partie importante de l'organisation de l'homme et des animaux les plus parfaits, charpente qui fournit aux muscles tant de points d'attache pour la diversité et la solidité des mouvements, et qui donne une si grande force aux animaux sans nuire à leur souplesse, que cette partie, dis-je, est tout-à-fait anéantie, et ne reparaîtra désormais dans aucun des animaux des classes qui vont suivre ; car, il n'est pas vrai qu'après les poissons, la peau crustacée ou plus ou moins solide de certains animaux, et les colonnes d'osselets pierreux qui soutiennent les rayons des *astéries*, de même que celles qui forment l'axe dans les *encrines*, soient des parties en rien analogues au squelette des animaux vertébrés ; qu'enfin, après les poissons, les animaux observés offrent des plans d'organisation très différents de celui auquel appartient l'organisation même de l'homme, de celui qui admet des organes particuliers pour l'intelligence, de celui qui donne lieu à un organe spécial pour la voix, à un véritable poumon pour respirer, à un système lymphatique, à des organes sécréteurs de l'urine, etc., etc. ;

2° Que les *mollusques*, qui ne se lient par aucune nuance avec les poissons connus, à moins que de nouveaux *hétéropodes* n'en fournissent un jour les moyens, doivent néanmoins venir les premiers dans notre marche, étant, de tous les *animaux sans vertèbres*, ceux en qui la composition de l'organisation paraît la plus avancée, quoiqu'elle soit appropriée, par son état de faiblesse, au changement que la nature devait exécuter pour amener celle des vertébrés ; que cependant ils sont encore plus imparfaits, plus éloignés de l'organisation de l'homme que les poissons, puisqu'ils manquent de colonne vertébrale, et qu'ils n'appartiennent plus au plan d'organisation qui l'admet; que, n'ayant pas encore de moelle épinière, ils n'ont pas non plus de moelle longitudinale noueuse, mais seulement un cerveau, quelques ganglions et des nerfs, ce qui affaiblit leur sensibilité qui est répandue sur toute leur surface externe; qu'enfin, si ces animaux mollasses et inarticulés n'exécutent que des mouvements sans vivacité et sans énergie, c'est que la nature se préparant à former le squelette, a abandonné en eux l'usage des téguments cornés et des articulations qu'elle employait depuis les insectes, en sorte que leurs muscles n'ont sous la peau que des points d'appui très faibles;

3° Que les *cirrhipèdes*, les *annelides* et les *crustacés*, sous le rapport d'une diminution dans la composition et le perfectionnement de l'organisation, n'offrent aucune particularité bien éminente, si ce n'est qu'ils sont inférieurs aux mollusques, et par cela même plus éloignés encore de l'organisation de l'homme; puisque, par leur moelle longitudinale noueuse, ils participent au système nerveux des insectes, et qu'ils sont cependant moins imparfaits que ces derniers sous le rapport de la circulation de leurs fluides et sous celui de leur respiration; qu'enfin, les *crustacés* sont les derniers animaux en qui des vestiges de l'ouïe aient été observés, et en qui le foie se retrouve encore;

4° Que, parvenu aux *arachnides*, qui tiennent de si près aux insectes, mais qui en sont très distinctes, on voit que l'organisation animale s'éloigne encore plus de celle de l'homme que celle des animaux précédents; car le système d'organes, propre à la *circulation* des fluides, n'est plus que simplement ébauché dans certains animaux de cette classe, et se trouve définitivement anéanti dans les autres : en sorte qu'on ne le retrouvera plus dorénavant, quoique le mouvement ou le transport des fluides ou de certains fluides sécrétés, soit encore dans le cas de s'exécuter à l'aide de véritables vaisseaux, dans les animaux de plusieurs des classes qui suivent ; qu'ici, le mode de respiration par *branchies* se termine pareillement, n'y offre plus que quelques ébauches, et y est remplacé par celui des *trachées* aérifères, les unes ramifiées, selon les observations de M. *Latreille*, et les autres en doubles cordons ganglionés, comme dans les insectes ; qu'enfin, toute glande conglomérée paraissant ne plus exister, et ne devant plus se retrouver désormais, ces animaux sont encore plus éloignés de l'homme par l'organisation, que les crustacés mêmes en qui le foie se montre encore ;

5° Qu'en parvenant aux *insectes*, cette classe d'animaux si nombreux, si singuliers, si élégants même, on reconnaît que l'organisation s'éloigne encore plus de celle de l'homme que celle des arachnides et que celle des animaux qui, dans cette marche, les précèdent ; puisque le système si important de la circulation des fluides, par des artères et des veines, n'y montrent plus aucun vestige ; que le système respiratoire, par des *trachées aérifères*, non dendroïdes, mais en doubles cordons ganglionés, n'a plus même de concentration locale ; que les organes biliaires ne sont plus que des vaisseaux désunis ; que la sensibilité chez eux est devenue fort obscure, étant les derniers en qui ce phénomène organique puisse encore s'exécuter ; que leur cerveau est réduit à sa plus faible ébauche ; que leurs organes sexuels n'exécutent plus leurs fonctions qu'une seule fois dans le cours de leur vie ; qu'enfin, le sang, graduellement appauvri dans sa nature, depuis les animaux les plus parfaits, n'est plus, dans les *insectes* où il a cessé de circuler, qu'une sanie presque sans couleur, à laquelle il ne convient plus de donner le nom de sang (1);

6° Que les *vers*, qui, en descendant toujours, viennent après les insectes, mais à la suite d'un *hiatus*, que les *épizoaires* rempliront peut-être un jour, présentent, dans la composition de l'organisation, une diminution bien plus grande encore que celle observée dans les insectes et dans les animaux déjà cités; en sorte que l'organisation des *vers* est beaucoup plus éloignée encore de celle à laquelle on la compare, ainsi que toutes les autres, que celle des insectes; qu'ici, en effet, ni le cerveau, ce point de réunion pour la

---

(1) Il me paraît que, faute d'avoir étudié et suivi les moyens de la nature, on s'est gravement trompé, relativement aux insectes, sur la cause, soit de la singularité des habitudes, soit de la vivacité des mouvements de certains de ces animaux. Au lieu d'attribuer ces faits à une organisation plus perfectionnée des insectes, et à la nature de leur respiration, ce qui devrait s'étendre à tous les animaux de cette classe, nous ferons remarquer que de simples particularités, que nous indiquerons, sont très suffisantes pour donner lieu à ces faits; nous montrerons que, sans avoir des facultés d'intelligence, mais ayant des idées de perception, de la mémoire, un sentiment intérieur, et l'organisation modifiée par les habitudes, ces causes suffisent pour leur faire produire les actions que nous observons chez eux; que ces particularités, très diversifiées selon les races, ne sont point communes à tous ces animaux; qu'en effet, s'il y a des insectes qui ont des mouvements très vifs, il y en a aussi qui n'en ont que de fort lents; que même dans les *infusoires*, on trouve des animaux qui ont les mouvements les plus vifs, tandis que, dans les *mammifères*, l'on voit des races qui n'en exécutent que de très lents; qu'enfin, à l'égard des manœuvres singulières de certaines races, manœuvres que l'on a considérées comme des actes d'industrie, il n'y a réellement que des produits d'habitudes que les circonstances ont progressivement amenées et fait contracter; habitudes qui ont modifié l'organisation dans ces races, de manière que les nouveaux individus de chaque génération ne peuvent que répéter les mêmes manœuvres.

(*Note de Lamarck. Voir la note de la page 17.*)

production du phénomène du sentiment, ni la moelle longitudinale noueuse qui, depuis les insectes jusqu'aux mollusques, était si utile au mouvement des parties, n'existent plus; qu'il n'y a plus de tête, plus d'yeux, plus de sens particuliers, plus de trachées aérifères pour la respiration, plus de forme générale constituée par des parties paires, en un mot, plus de véritables mâchoires; que la génération sexuelle, même, paraît s'anéantir dans le cours de cette classe, le sexes ne se montrant plus qu'obscurément dans certains *vers*, et disparaissant entièrement dans les autres; qu'enfin, formant une branche particulière et hors de rang dans la série, ces animaux offrent entre eux une grande disparité d'organisation, de laquelle résulte que les plus imparfaits sont très simples, et ne paraissent dus qu'à des générations spontanées;

7° Qu'étant arrivé aux *radiaires*, on reconnaît que l'imperfection de l'organisation animale où nous sommes parvenus, non-seulement se soutient en elles, mais, même qu'elle continue de s'accroître; qu'il y est effectivement manifeste, que, dans toutes, la génération sexuelle ne présente plus la moindre existence, en sorte que ces animaux sont réduits à n'offrir que des amas de corpuscules reproductifs qui n'exigent aucune fécondation; que, quoiqu'il y ait encore, dans les *radiaires échinodermes*, des vaisseaux pour le transport et l'élaboration des fluides, sans véritable circulation, c'est dans les *radiaires mollasses* que paraît commencer le mode simple de l'imbibition des parties par le fluide nourricier, les vaisseaux qu'on y aperçoit encore, paraissant n'appartenir qu'à leur organe respiratoire; qu'ainsi que dans les vers, ni le cerveau, ni la moelle longitudinale, ni la tête, ni sens quelconque n'existent plus dans ces animaux; que c'est parmi eux qu'on voit l'organe digestif montrer une véritable imperfection, puisque dans beaucoup de *radiaires* le canal alimentaire, soit simple, soit augmenté latéralement, n'a plus qu'une seule issue, en sorte que la bouche sert aussi d'anus; qu'enfin, les mouvements isochrones de ceux de ces animaux qui sont tout-à-fait mollasses, ne sont plus que les suites des excitations de l'extérieur, comme je le prouverai. Ces mêmes animaux sont donc plus éloignés encore, par leur organisation, de celle à laquelle nous les comparons, que les vers mêmes, puisque, dans plusieurs de ces derniers, les sexes s'aperçoivent encore;

8º Que les *polypes* qui, dans notre marche, viennent après les radiaires, ne sont pas néanmoins le dernier chaînon de la chaîne animale, et cependant sont beaucoup plus imparfaits, plus simples en organisation, enfin, plus éloignés encore de notre point de comparaison que les radiaires; qu'en effet, ils ne présentent plus à l'intérieur qu'un seul organe particulier, celui de la digestion dans lequel se développent quelquefois des gemmes internes; qu'en vain chercherait-on dans les vrais *polypes* aucun autre organe intérieur qu'un canal alimentaire, varié dans sa forme, selon les familles, qui devient de plus simple en plus simple, se change peu à peu en sac, comme dans les *hydres,* etc., et n'a alors qu'une seule issue; que l'imagination seule y pourrait supposer arbitrairement tout ce qu'elle voudrait y voir; qu'en un mot, ici, l'on est assuré que le fluide essentiel à la vie et à-la-fois nourricier, n'a d'autre mode d'être que celui d'imbiber les parties, de se mouvoir avec lenteur et sans vaisseaux dans la substance du corps du *polype*, dans le tissu cellulaire qui occupe l'intervalle entre la peau extérieure de ce corps et son tube ou son canal alimentaire;

9º Qu'enfin, les *infusoires*, dernier anneau de la chaîne que nous venons de parcourir, et sur-tout les *infusoires nus*, nous offrent les animaux les plus imparfaits que l'on ait pu connaître, ceux qui sont les plus simples en organisation, ceux, enfin, qui sont, de tous, les plus éloignés du point de comparaison choisi ; qu'effectivement, ces animaux n'ont pas un seul organe spécial, intérieur, constant et déterminable, pas même pour la digestion : en sorte qu'outre qu'ils manquent, comme les polypes, de tous les autres organes spéciaux connus, ils n'ont pas même, comme eux, un canal ou un sac alimentaire, et par conséquent une bouche ; que l'organisation, réduite à les faire jouir seulement de la vie animale, ne leur donne aucune autre faculté que celles qui sont généralement communes à tous les corps vivants, plus celle d'avoir leurs parties irritables ; qu'enfin, ces animaux ne sont plus que des corps infiniment petits, gélatineux, presque sans consistance, qui se nourrissent par des absorptions de leurs pores externes, qui se meuvent et se contractent par des excitations du dehors, en un mot, que des points animés et vivants.

Dans cette révision rapide de la série des animaux, prise dans un ordre inverse à celui de la nature, j'ai fait voir que, depuis l'*homme*, considéré seulement sous le rapport de l'organisation, jusqu'aux *infusoires* et particulièrement jusqu'à la *monade*, il se trouve, dans l'organisation des différents animaux et dans les facultés qu'elle leur donne, une immense disparité ; **et** que cette disparité, qui est à son *maximum* aux deux extrémités de la série, résulte de ce que les animaux qui composent cette série, s'éloignent progressivement de l'homme, les uns plus que les autres, par l'état de la composition de leur organisation comparée à la sienne.

Ce sont-là des faits que maintenant on ne saurait contester, parce qu'ils sont évidents, qu'ils appartiennent à la nature, et qu'on les retrouvera toujours les mêmes lorsqu'on prendra la peine de les examiner.

La réunion de ces faits, prise en considération, forcera sûrement un jour les zoologistes à reconnaître le vrai plan des opérations de la nature, relativement à l'existence des animaux; car, ce n'est point par hasard qu'il se trouve une *progression* manifeste dans la simplification de l'organisation des différents animaux, lorsqu'on parcourt leur série dans le sens que nous venons de suivre.

Qui ne sent que si l'on prend une marche contraire, la même progression nous offrira une *composition croissante* de l'organisation des animaux, depuis la *monade* jusqu'à l'*orang-outang*, et même une perfection graduelle de chaque organe particulier, malgré les causes étrangères qui en ont fait varier çà et là les résultats! Qui ne sent encore que si l'on prend cette nouvelle marche, le plan d'opérations qu'a suivi la nature, en donnant successivement l'existence aux animaux divers, se montrera si clairement, qu'il sera difficile alors de le méconnaître!

La considération suivante répand une grande lumière sur les principaux faits d'organisation observés dans les animaux, et fait sentir encore combien est fondée la progression dans la composition de l'organisation des différents animaux, dont je viens d'établir les preuves.

Dans chaque point du corps des animaux les plus imparfaits, tels que les *infusoires* et les *polypes*, la vie, par la grande simplicité de l'organisation, y est *indépendante* de celle des autres points du même corps. De là vient que, quelque portion que l'on sépare de l'un de ces corps vivants si simples, le corps peut continuer de vivre, et répare bientôt alors ce qu'il a perdu. De là vient encore que la portion séparée de ce corps peut elle-même, de son côté, continuer de vivre : en sorte qu'elle reproduit bientôt un corps entier, semblable à celui dont elle provient.

Mais, à mesure que l'organisation se complique, que les organes spéciaux deviennent plus nombreux, et que les animaux sont moins imparfaits, la vie, dans chaque point de leur corps, devient *dépendante* de celle des autres points. Et, quoique à la mort de l'individu, chaque système d'organes particulier meurt, l'un après l'autre, ceux qui survivent à d'autres ne conservent la vie que peu d'heures de plus, et périssent immanquablement à leur tour, leur *dépendance* des autres les y contraignant toujours. Il est même remarquable que, dans les mammifères et dans l'homme, une portion de muscle enlevée par une blessure, ne saurait repousser; la plaie se cicatrise en guérissant; mais la portion charnue du muscle enlevée ou détruite, ne se rétablit plus.

Certes, cet ordre de choses n'aurait point lieu si la progression en question était sans réalité!

La *progression* dont il s'agit, soit prise du plus composé vers le plus simple, soit considérée en se dirigeant dans le sens contraire, est tellement sentie des zoologistes, quoique leur pensée ne s'y arrête jamais, qu'elle les entraîne, en quelque sorte, dans le placement des classes : l'on peut dire même qu'à cet égard, elle ne leur permet point cet arbitraire que nous employons ordinairement avec tant d'empressement partout où la nature ne nous contraint point d'une manière trop décisive.

Il est, en effet, assez curieux de remarquer à ce sujet, combien, malgré la diversité des lumières et des intelligences, et malgré la confiance que l'on a dans son opinion particulière, préférablement à celle des autres, l'unanimité, néanmoins, est presque constante, parmi les *zoologistes*, dans le placement des classes qu'ils ont le mieux établies entre les animaux.

Par exemple, on ne voit point de *zoologistes* intercaler, parmi les animaux à vertèbres, une classe quelconque des invertébrés; et, à l'égard des premiers, s'ils placent les *mammifères* en tête de leur distribution, on les voit toujours mettre les *oiseaux* au second rang, et terminer toute la série des vertébrés par les *poissons*. S'il leur arrivait de partager les mammifères en deux classes, comme, par exemple, pour distinguer classiquement les *cétacés*, ils placeraient de force les oiseaux au troisième rang, car aucun, sans doute, ne rangerait jamais les *cétacés* près des poissons. Enfin, dans cette marche, dirigée du plus composé vers le plus simple, les zoologistes terminent toujours la série générale par les *infusoires*, quoiqu'ils ne les distinguent point des *polypes*. En un mot, quoique confondant les *radiaires*, les *polypes* et les *infusoires*, sous la dénomination très-impropre de *zoophytes*, on les voit toujours, néanmoins, placer les *radiaires* avant les *polypes*, et ceux-ci avant les *infusoires*.

Il y a donc une cause qui les entraîne, une cause qui force leur détermination, et qui les empêche de se livrer à l'arbitraire dans la distribution générale des animaux. Or, cette cause, dont ils ont le sentiment intime, parce qu'elle est dans la nature, et dont ils ne s'occupent point, parce qu'elle amènerait des conséquences qui traverseraient la marche qu'ils ont fait prendre à l'étude; cette cause, dis-je, réside uniquement dans la *progression* dont je viens de démontrer l'existence; en un mot, elle consiste en ce que la nature, en formant les différents animaux, a exécuté une composition toujours croissante dans les diverses organisations qu'elle leur a données.

On peu donc dire maintenant que, parmi les faits

que l'observation nous a fait connaître, celui de la progression dont il s'agit, est un de ceux qui ont la plus grande évidence.

Mais de ce qu'il y a réellement une *progression* dans la composition de l'organisation des animaux, depuis les plus imparfaits jusques aux plus parfaits de ces êtres, il ne s'ensuit pas que l'on puisse former avec les espèces et les genres une série unique, très simple, non interrompue, partout liée dans ses parties, et offrant régulièrement la progression dont il s'agit. Loin d'avoir eu cette idée, j'ai toujours été convaincu du contraire, je l'ai établi clairement; enfin j'en ai reconnu et montré la cause.

On s'est apparemment persuadé qu'une pareille échelle régulière, formée avec les espèces et les genres, devait être la preuve de la *progression* dont il est question, et comme l'observation atteste qu'il n'est pas possible d'en former une semblable, parce que l'échelle qu'on exécuterait avec les espèces et les genres, rangés d'après leurs rapports, ne présenterait qu'une série irrégulière, interrompue, et offrant des anomalies nombreuses et diverses, on n'a donné aucune attention à la progression dont il s'agit, et l'on s'est cru autorisé à méconnaître, dans cette progression, la marche des opérations de la nature.

Cette considération étant devenue dominante parmi les zoologistes, la science s'est trouvé privée du seul guide qui pouvait assurer ses vrais progrès; des principes arbitraires ont été mis à la place de ceux qui doivent diriger la marche de l'étude; et si le sentiment de la *progression*, dont j'ai prouvé l'existence, ne retenait la plupart des zoologistes, relativement au rang des masses principales, on verrait dans la distribution des animaux, des renversements systématiques extraordinaires.

Tout ici porte donc sur deux bases essentielles, régulatrices des faits observés et des vrais principes
zoologiques, savoir :

1° Sur le *pouvoir de la vie*, dont les résultats sont
la composition croissante de l'organisation, et par
suite, la progression citée;
2° Sur la *cause modifiante*, dont les produits sont
des interruptions, des déviations diverses et irrégulières dans les résultats du pouvoir de la vie.

Il suit de ces deux bases essentielles, dont les faits
connus attestent le fondement :

D'abord, qu'il existe une progression réelle dans la
composition de l'organisation des animaux, que la
cause modifiante n'a pu empêcher.

Ensuite, qu'il n'y a point de progression soutenue
et régulière dans la distribution des races d'animaux,
rangées d'après leurs rapports, ni même dans celle des
genres et des familles; parce que la cause modifiante
a fait varier, presque partout, celle que la nature eût
régulièrement formé, si cette cause modifiante n'eût
pas agi (1).

Cette même cause modifiante n'a pas seulement agi
sur les parties extérieures des animaux, quoique ce
soient celles-ci qui cèdent le plus facilement et les
premières à son action; mais elle a aussi opéré des modifications diverses sur leurs parties internes, et a fait
varier très irrégulièrement les unes et les autres.

____

(1) Ceci est l'explication la plus simple et la plus rationnelle qui ait
été donnée jusqu'à présent de certaines anomalies dans l'organisation
des animaux; on conçoit dès lors, comment il se fait que des animaux
d'une classe inférieure aient quelquefois certains organes plus développés que ceux dont l'organisation par son ensemble est beaucoup
plus parfaits.

Il en résulte, selon mes observations, qu'il n'est pas vrai que les véritables rapports entre les races, et même entre les genres et les familles, puissent se décider uniquement, soit par la considération d'aucun système d'organes intérieur, pris isolément, soit par l'état des parties externes; mais qu'il l'est, au contraire, que ces rapports doivent se déterminer d'après la considération de l'ensemble des caractères intérieurs et extérieurs, en donnant aux premiers une valeur prééminente, et parmi ceux-ci, une plus grande encore aux plus essentiels, sans employer néanmoins la considération isolée d'aucun organe particulier quelconque (1).

Que les circonstances dans lesquelles se sont trouvées les différentes races d'animaux, à mesure qu'elles se sont répandues de proche en proche, sur différents points du globe et dans ses eaux, aient donné à chacune d'elles des habitudes particulières, et que ces habitudes, qu'elles ont été obligées de contracter selon les milieux qu'elles habitèrent et leur manière de vivre, aient pu, pour chacune de ces races, modifier l'organisation des individus, la forme et l'état de leurs parties, et mettre ces objets en rapport avec les actions habituelles de ces individus, il n'est plus possible maintenant d'en douter.

En effet, l'on doit concevoir qu'à raison des milieux habités, des climats, des situations particulières, des différentes manières de vivre, et de quantité d'autres circonstances relatives à la condition de chaque race, tel organe ou même tel système d'organes particulier, a dû prendre, dans certaines d'entre elles, de grands développements; tandis que dans d'autres races, quoi-

____

(1) Les principes que doit fournir cette considération, seront développés dans la 6e partie de cette Introduction.

que avoisinantes par leurs rapports généraux, mais très différemment situées, ce même système d'organes particulier, très développé dans les premières, aura pu, dans celles-ci, se trouver très affaibli, très réduit, peut-être anéanti, ou au moins modifié d'une manière singulière.

Ce que je dis de tel système d'organes qui fait partie de l'organisation des individus d'une race quelconque, s'étend à toutes les autres parties de ces individus, et même à leur forme générale : tout en eux est assujetti aux influences des circonstances dans lesquelles ils se trouvent forcés de vivre.

A l'égard des animaux, il y a nombre de faits connus qui attestent l'existence de cet ordre de choses, et l'on pourrait ajouter que, quelque petites que soient les modifications qui se sont opérées sous nos yeux et dont nous nous sommes convaincus par l'observation, dans ceux des animaux, dont nous avons changé forcément les habitudes, ces mêmes modifications sont suffisantes pour nous montrer l'étendue de celles, qu'avec le temps les animaux ont pu éprouver dans leur forme, leurs parties, leur organisation même, de la part des circonstances dans lesquelles ils ont vécu, et qui ont diversifié toutes leurs races presqu'à l'infini (1).

D'après les considérations que je viens d'exposer, qui ne reconnaît la cause qui fait que, dans une même classe d'animaux, chaque système d'organes particulier ne suit pas, dans toutes les races, le même ordre, soit de perfectionnement, soit de dégradation ?

Enfin, qui ne voit que, malgré les anomalies diverses provenues de la cause citée, la *progression* dans

---

(1) *Philosophie zoologique*, vol. 1, p. 218.

la composition de l'organisation animale, ne s'en est pas moins exécutée d'une manière très remarquable, et qu'elle indique clairement la marche des opérations de la nature à l'égard des animaux?

Puisque ces animaux, chacun de leur espèce, doivent à la nature et aux circonstances leur existence et tout ce qu'ils sont, essayons maintenant de montrer quels sont les moyens qu'elle a employés, d'abord pour instituer la vie dans les corps qui en jouissent, eusuite pour former en ceux qui en offraient la possibilité, des organes particuliers, les développer progressivement, les varier, les multiplier, et finir par les cumuler dans les plus perfectionnées des organisations animales.

—

TROISIÈME PARTIE.

DES MOYENS EMPLOYÉS PAR LA NATURE POUR INSTITUER LA VIE ANIMALE DANS UN CORPS, COMPOSER ENSUITE PROGRESSIVEMENT L'ORGANISATION DANS DIFFÉRENTS ANIMAUX, ET ÉTABLIR EN EUX DIVERS ORGANES PARTICULIERS, QUI LEUR DONNENT DES FACULTÉS EN RAPPORT AVEC CES ORGANES.

Un des penchants naturels de l'homme étant de porter, en général, les individus de son espèce à borner l'intelligence humaine d'après la limite de la leur, ceux qui ne font aucune étude de la nature, qui ne l'observent point, se persuadent aisément que c'est une folie de chercher à connaître la source des faits qu'elle présente de toutes parts à nos observations.

Quant à moi, convaincu que les seules connaissances positives que nous puissions avoir, ne sont autres que celles que l'on peut acquérir par l'observation; sachant d'ailleurs que, hors de la nature, hors des objets qui sont de son domaine, et des phénomènes que nous offrent ces objets, nous ne pouvons rien observer, je me suis imposé pour règle, à l'égard de l'étude de la nature, de ne m'arrêter dans mes recherches, que lorsque les moyens me manqueraient entièrement.

Ainsi, quelque difficile que paraisse le sujet qui m'occupe dans cette troisième partie, reconnaissant

un fondement incontestable dans la proposition d'où
je vais partir, ce fondement m'autorise à étendre mes
recherches jusques dans les détails des procédés qu'a
employés la nature pour faire exister les animaux, et
amener leurs différentes races à l'état où nous les
voyons.

Sans doute la proposition générale qui consiste à
attribuer à la nature la puissance et les moyens d'instituer la vie animale dans un corps, avec toutes les
facultés que la vie comporte, et ensuite de composer
progressivement l'organisation dans différents animaux; cette proposition dis-je, est très fondée et à
l'abri de toute contestation. Pour la combattre, il faudrait nier le pouvoir, les lois, les moyens, et l'existence même de la nature; ce que probablement personne ne voudrait entreprendre.

Ainsi, les animaux, comme tous les autres corps
naturels, doivent à la nature tout ce qu'ils sont,
toutes les facultés qu'ils possèdent. C'est de là que je
partirai pour étendre mes recherches sur les moyens
qu'elle a pu employer pour exécuter, à l'égard de ces
êtres, ce que l'observation nous montre en eux. Mais
nos déterminations des moyens mêmes qu'emploie la
nature, ne sont pas toujours aussi positives que la
proposition qui lui attribue le pouvoir d'exécuter tant
de choses diverses.

En effet, nous manquons nous-mêmes de moyens
pour nous assurer du fondement de nos déterminations
à cet égard, et cependant, comme notre principe ou
notre point de départ est assuré, et qu'il nous prescrit
de borner nos idées au seul champ dont il nous trace
les limites, il ne s'agit plus que de montrer que les
choses peuvent être comme je vais les présenter, et que
s'il en était autrement, elles auraient nécessairement
lieu par des voies analogues.

D'après cela, le seul point d'où nous puissions partir pour arriver aux déterminations qui sont ici notre but, c'est, avant tout, de reconnaître que les animaux, ainsi que les végétaux, les minéraux, et tous les corps quelconques, sont des *productions de la nature*. J'en établirai les preuves dans la 6ᵉ partie de cette Introduction, et dès à présent, je remarquerai que les naturalistes en sont intimement persuadés, ainsi que l'atteste l'expression même qu'ils emploient lorsqu'ils en parlent.

Puisque les animaux sont des productions de la nature, c'est d'elle conséquemment qu'ils tiennent leur existence et les facultés qu'ils possèdent; elle a formé les plus parfaits comme les plus imparfaits; elle a produit les différentes organisations qu'on remarque parmi eux; enfin, à l'aide de chaque organisation et de chaque système d'organes particuliers, elle a doué les animaux des facultés diverses qu'on leur connaît : elle possède donc les moyens de produire toutes ces choses. On est même fondé à penser qu'elle les produirait encore de la même manière et par les mêmes voies, si elles n'existaient point.

Maintenant, je crois pouvoir assurer que si c'est elle qui a réellement fait exister ces mêmes choses, elle les a sans doute opérées physiquement; car ses moyens étant purement physiques, on ne peut lui en attribuer d'autres. Cette considération doit être de première importance pour mon sujet.

Les moyens, et à la fois les causes de tout ce que la nature a exécuté, et de tout ce qu'elle continue d'opérer tous les jours, sont nécessairement de différents ordres. En effet, on peut dire que la nature a des moyens généraux, et qu'elle en possède d'autres qui sont graduellement plus particuliers. Tous forment ensemble une hiérarchie de puissances dans laquelle tout est lié, tout est dépendant, tout est en harmonie, tout est nécessaire : ces vérités ont été senties, et sont en effet reconnues.

Ainsi, pour établir quelque ordre dans nos idées sur ce sujet intéressant, et parvenir à montrer comment il paraît que la nature a opéré la production des animaux, je vais présenter mon sentiment sur ces moyens généraux les plus probables, et j'en indiquerai la liaison avec les moyens particuliers et moins douteux, dont elle a nécessairement fait usage.

Au moins dans notre globe, la nature a *deux moyens* puissants et généraux, qu'elle emploie continuellement à la production des phénomènes que nous y observons; ces moyens sont :

1° L'*attraction universelle*, qui tend sans cesse à opérer le rapprochement des particules de la matière, à former des corps, et à empêcher la dispersion de leurs molécules;

2° L'*action répulsive* des fluides subtils, mis en expansion; action qui, sans être jamais nulle, varie sans cesse dans chaque lieu, dans chaque temps, et qui modifie diversement l'état de rapprochement des molécules des corps.

De l'équilibre entre ces deux forces opposées, des différentes quantités de puissance dont l'une l'emporte sur l'autre dans chaque circonstance, des affinités diverses entre les objets assujettis à l'action de ces forces, enfin, des circonstances infiniment variées dans lesquelles ces forces agissent, naissent sans doute les causes de tous les faits que nous observons, et particulièrement de ceux qui concernent l'existence des *corps vivants*.

Les deux forces contraires que je viens de citer sont reconnues; on en apperçoit, effectivement, l'action dans presque tous les faits qui s'observent dans notre globe. Elles sont cependant plus générales encore; car, si l'on a des preuves que l'*attraction* ne se borne point à ce même globe, on ne saurait méconnaître, hors de lui, l'action d'une *force répulsive* sans laquelle la lumière, qui traverse sans cesse l'espace dans toute direction, ne serait point mise en mouvement.

La réalité des deux causes en question ne peut donc raisonnablement être mise en doute. Or, au lieu d'employer cette connaissance à former des hypothèses sur l'*univers*, je vais me restreindre à considérer les faits qui en résultent dans le globe que nous habitons, et particulièrement ceux qui concernent les corps vivants, sur-tout les animaux.

On ne connaît point la cause de l'*attraction universelle;* on sait seulement que cette attraction est un fait positif que l'observation a constaté. Malgré cela, le mouvement ne pouvant être le propre d'aucune matière, on doit penser que toute force attractive, ainsi que toute force répulsive, sont chacune le produit de causes physiques, étrangères aux propriétés essentielles des matières qui l'offrent.

La cause qui met sans cesse, dans notre globe, plusieurs fluides invisibles, tels que le *calorique*, l'*électricité*, et peut être quelques autres, dans un état d'expansion qui les rend répulsifs, me paraît plus déterminable que celle qui produit la gravitation universelle. Je la trouve, en effet, dans la lumière, perpétuellement en émission, des corps lumineux, et sur-tout dans celle du soleil qui vient sans interruption frapper notre globe, mais avec des variations continuelles sur chaque point de sa surface.

Ce serait une grande erreur de croire que le *calorique* soit, par sa nature, toujours en mouvement, toujours expansif, toujours répulsif des molécules des

corps dans lesquels il pénètre. J'ai publié (1) ce qu'il
y a de plus probable sur la théorie de ce singulier
fluide; et l'on y aura égard lorsque les étranges hypothèses actuellement en crédit, cesseront d'occuper la
pensée des physiciens.

Il me suffit de faire remarquer ici qu'un fluide subtil,
répandu dans notre globe et son atmosphère, fluide
qui, dans son état naturel, nous est nécessairement
inconnu, parce qu'il ne saurait affecter nos sens, se
trouvant sans cesse coërcé par la lumière du soleil, dans
une moitié du globe, devient aussitôt un *calorique
expansif.* En effet, comme une moitié entière de notre
globe est, en tout temps, frappée par la lumière du
soleil, il se reproduit donc toujours une immense

---

(1) Comme assurément on ne saurait attribuer à une matière quelconque d'avoir en propre aucune force productive de mouvement, et
d'être par elle-même, soit *attirante*, soit *repoussante*; comme, ensuite,
il n'est pas possible de douter que la propriété que l'on observe dans
certaines matières d'être répulsives des autres corps ou de tendre à
écarter leurs molécules réunies en pénétrant dans leurs interstices, ne
soit le produit d'un changement de lieu ou d'état de ces matières ; j'ai
senti qu'à l'égard du *calorique*, les propriétés qu'on lui connaît ne pouvaient lui être essentielles, et lui étaient même nécessairement passagères : en sorte que ce fluide n'est *calorique* qu'accidentellement.

En examinant alors les faits connus qui le concernent et leurs conditions, j'aperçus les causes qui peuvent coërcer le fluide particulier
propre à devenir *calorique* ; je reconnus bientôt ce qu'il pouvait opérer
dans cet état passager, selon le degré d'expansion où il se rencontrait,
et j'y appliquai sans difficulté tout ce que l'observation nous a montré
à son égard.

Mes premières pensées sur ce sujet sont insérées dans mes *Recherches sur les causes des principaux faits physiques*, n° 332 à 338. Dès
développement plus réguliers sur ma nouvelle théorie du feu se trouvant consignés dans mes *Mémoires de physique et d'histoire naturelle*,
pages 185 à 200. On y reviendra probablement un jour, sur-tout lorsqu'on examinera les bases sur les quelles se fondent les hypothèses qui
dominent maintenant, et qui arrêtent les vrais progrès de la physique.

(*Note de Lamarck*).

quantité de *calorique* à la fois ; ce que j'ai prouvé, sans avoir besoin de l'illusion des *rayons calorifiques*.

Ainsi, ce *calorique* produit par la lumière, parfaitement le même que celui qui se dégage dans les combustions, dans les effervescences, ou qui se forme dans les frottements entre des corps solides, ce *calorique*, dis-je, étant toujours renouvelé et entretenu dans notre globe par le soleil, toujours changeant dans sa quantité et dans son intensité d'expansion, fait varier perpétuellement la densité des couches de l'air et l'humidité des parties basses de l'atmosphère, ainsi que celle de la plupart des corps de la surface du globe. Or, ces variations de *calorique*, de densité des couches de l'air, et d'humidité dans l'atmosphère et dans les corps, donnent continuellement lieu au déplacement de l'*électricité*, aux variations de ses quantités dans différentes parties du globe, et à des cumulations diverses de ses masses, qui les rendent elles-mêmes expansives et répulsives. Certes, il n'y a dans tout ceci rien qui ne soit conforme aux faits physiques observés.

Ainsi, dans notre globe, deux causes opposées, qui agissent sans cesse et se modifient mutuellement; savoir: l'une, toujours régulière dans son action, tendant continuellement à rapprocher et à réunir les parties des corps et les corps eux-mêmes; tandis que l'autre, très irrégulière, fait des efforts variés pour tout écarter, tout séparer; deux causes, disons-nous, sont, dans les mains de la nature, des moyens qui lui donnent le pouvoir d'opérer une multitude de phénomènes, parmi lesquels celui qu'on nomme la *vie* est un des plus admirables, et en amène d'autres qui le sont davantage encore.

La plus grande difficulté pour nous, en apparence, est de concevoir comment la nature a pu instituer la

vie dans un corps qui ne la possédait pas, qui n'y
était pas même préparé; et comment elle a pu commencer l'organisation la plus simple, soit végétale,
soit animale, lorsqu'elle a formé des générations spontanées ou directes.

Quoique nous ne puissions savoir avec certitude ce
qui a lieu à cet égard, c'est-à-dire, ce qui se passe
positivement; comme c'est un fait certain que la nature parvient, presque chaque jour, à douer de la vie
de très petits corps en qui elle n'existait pas, et qui
n'y étaient même pas préparés; voici ce que l'observation et ce qu'une réunion d'inductions nous autorisent à penser à ce sujet.

C'est toujours par l'étude des conditions essentielles
à l'existence de chaque fait, que nous pouvons réussir
à nous éclairer sur leur cause.

Or, nous savons, par l'observation, que les organisations les plus simples, soit végétales, soit animales,
ne se rencontrent jamais ailleurs que dans de petits
corps gélatineux, très souples, très délicats, en un
mot, que dans des corps frêles, presque sans consistance, et la plupart transparents.

Nous savons aussi que, parmi ses moyens d'action,
la nature emploie l'*attraction* universelle qui tend à
réunir, à former des corps particuliers; et qu'en outre,
dans notre globe, elle emploie en même temps l'action
des fluides subtils, pénétrants et expansifs, tels que le
calorique, l'*électricité*, etc., fluides qui sont répulsifs
et qui tendent à désunir les parties des corps qu'ils
pénètrent, en un mot, à écarter leurs molécules
agrégées ou agglutinées.

Les choses étant ainsi, l'on conçoit facilement : 1º
que lorsque les petits corps gélatineux, que la puissance réunissante forme aisément dans les eaux et dans
les lieux humides, recevront dans leur intérieur les

fluides expansifs et répulsifs que je viens de citer, et dont les milieux environnants sont sans cesse remplis; alors, les interstices de leurs molécules agglutinées s'aggrandiront, et formeront des cavités utriculaires ; 2° que les parties les plus visqueuses de ces corps gélatineux, constituant, dans cette circonstance, les parois des cavités utriculaires dont je viens de parler, pourront elles-mêmes recevoir, de la part des fluides subtils et expansifs en question, cette tension singulière dans tous leurs points, en un mot, cette espèce d'éréthisme que j'ai nommé *orgasme*, et qui fait partie de l'état de choses que j'ai dit être essentiel à l'existence de la vie dans un corps; 3° que l'*orgasme* une fois établi dans les parties concrètes du corps gélatineux en question, ce corps en reçoit aussitôt une faculté absorbante, qui le met dans le cas de se pourvoir de fluides liquides qu'il s'approprie du dehors, et dont les masses remplissent ses utricules.

Dans cet état de choses, l'on sent que bientôt la continuité d'action des fluides subtils et expansifs environnants, forcera le liquide des utricules à se déplacer, à s'ouvrir des passages à travers les faibles parois de ces utricules, enfin, à subir des mouvements continuels, susceptibles de varier en vitesse et en direction, selon les circonstances.

Ainsi donc, voilà le petit corps gélatineux que nous considérons, véritablement organisé; le voilà composé de parties concrètes contenantes, formant un tissu cellulaire très délicat, et de fluide propre contenu, que des excitations du dehors, toujours renouvelées, mettent sans cesse en mouvement; en un mot, le voilà doué de mouvements vitaux.

C'est ainsi, probablement, que l'organisation fut commencée dans les générations dites *spontanées* que la nature sait produire. Elle ne put l'être qu'à la faveur des petits corps gélatineux dont je viens de parler; et en effet, c'est uniquement dans de semblables corps qu'on observe les organisations les plus simples. Ces mêmes petits corps furent donc transformés en corps vivants, dès que les interstices de leurs molécules purent être agrandis, et que leurs molécules les plus agglutinées purent constituer des parties concrètes cellulaires, capables de contenir des fluides susceptibles d'être mis en mouvement dans leurs petites cavités. Dès lors, ces petits corps transpirèrent et firent des pertes; mais dès lors aussi ils devinrent absorbants, et se nourrirent et se développèrent par des additions internes de particules qui purent s'y fixer.

Les mouvements excités dans le fluide propre des petits corps gélatineux dont je viens de parler, constituent dès lors en eux ce qu'on nomme *la vie;* car ils les animent, les mettent dans le cas de transpirer, d'absorber par leurs pores ce qui peut réparer leurs pertes, de s'étendre, c'est-à-dire de s'accroître jusqu'à un certain point, enfin de se multiplier ou se reproduire; ce qui s'exécute par des scissions ou des divisions de ces corps.

Toutes ces opérations n'exigent ni travail, ni changements notables dans les matériaux employés. Les moyens les plus simples, les seuls que la nature ait alors à sa disposition, lui suffisent.

L'assimilation se borne à employer celles des particules absorbées, dont la composition chimique est analogue à celle de la substance très peu composée de ees frêles corps.

L'extension ou l'accroissement de ces petits corps s'exécute par les suites mêmes des forces de la vie, forces qui résultent des mouvements excités. Cette extension est bornée par la nécessité de ne pouvoir franchir sans rupture les limites de la ténacité très faible de ces corps.

Enfin, la *multiplication* ou la reproduction de ces mêmes corps, est le produit d'un excès d'accroissement qui l'emporte sur le terme de la ténacité, et qui en opère la scission. Mais à mesure que cette ténacité s'accroît un peu plus, les scissions deviennent alors moins grandes, se particularisent ou se bornent à certains points du corps, et en amènent la *gemmation*.

Les petits corps dont il s'agit, possèdent donc, dès l'instant même que la vie les anime, les facultés qui sont communes à tous les corps vivants, et ils en sont doués par les voies les plus simples. Or, comme aucun d'eux n'a d'organes particuliers, aucun de même ne jouit des facultés particulières.

Qu'on ne dise pas que l'idée des *générations spontanées* n'est qu'une opinion arbitraire, sans fondement, imaginée par les anciens, et depuis formellement contredite par des observations décisives. Les anciens, sans doute, donnèrent une extension trop grande aux *générations spontanées*, dont ils n'eurent que le soupçon; ils en firent de fausses applications, et il fut facile d'en montrer l'erreur. Mais, on n'a nullement prouvé qu'il ne s'en opérait aucune, et que la nature n'en produisait point à l'égard des organisations les plus simples (1).

---

(1) Sur cette question très importante des générations spontanées, les naturalistes de nos jours sont encore divisés; cependant là, ce nous semble, la difficulté est plus apparente que réelle, et le dilemme posé ici par Lamarck, met les naturalistes dans la nécessité d'adopter l'une de ces propositions : la nature a eu la puissance de créer les animaux, ou elle a manqué de cette puissance créatrice. Les animaux existent, donc la nature a eu la puissance de les créer ; ils n'existeraient pas sans cela. Maintenant il faut se demander comment la nature a-t-elle agi dans cette création? De deux choses l'une ; ou elle a par sa toute-puis-

J'ajouterai que, s'il était vrai que la nature n'eût pas les moyens de produire elle-même directement les corps vivants les plus imparfaits, soit du règne végétal, soit du règne animal, il le serait aussi, que ni

sance créé tous les êtres dès l'origine, ce qu'ils sont et dans toute la perfection de leur organisation, dans ce cas la nature n'aurait eu qu'une seule fois le pouvoir de créer chaque espèce : l'homme lui-même aurait été fait d'un seul jet, aussi bien que tous les autres animaux; dans cette supposition il faudrait toujours admettre que chaque espèce, à son apparition, a eu une naissance spontanée, puisque les individus de cette même espèce n'ont pu être engendrés par des parents qui n'existaient pas encore; ou bien la nature a créé spontanément quelques êtres simples en les soumettant à cette loi de perfectibilité progressive que nous leur connaissons en général. On concevrait, en effet, plus facilement, qu'il a fallu un moindre effort pour ajouter une très petite modification à un être simple déjà existant, que pour former en une seule fois un être aussi compliqué dans son organisation que l'homme, par exemple ; car en admettant la possibilité de cette première modification et sa conservation par les générations, on se trouve nécessairement entraîné à admettre toutes celles qui sont nécessaires, pour expliquer cette progression dans l'organisation des animaux et l'enchaînement des divers groupes par des rapports incontestables, enchaînement que l'on reconnaît d'autant mieux qu'on a étudié davantage les espèces d'animaux. Un autre ordre de faits que nous fournit l'étude des corps fossiles en rapport avec les couches de la terre, pourrait fortifier l'opinion de Lamarck sur les générations spontanées. Si, comme les physiciens et les géologues le croient aujourd'hui, la terrre a été incandescente, elle n'a pu être habitée par les premiers animaux qu'après un certain degré de refroidissement; et comme ces animaux n'existaient nulle part à la surface terrestre, il a bien fallu que la nature les créât spontanément. Les animaux les plus simples étant gélatineux, nous ne pouvons nous faire la moindre idée de ceux de ces corps qui vécurent les premiers. L'étude des fossiles nous apprend seulement que les couches de sédiment qui ont été déposées les premières ne recèlent que des débris solides d'animaux simples (crustacés, mollusques, quelques poissons); que dans les couches suivantes, on voit successivement apparaître des animaux de plus en plus compliqués; et les mammifères ne se montrent que dans les couches les plus nouvelles. Les quadrumanes et l'homme paraissent être des créations plus nouvelles encore, puisque nulle part on ne trouve de leurs ossement à l'état fossile. Il faut donc conclure de les végétaux, ni les animaux, ne seraient ses productions; il le serait encore que les minéraux et les autres corps inorganiques ne lui devraient rien; enfin, il le serait que son pouvoir et ses lois seraient nuls, et qu'elle-même n'aurait aucune existence; ce que l'observation dément généralement.

Maintenant qu'il n'est plus possible de douter, qu'au moins à l'extrémité antérieure du règne végétal et du règne animal, la nature ne produise des *générations spontanées*, en établissant la vie dans les corps organisés les plus frêles et les plus simples de chacun de ces règnes; si l'on suppose que, dans certains de ces petits corps vivants, d'après la composition chimique de leur substance, la nature n'a pu établir *l'irritabilité* des parties, c'est-à-dire, rendre ces parties subitement contractiles sur elles-mêmes à chaque provocation des causes stimulantes, on aura, dans ces corps, les types d'où sont provenus les différents *végétaux*; tandis que ceux de ces corpuscules vivants en qui, à raison de la composition chimique de leur substance, la nature a pu instituer *l'irritabilité*, devront être considérés comme les types qui ont donné lieu aux différents *animaux* existants (1).

---

ces faits, que tous les animaux n'ont pas été créés en même temps, et que les plus simples ont existé les premiers. Ces observations peuvent appuyer l'opinion de Lamarck; elle nous paraît préférable dans cette question difficile de la création des corps vivants.

(1) L'*irritabilité* étant une faculté générale pour tous les animaux, n'exige en eux aucun organe particulier pour y donner lieu. La nature ou la composition chimique de leur substance, me paraît seule pouvoir produire le phénomène dont il s'agit.

Lorsque je considère les faits galvaniques, et que je vois deux pièces de métal différentes, mises en contact avec ma langue, me faire éprouver une sensation particulière, à l'instant où elles se touchent l'une et l'autre, effet qui se répète autant de fois de suite que je réitère le contact, je crois apercevoir que les substances animales et vivantes sont

Sans doute, je ne puis montrer, dans tous leurs détails, comment ces choses se passent, ni développer positivement le mécanisme de l'*irritabilité* ; mais je sens la possibilité que ces mêmes choses soient comme je viens de le dire, et toutes les inductions m'apprennent qu'elles ne peuvent être autrement.

Après l'applanissement de cette première difficulté que nous offrent les générations spontanées au commencement de chaque règne organique, ainsi qu'à celui de certaines branches de ces règnes, toutes les autres relatives à la composition de l'organisation dans les animaux et à la formation des différents organes spéciaux qu'on observe parmi eux, me paraissent s'évanouir facilement.

En effet, on verra ces difficultés disparaître si, aux moyens généraux de la nature, l'on ajoute les quatre lois suivantes qui concernent l'organisation et qui régissent tous les actes qui s'opèrent en elle par les forces de la vie.

> *Première loi :* La vie, par ses propres forces, tend continuellement à accroître le volume de tout corps qui la possède, et à étendre les dimensions de ses parties, jusqu'à un terme qu'elle amène elle-même.

---

susceptibles d'éprouver dans tous les instants, non précisément un effet galvanique, mais un effet probablement analogue. Il est possible effectivement que, par leur composition chimique, ces substances se trouvent pénétrées et en quelque sorte distendues par quelque fluide subtil qui s'en échapperait à chaque contact d'un corps étranger, et les mettrait alors dans le cas de se contracter subitement. Or, la dissipation du fluide subtil en question, pourrait dans l'instant même se trouver réparée. Le phénomène d'*irritabilité* animale n'exige donc point d'organe particulier pour pouvoir se produire.　　(*Note de Lamarck.*)

Deuxième loi : La production d'un nouvel organe dans un corps animal, résulte d'un nouveau besoin survenu qui continue de se faire sentir, et d'un nouveau mouvement que ce besoin fait naître et entretient.

Troisième loi : Le développement des organes et leur force d'action sont constamment en raison de l'emploi de ces organes.

Quatrième loi : Tout ce qui a été acquis, tracé ou changé, dans l'organisation des individus, pendant le cours de leur vie, est conservé par la génération et transmis aux nouveaux individus qui proviennent de ceux qui ont éprouvé ces changements.

Il est impossible de rien entendre aux faits d'organisation et sur-tout aux opérations de la nature à l'égard des animaux, sans la connaissance de ces lois, en un mot, sans les prendre réellement en considération. En conséquence, je vais les présenter chacune successivement, avec les seuls développements nécessaires pour en faire apercevoir la réalité et la puissance.

Première loi : *La vie, par ses propres forces, tend continuellement à accroître le volume de tout corps qui la possède, et à étendre les dimensions de ses parties, jusqu'à un terme qu'elle amène elle-même.*

On sait que tout corps vivant ne cesse de s'accroître, depuis l'instant où la vie l'anime, jusqu'à un terme particulier de sa durée, qui est relatif à celle de chaque race. Ce corps s'accroîtrait pendant le cours entier de sa vie, si une cause assez connue ne mettait un terme à son accroissement, après le premier quart, ou environ, de sa durée.

La vie active étant constituée par les mouvements vitaux, on doit sentir que c'est principalement dans les mouvements des fluides propres du corps vivant, que réside le pouvoir que possède la vie, d'étendre le volume et les parties de ce corps; car la nutrition seule ne suffit point; elle n'est point une force, et il en faut une pour agrandir, du dedans en dehors, le volume et les parties du corps dont il s'agit.

Mais si dans chaque individu, le pouvoir de la vie tend sans cesse à augmenter les dimensions du corps et de ses parties, ce pouvoir n'empêche pas que la durée de la vie n'amène graduellement et constamment, dans l'état des parties, des altérations (une indurescence et une rigidité progressives qui mettent un terme à l'accroissement de l'individu, et ensuite un autre à la vie même qu'il possède). Ainsi, ce sont ces altérations croissantes et connues qui constituent la cause qui, malgré la tendance de la vie, borne la croissance de l'individu, et même qui amène nécessairement sa mort après un temps en rapport avec la durée de cette croissance.

En effet, les forces de la vie tendant à accroître les dimensions de tout corps qui la possède, et les altérations que sa durée amène dans les parties de ce corps bornant le produit de ces forces, il en résulte qu'il y a des rapports constants entre la croissance des individus et la durée de leur vie. Aussi a-t-on remarqué que là où la croissance a le plus de durée, la vie a plus d'étendue, *et vice versá*.

Maintenant, si l'on considère que dans les premiers corps vivants formés directement par la nature, les forces de la vie sont dans leur faible intensité, parce que les mouvements des fluides propres de ces corps sont très lents et sans énergie, on sentira que l'organisation de ces petits corps gélatineux peut être réduite à un simple *tissu cellulaire* très frêle et à peine modifié. Cependant, à mesure que les fluides de ces petits corps recevront de l'accélération dans leurs mouvements, les forces de la vie s'accroîtront proportionnellement; son pouvoir augmentera de même; le mouvement des fluides, devenu plus rapide, tracera des canaux dans le tissu délicat qui les contient; bientôt une diversité dans la direction de ces fluides en mouvement s'établira; des organes particuliers commenceront à se former; les fluides eux-mêmes, plus élaborés, se composeront davantage, et donneront lieu à plus de diversité dans les matières des sécrétions et dans les substances qui constituent les organes; enfin, selon la branche de corps vivants que l'on considérera, l'on verra dans sa composition et son perfectionnement, tous les progrès dont elle est susceptible.

Qui est-ce qui contestera la vérité de ce tableau, qui présente la marche que suit l'organisation depuis les animaux les plus imparfaits jusqu'aux plus parfaits? Qui est-ce qui ne verra pas que c'est-là l'histoire des faits d'organisation qui s'observent à l'égard des animaux considérés, dans cette progression de leur série, du plus simple au plus composé?

Je n'eusse assurément pas imaginé un pareil ordre de choses, si l'observation des objets et l'attention donnée aux moyens qu'emploie la nature ne me l'eussent indiqué.

A cette première loi de la nature, qui donne à la vie le pouvoir d'augmenter les dimensions d'un corps et d'étendre ses parties, et en outre, qui met ce pouvoir dans le cas d'accroître graduellement ses forces dans la composition de l'organisation animale, si nous ajoutons successivement les trois autres lois remarquables que j'ai déjà citées, et qui dirigent les opérations de la vie à cet égard, on aura alors, à très peu de chose près, le complément des lois qui donnent l'explication des faits d'organisation que les corps vivants, et sur-tout les animaux, nous présentent.

Deuxième loi : *La production d'un nouvel organe dans un corps animal, résulte d'un nouveau besoin survenu qui continue de se faire sentir, et d'un nouveau mouvement que ce besoin fait naître et entretient.*

Le fondement de cette loi tire sa preuve de la troisième sur laquelle les faits connus ne permettent aucun doute; car, si les forces d'action d'un organe, par leur accroissement, développent davantage cet organe, c'est-à-dire, augmentent ses dimensions et sa puissance, ce qui est constamment prouvé par le fait, on peut être assuré que les forces dont il s'agit, venant à naître par un nouveau besoin ressenti, donneront nécessairement naissance à l'organe propre à satisfaire à ce nouveau besoin, si cet organe n'existe pas encore.

A la vérité, dans les animaux assez imparfaits pour ne pouvoir posséder la faculté de *sentir*, ce ne peut être à un besoin ressenti qu'on doit attribuer la formation d'un nouvel organe, cette formation étant alors le produit d'une cause mécanique, comme celle d'un nouveau mouvement produit dans une partie des fluides de l'animal.

Il n'en est pas de même des animaux à organisation plus compliquée, et qui jouissent du *sentiment*. Ils ressentent des besoins, et chaque besoin ressenti, émouvant leur sentiment intérieur, fait aussitôt diriger les fluides et les forces vers le point du corps où une action peut satisfaire au besoin éprouvé. Or, s'il existe en ce point un organe propre à cette action, il est bientôt excité à agir; et si l'organe n'existe pas, et que le besoin ressenti soit pressant et soutenu, peu à peu l'organe se produit et se développe à raison de la continuité et de l'énergie de son emploi.

Si je n'eusse pas été convaincu : 1º que la seule pensée d'une action qui l'intéresse fortement, sufût pour émouvoir le *sentiment intérieur* d'un individu (1); 2º qu'un besoin ressenti peut lui-même émouvoir le sentiment en question; 3º que toute émotion du *sentiment intérieur*, à la suite d'un besoin qu'on éprouve, dirige dans l'instant même une masse de fluides nerveux sur les points qui doivent agir; qu'elle y fait aussi affluer des liquides du corps et sur-tout ceux qui sont nourriciers; qu'enfin, elle y met en action les organes déjà existants, ou y fait des efforts pour la formation de ceux qui n'y existeraient pas et qu'un besoin soutenu rendrait alors nécessaires, j'eusse conçu des doutes sur la réalité de la loi que je viens d'indiquer.

Mais, quoiqu'il soit très difficile de constater cette

---

(1) J'ai déjà dit que la *pensée* était une phénomène tout-à-fait physique, résultant de la fonction d'un organe qui a la faculté d'y donner lieu.

Rien, effectivement, n'est plus fréquemment remarquable, sur-tout dans l'homme, que les effets de la *pensée*, soit sur le sentiment intérieur, soit sur différents des organes internes, selon la nature particulière de la pensée produite. Enfin, comme l'*imagination* se compose de pensées, on ne saurait croire jusqu'à quel point elle agit sur nos organes intérieurs, et combien peuvent être grandes les impressions qu'elle y occasione.

Quel est l'homme qui ignore les effets que peut produire sur son individu, la vue d'une femme jeune et belle, ainsi que la pensée qui la reproduit à son imagination lorsqu'elle n'est plus présente? Qui ne connaît les suites fâcheuses d'une grande frayeur, d'une nouvelle affligeante, et quelquefois même d'une joie considérable subitement éprouvée? Qui ne sent encore que c'est ce fonds de vérités positives, lesquelles ont pourtant leurs limites, qui a donné lieu à ce qu'on nomme le *magnétisme animal*, où ce qu'il y a de réel n'est guère que le produit des effets de l'imagination sur nos organes intérieurs, mais auquel l'ignorance et peut-être le charlatanisme, ont attribué un pouvoir absurde, extravagant et à la fois ridicule ? (*Note de Lamarck.*)

loi par l'observation je ne conserve aucun doute sur le fondement que je lui attribue , la nécessité de son existence étant entraînée par celle de la troisième loi qui est maintenant très prouvée.

Je conçois, par exemple , qu'un *mollusque gastéropode* qui, en se traînant , éprouve le besoin de palper les corps qui sont devant lui, fait des efforts pour toucher ces corps avec quelques-uns des points antérieurs de sa tête, et y envoie à tout moment des masses de fluides nerveux , ainsi que d'autres liquides ; je conçois, dis-je, qu'il doit résulter de ces affluences réitérées vers les points en question , qu'elles étendront peu à peu les nerfs qui aboutissent à ces points. Or, comme dans les mêmes circonstances, d'autres fluides de l'animal affluent aussi, dans les mêmes lieux et surtout parmi eux, des fluides nourriciers, il doit s'ensuivre que deux ou quatre tentacules naîtront et se formeront insensiblement, dans ces circonstances , sur des points dont il s'agit. C'est sans doute ce qui est arrivé à toutes les races de *gastéropodes*, à qui des besoins ont fait prendre l'habitude de palper les corps avec des parties de leur tête

Mais, s'il se trouve, parmi les *gastéropodes*, des races qui, par les circonstances qui concernent leur manière d'être et de vivre, n'éprouvent point de semblables besoins; alors leur tête reste privée de tentacules; elle a même peu de saillie , peu d'apparence ; et c'est effectivement ce qui a lieu à l'égard des *bullées* , des *bules*, des *oscabrions*, etc.

Sans m'arrêter à des applications particulières, pour faire apercevoir le fondement de cette deuxième loi, application que je pourrais multiplier considérablement, je me bornerai à la soumettre à la méditation de ceux qui suivent attentivement les procédés de la nature à l'égard des phénomèmes de l'organisation animale.

Indiquons maintenant la troisième des lois qu'emploie la nature pour composer et varier l'organisation ; la voici :

Troisième loi : *Le développement des organes et leur force d'action sont constamment en raison de l'emploi de ces organes.*

Il ne s'agit point ici d'une supposition, d'une présomption quelconque ; la loi que je viens de citer est positive, constatée par l'observation, et s'appuie sur quantité de faits connus, qui peuvent servir à en démontrer le fondement.

Au lieu de la réduire à sa plus simple expression, comme ici, je l'ai présentée, dans ma *Pilosophie zoologique* (vol. 1, chap. 7), avec une sorte de développement alors nécessaire, et je l'ai exprimée de la manière suivante :

« Dans tout animal qui n'a point dépassé le terme de ses développements, l'emploi plus fréquent et soutenu d'un organe quelconque, fortifie peu à peu cet organe, le développe, l'agrandit, et lui donne une puissance proportionnée à la durée de cet emploi ; tandis que le défaut constant d'usage de tel organe, l'affaiblit insensiblement, le détériore, diminue progressivement ses facultés, et finit par le faire disparaître ». *Phil. zool.*, p. 235.

Je ne me propose nullement d'étendre cet article, et de faire ici le moindre effort pour prouver le fondement de la loi qui s'y rapporte. Je sais qu'on ne saurait en contester la solidité, que les praticiens dans l'art de guérir en observent tous les jours les effets, et que moi-même j'en ai reconnu un grand nombre. Comme cette loi est importante à considérer dans l'étude de la nature, je renvoie mes lecteurs à ce que j'en ai dit dans ma *Philosophie zoologique,* où, la divi-

sant en deux parties, j'en exprime les titres de cette
manière :

1º « Le défaut d'emploi d'un organe, devenu constant par les habitudes qu'on a prises, appauvrit graduellement cet organe, et finit par le faire disparaître,
et même par l'anéantir; »

2º « L'emploi fréquent d'un organe, devenu constant par les habitudes, augmente les facultés de cet
organe, le développe lui-même, et lui fait acquérir des
dimensions et une force d'action qu'il n'a point dans
les animaux qui l'exercent moins. »

En considérant l'importance de cette loi et les lumières qn'elle répand sur les causes qui ont amené
l'étonnante diversité des animaux, je tiens plus à l'a-
voir reconnue et déterminée le premier, qu'à la satisfaction d'avoir formé des classes, des ordres, beaucoup
de genres, et quantité d'espèces, en m'occupant de
l'art des distinctions; art qui fait presque l'unique
objet des études des autres zoologistes.

Je regarde cette même loi comme un des plus puissants moyens employés par la nature pour diversifier
les races; et en y réfléchissant, je sens qu'elle entraîne
la nécessité de celle qui précède, c'est-à-dire, de la seconde, et qu'elle lui sert de preuve.

Effectivement, la cause qui fait développer un organe fréquemment et constamment employé, qui accroît alors ses dimensions et sa force d'action, en un
mot, qui y fait itérativement affluer les forces de la vie
et les fluides du corps, a nécessairement aussi le pouvoir
de faire naître, peu à peu et par les mêmes voies, un
organe qui n'existait pas et qui est devenu nécessaire.

Mais la seconde et la troisième des lois dont il s'agit,
eussent été sans effet, et conséquemment inutiles, si les
animaux se fussent toujours trouvés dans les mêmes
circonstances, s'ils eussent généralement et toujours

conservé les mêmes habitudes , et s'ils n'en eussent jamais changé ni formé de nouvelles; ce que l'on a, en effet, pensé, et ce qui n'a aucun fondement.

L'erreur où nous sommes tombés à cet égard, prend sa source dans la difficulté que nous éprouvons à embrasser dans nos observations un temps considérable. Il en résulte pour nous l'apparence d'une stabilité dans les choses que nous observons et qui pourtant n'existe nulle part.

De là, l'idée que toutes les races des *corps vivants* sont aussi anciennes que la nature, qu'elles ont toujours été ce qu'elles sont actuellement, et que les matières composées qui appartiennent au *règne minéral* sont dans le même cas; de là, résulterait nécessairement que la nature n'a aucun pouvoir, qu'elle ne fait rien, qu'elle ne change rien, et que, n'opérant rien, des lois lui sont inutiles; de là, enfin, il s'ensuivrait que, ni les *végétaux*, ni les *animaux* ne sont ses productions.

Pour concevoir une pareille opinion et entretenir une erreur de cette sorte, il faut bien se garder de rassembler et de considérer les faits qui nous sont présentés de toutes parts , et il faut repousser toutes les observations qui les constatent; car les choses sont assurément bien différentes.

Laissant à l'écart les faits connus et les observations qui prouvent que l'ordre de choses existant est fort différent de celui qu'on a voulu et qu'on veut encore y substituer, je dirai :

Que, si les *animaux* sont des productions de la nature, il est évident qu'elle n'a pu les produire et les faire exister tous à la fois , en couvrir dans le même temps presque tous les points de la surface du globe, et en remplir ses eaux liquides pareillement à la fois; car, elle n'opère rien que graduellement, que peu à peu; et même, presque toutes ses opérations s'exécutent, relativement à notre durée individuelle, avec une lenteur qui nous les rend insensibles.

Or, si la nature n'a produit, soit les végétaux, soit les animaux, que successivement, et en commençant par faire exister, de part et d'autre, les plus imparfaits, il n'est personne qui ne sente qu'elle a dû répandre, de proche en proche et peu à peu, dans toutes les eaux et sur les différents points de la surface du globe, tous ceux de ces corps vivants qui sont successivement provenus des premiers qu'elle a formés.

Que l'on juge maintenant quelle énorme diversité de circonstances d'habitation, d'exposition, de climat, de matières nutritives à leur disposition, de milieux environnants, etc., les végétaux et les animaux ont eu à supporter, à mesure que les races existantes se sont trouvées dans le cas de changer de lieu! Et quoique ces changements se soient opérés avec une lenteur extrême et par conséquent à la suite d'un temps considérable, leur réalité, nécessitée par différentes causes, n'en a pas moins mis les races qui s'y sont trouvées exposées, dans le cas de changer peu à peu leur manière de vivre et leurs actions habituelles.

Par les effets de la 2ᵉ et de la 3ᵉ des lois citées ci-dessus, ces changements d'action forcés ont donc dû faire naître de nouveaux organes, et ont pu ensuite les développer, si leur emploi est devenu plus fréquent; ils ont pu de même détériorer, et à la fin anéantir ceux des organes existants qui se sont alors trouvés inutiles.

Une autre cause de changement d'action qui a contribué à diversifier les parties des animaux et à multiplier les races, est la suivante :

A mesure que les animaux, par des émigrations partielles, changèrent de lieu d'habitation et se répandirent sur différents points de la surface du globe;

parvenus dans de nouvelles situations, ils furent exposés à de nouveaux dangers qui exigèrent de nouvelles actions pour y échapper; car la plupart se dévorent les uns les autres pour conserver leur existence.

Je n'ai pas besoin d'entrer dans aucun détail pour montrer l'influence de cette cause qu'il faut ajouter à celle qui embrasse les diverses circonstances des nouveaux lieux habités, des nouveaux climats, et des nouvelles manières de vivre à la suite de chaque émigration.

Mais, dira-t-on, depuis que les animaux se sont, de proche en proche, répandus par tout où ils peuvent vivre, que toutes les eaux sont peuplées de races qu'elles peuvent nourrir, que les parties sèches du globe servent d'habitation aux espèces qu'on y observe, les choses sont stables à leur égard; les circonstances capables de les forcer à des changements d'action n'ont plus lieu; et toutes les races, au moins désormais, se conserveront perpétuellement les mêmes.

A cela je répondrai que cette opinion me paraît encore une erreur; et que j'en suis même très persuadé.

C'en est une bien grande, en effet, que de supposer qu'il y ait une stabilité absolue dans l'état, que nous connaissons, de la surface de notre globe; dans la situation de ses eaux liquides, soit douces, soit marines; dans la profondeur des vallées, l'élévation des montagnes, la disposition et la composition des lieux particuliers; dans les différents climats qui correspondent maintenant aux diverses parties de la terre qui y sont assujetties, etc., etc.

Tous ces objets doivent nous paraître se conserver à peu près dans l'état où nous les observons, parce que nous ne pouvons être témoins nous-mêmes de leur changement, et que notre histoire et nos observations écrites ne remontent qu'à des dates trop peu reculées pour nous convaincre de notre erreur. Cependant nous ne manquons pas de faits positifs qui l'indiquent; et comme ce n'est pas ici le lieu de les rappeler, je me bornerai à l'exposition de mon sentiment; savoir :

Que tout change sans cesse à la surface de notre globe, quoiqu'avec une lenteur extrême par rapport à nous ; et que les changements qui s'y exécutent, exposent nécessairement les races des végétaux et des animaux à en éprouver elles-mêmes qui contribuent à les diversifier sans discontinuité réelle.

Que l'on veuille examiner le chapitre VII de la 1re partie de ma *Philosophie zoologique* (vol. 1, p. 218.) où je considère l'influence des circonstances sur les actions et les habitudes des animaux, et ensuite celle des actions et des habitudes de ces corps vivants, comme causes qui modifient leur organisation et leurs parties; on sentira probablement que j'ai été très autorisé, non-seulement à reconnaître les causes influentes que j'y indique, mais en outre à assurer :

Que, si les formes des parties des animaux, comparées aux usages de ces parties, sont toujours parfaitement en rapport, ce qui est certain, il n'est pas vrai que ce soient les formes des parties qui en ont amené l'emploi, comme le disent les zoologistes, mais qu'il l'est, au contraire, que ce sont les besoins d'action qui ont fait naître les parties qui y sont propres, et que ce sont les usages de ces parties qui les ont développées et qui les ont mises en rapport avec leurs fonctions.

Pour que ce soient les formes des parties qui en aient amené l'emploi, il eût fallu que la nature fût sans pouvoir, qu'elle fût incapable de produire aucun acte, aucun changement dans les corps, et que les parties des différents animaux, toutes créées primitivement, ainsi qu'eux-mêmes, offrissent dès lors autant de formes que la diversité des circonstances, dans lesquelles les animaux ont à vivre, l'eût exigé; il eût fallu sur-tout que ces circonstances ne variassent jamais, et que les parties de chaque animal fussent toutes dans le même cas. (1)

Rien de tout cela n'est fondé; rien n'y est conforme à l'observation des faits, aux moyens qu'a employés la nature pour faire exister ses nombreuses productions.

Aussi. je suis très convaincu que les races auxquelles on a donné le nom d'*espèces*, n'ont, dans leurs caractères, qu'une constance bornée ou temporaire, et qu'il n'y a aucune espèce qui soit d'une constance absolue. Sans doute, elles subsisteront les mêmes dans les lieux qu'elles habitent, tant que les circonstances qui les

---

(1) Tout ce qui précède est d'une très grande importance et mérité de fixer l'attention des naturalistes philosophes. C'est une matière qui demande de longues méditations. Lamarck avec sa justesse d'esprit habituelle rejette le système des causes finales : dans ce système il faut supposer non-seulement que les animaux ont été créés en même temps, mais encore que les circonstances d'habitation n'ont éprouvé aucun changement. L'étude des phénomènes zoologiques prouvent de la manière la plus incontestable que ces circonstances ont continuellement varié : la température de la terre a successivement diminué, les continents ont changé de forme, des chaînes de montagnes se sont élevées du sein des mers, et se sont couvertes à leur sommet de glaces perpétuelles, des régions d'abord très chaudes, comme l'attestent les débris fossiles d'animaux et de plantes, sont devenues froides ou tempérées. Des animaux habitant les régions soumises à de tels changements, les uns ont pu les supporter et ont continué à vivre en éprouvant des modifications plus ou moins profondes; les autres ayant leur existence plus profondément liée aux circonstances environnantes, ont péri lorsque ces circonstances n'ont plus été en rapport avec leur organisation : aussi l'on remarque, en remontant des couches inférieures aux supérieures, les espèces se succéder et s'éteindre graduellement, de telle sorte qu'il n'y en a plus actuellement une seule qui ait vécu dans le temps que les terrains secondaires se déposaient, et qui vive encore aujourd'hui. Les faits qui ont rapport aux corps organisés fossiles doivent être pris très sérieusement en considération, toutes les fois qu'il s'agira de discuter avec tous ses éléments la question qui est ici agitée par Lamarck.

concernent ne changeront pas, et ne les forceront pas à changer leurs habitudes.

Si les *espèces* avaient une constance réellement absolue, il n'y aurait point de variétés; cela est certain et susceptible de démonstration. Or, les naturalistes n'ont pu s'empêcher d'en reconnaître.

Que l'on parcoure lentement la surface du globe, sur-tout dans une direction sud et nord, en faisant, de distance en distance, des stations pour avoir le temps d'observer les objets; on verra constamment les *espèces* varier peu à peu et de plus en plus à mesure qu'on s'éloignera du point de départ, et suivre en quelque sorte les variations des lieux eux-mêmes, de l'exposition des sites, etc., etc; quelquefois même on verra des variétés produites, non par des habitudes exigées par les circonstances, mais par celles qui ont pu être contractées, soit accidentellement, soit autrement. Ainsi, l'homme, étant assujetti aux lois de la nature par son organisation, offre lui-même des variétés remarquables dans son espèce, et parmi elles il s'en trouve qui paraissent dues aux dernières causes citées. Voyez ma *Philosophie zoologique*, vol. 1, chap. 3, p. 53. (1)

---

(1) Aucune question n'est plus difficile et plus importante que celle de l'espèce : quoiqu'elle touche à tout ce que la zoologie a de plus élevé et de plus philosophique, elle est loin cependant d'être résolue. La définition de l'espèce n'a pas encore été faite d'une manière satisfaisante. Ceux des naturalistes qui ont tenté quelques efforts à cet égard étaient préoccupés par des idées systématiques avec lesquelles la définition devait s'accorder. Lamarck lui-même, tout en l'envisageant plus largement, est allé trop loin, ce nous semble : l'espèce est variable, personne ne le conteste; mais elle n'est pas variable indéfiniment. On observe en effet, en suivant une espèce dans toutes les circonstances modifiantes qu'elle peut subir, des altérations profondes; mais malgré cela elle conserve des caractères propres qui ne permettent pas de la confondre. La manière arbitraire avec laquelle les espèces sont établies dans les

Enfin, la quatrième des lois qu'emploie la nature pour composer et compliquer de plus en plus l'organisation, est la suivante :

4ᵉ loi : Tout ce qui a été acquis, tracé ou changé dans l'organisation des individus pendant le cours de leur vie, est conservé par la génération, et transmis aux nouveaux individus qui proviennent de ceux qui ont éprouvé ces changements.

Cette loi, sans laquelle la nature n'eût jamais pu diversifier les animaux, comme elle l'a fait, et établir parmi eux une progression dans la composition de leur

---

ouvrages d'histoire naturelle , arbitraire qui a permis de donner aux caractères une valeur très variable selon le caprice des auteurs, est une des causes qui s'oppose le plus à une bonne définition de l'espèce. Habitués à cette routine, tous les auteurs y restent, et ne font point les observations capables de jeter quelque jour sur la question. Il est très souvent arrivé que sur des observations insuffisantes, des variétés ont été décrites comme espèces distinctes ; et lorsque l'erreur a été démontrée, au lieu de changer la manière de procéder dans la distinction des espèces, au lieu d'attendre des observations suffisantes, on a prétendu que l'espèce n'avait rien de constant, qu'elle ne pouvait être rigoureusement définie, puisque l'on voyait s'établir des passages d'une espèce à l'autre : il aurait mieux valu accuser la précipitation que l'on met ordinairement à établir des espèces dans les collections, l'imperfection de nos moyens d'observation et le peu d'unité et de philosophie qui ont jusqu'à présent dirigé les naturalistes dans ces sortes de recherches. Il faudrait, pour parvenir à la définition désirée, observer les espèces dans tous les lieux où elles habitent, du nord au midi ; rassembler toutes les variétés d'âge, de forme, de couleur, de taille, faire de toutes ces modifications un tableau présentant une espèce bien connue, et établir autant de ces tableaux qu'il y a de véritables espèces d'êtres organisés. A l'aide de ce moyen on parviendrait à réduire beaucoup le nombre des espèces inscrites dans les catalogues de botanique et de zoologie , et l'on arriverait très probablement, par la suite, à une loi donnant les limites de l'espèce dans ses modifications, et par un enchaînement nécessaire, servant de base à une définition juste et rigoureuse.

organisation et dans leurs facultés, est exprimée ainsi dans ma *Philosophie zoologique* (vol. I, p. 235).

« Tout ce que la nature a fait acquérir ou perdre aux individus par l'influence des circonstances dans lesquelles leur race se trouve depuis long-temps exposée, et, par conséquent, par l'influence de l'emploi prédominant de tel organe, ou par celle d'un défaut constant d'usage de telle partie, elle le conserve, par la génération, aux nouveaux individus qui en proviennent, pourvu que les changements acquis soient communs aux deux sexes, ou à ceux qui ont produit ces nouveaux individus ».

Cette expression de la même loi offre quelques détails qu'il vaut mieux réserver pour ses développements et son application, quoiqu'ils soient à peine nécessaires.

En effet, cette loi de la nature qui fait transmettre aux nouveaux individus, tout ce qui a été acquis dans l'organisation, pendant la vie de ceux qui les ont produits, est si vraie, si frappante, tellement attestée par les faits, qu'il n'est aucun observateur qui n'ait pu se convaincre de sa réalité.

Ainsi, par elle, tout ce qui a été tracé, acquis ou changé dans l'organisation, par des habitudes nouvelles et conservées; certains penchants irrésistibles qui résultent de ces habitudes; des vices de conformation, et même des dispositions à certaines maladies; tout cela se trouve transmis, par la génération ou la reproduction, aux nouveaux individus qui proviennent de ceux qui ont éprouvé ces changements, et se propage de générations en générations dans tous ceux qui se succèdent, et qu. sont soumis aux mêmes circonstances, sans qu'ils aient été obligés de l'acquérir par la voie qui l'a créé.

A la vérité, dans les fécondations sexuelles, des mélanges entre des individus qui n'ont pas également

subi les mêmes modifications dans leur organisation ,
semblent offrir quelque exception aux produits de cette
loi; puisque ceux de ces individus qui ont éprouvé
des changements quelconques, ne les transmettent pas
toujours, ou ne les communiquent que partiellement
à ceux qu'ils produisent. Mais il est facile de sentir
qu'il n'y a là aucune exception réelle; la loi elle-même
ne pouvant avoir qu'une application partielle ou imparfaite dans ces circonstances.

Par les quatre lois que je viens d'indiquer, tous les
faits d'organisation me paraissent s'expliquer facilement; la progression dans la composition de l'organisation des animaux et dans leurs facultés, me semble
facile à concevoir; enfin , les moyens qu'a employés
la nature pour diversifier les animaux, et les amener
tous à l'état où nous les voyons, deviennent aisément
déterminables.

Je puis rendre, en quelque sorte, ces moyens plus
sensibles , en en citant au moins un exemple parmi
ceux qu'a employés la nature pour exécuter, dans les
animaux , une composition croissante de leur organisation , et un accroissement progressif dans le nombre
et le perfectionnement de leurs facultés.

Mais avant cette citation , je dirai qu'en comparant
partout les faits généraux, l'on reconnaîtra que, dans
l'un et l'autre règne des corps vivants (les végétaux et
les animaux), la nature partant de l'organisation la
plus simple, de celle qui est seulement nécessaire à
l'existence de la vie la plus réduite, a ensuite exécuté
différents changements progressifs dans l'organisation ,
à raison des moyens que l'état des êtres sur lesquels
elle opérait, lui permettait d'employer.

Ainsi, l'on verra que, dans les végétaux, réduite
à très peu de moyens, par le défaut d'irritabilité des
parties, la nature n'a pu que modifier de plus en plus

le tissu cellulaire de ces corps vivants, et le varier de toutes manières à l'intérieur, mais sans jamais parvenir à en transformer aucune portion en organe intérieur particulier, capable de donner au végétal une seule faculté étrangère à celles qui sont communes à tous les corps vivants, et sans même pouvoir établir, dans les différents végétaux, une accélération graduelle du mouvement de leurs fluides, en un mot, un accroissement notable d'énergie vitale.

Dans les *animaux*, au contraire, l'on remarquera que la nature, trouvant dans la contractilité des parties souples de ces êtres, de nombreux moyens, a nonseulement modifié progressivement le tissu cellulaire, en accélérant de plus en plus le mouvement des fluides, mais qu'elle a aussi composé progressivement l'organisation, en créant, l'un après l'autre, différents organes intérieurs particuliers, les modifiant selon le besoin de tous les cas, les cumulant de plus en plus dans chaque organisation plus avancée, et amenant ainsi, dans différents animaux, diverses facultés particulières, graduellement plus nombreuses et plus éminentes.

Pour donner un exemple qui puisse montrer qu'il ne s'agit point à cet égard, d'une simple opinion, mais de l'existence d'une ordre de choses que l'observation atteste, je me bornerai à la citation suivante.

Exemple : Accélération progressive du mouvement des fluides dans les animaux, depuis les plus imparfaits, jusques aux plus parfaits.

On ne saurait douter que, dans les animaux les plus imparfaits, tels que les *infusoires* et les *polypes*, la vie ne soit dans sa plus faible énergie, à l'egard des mouvements intérieurs qui la constituent, et que les fluides propres qui sont mis en mouvement dans le frêle tissu cellulaire de ces animaux, ne s'y déplacent qu'avec une lenteur extrême, qui les rend incapables de s'y frayer des canaux. Aussi, leur tissu cellulaire n'en offre-t-il aucun. Dans ces animaux, de faibles mouvements vitaux suffisent seulement à leur transpiration, aux absorptions des matières dont ils se nourrissent, et à l'imbibition lente de ces matières fluides.

Dans les *radiaires mollasses* qui viennent ensuite, la nature ajoute un nouveau moyen pour accélérer un peu plus le mouvement des fluides propres de ces corps. Elle accroît l'étendue des organes de la digestion, en ramifiant singulièrement le canal alimentaire; elle perfectionne un peu plus le fluide nourricier par l'influence d'un système respiratoire nouvellement établi, et à l'aide d'un mouvement constant et réglé, que les excitations du dehors produisent dans tout le corps de l'animal, elle hâte davantage le déplacement des fluides intérieurs.

Parvenue à former les *radiaires échinodermes*, où les mouvements isochrones du corps de l'animal ne peuvent plus s'exécuter, la nature s'est trouvée en état de faire usage d'un autre moyen plus puissant et plus indépendant, et c'est là en effet qu'elle a commencé l'emploi du *mouvement musculaire* qui remplit à la fois deux objets : celui de mouvoir des parties dont l'animal a besoin de se servir, et celui de contribuer à l'activité des mouvements vitaux.

L'emploi du mouvement musculaire, pour activer les mouvements de la vie animale, commencé dans les *radiaires échinodermes*, s'est accru dans les *insectes*, en qui d'ailleurs, l'énergie vitale fut augmentée par la respiration de l'air. Ainsi, l'emploi de ce mouvement et l'auxiliaire de la respiration de l'air purent suffire aux *insectes* et à la plupart des *arachnides*.

Mais les *crustacés* ne respirant en général que l'eau,

eurent besoin d'un nouveau moyen plus puissant pour l'accélération de leurs fluides. Pour cela la nature joignit à l'action musculaire , l'établissement d'un système spécial pour la *circulation*, système commencé dans les dernières *arachnides*, et qui a éminemment accéléré le mouvement des fluides.

Cette accélération du mouvement des fluides , à l'aide d'un système spécial pour la *circulation*, s'accrut même encore par la suite, à mesure que le *cœur* parvint à acquérir des augmentations; que l'organe respiratoire , resserré dans un lieu particulier, fut transformé en *poumon* qui ne saurait respirer que l'air; enfin, elle s'accrut à mesure que l'influence nerveuse reçut elle-même de l'accroissement, et put donner aux organes plus de force d'action.

C'est ainsi que la nature, en commençant la production des animaux par les plus imparfaits, a su accélérer progressivement le mouvement des fluides et accroître l'énergie vitale , en employant différents moyens appropriés aux cas particuliers.

Je pourrais multiplier des exemples qui prouvent que chaque système d'organes particulier fut, dans son origine, fort imparfait, peu énergique, et qu'il reçut ensuite des développements et des perfectionnements graduels, à mesure que l'organisation plus composée les rendait nécessaires.

En effet, si je considérais les moyens variés et progressivement plus perfectionnés qu'emploie la nature pour la *reproduction* et la *multiplication* des individus, afin d'assurer la conservation des espèces ou des races obtenus, je montrerais :

Que ces moyens, réduits dans les animaux les plus imparfaits, à une simple scission du corps, amènent en resserrant cette scission dans des points particuliers, la gemmation des individus; que cette gemmation d'abord externe, devient ensuite interne, et prépare la formation des ovaires; qu'alors des organes fécondateurs et des ovules contenant un embryon susceptible d'être fécondé, ont pu être établis, que le système spécial pour la reproduction étant formé, il a donné lieu d'abord à la génération des ovipares et des ovo-vivipares, et que ce système ensuite, est parvenu à amener la plus perfectionnée des générations, celle des vrais vivipares, qui donne la vie active à l'embryon dans l'instant même qu'il est fécondé.

Si je considérais après cela, le système spécial de la *respiration*, système important et devenu nécessaire lorsque l'organisation animale perdit sa première simplicité, je montrerais :

Que ce système n'a commencé que par des *trachées aquifères* qui fournissent la plus faible des influences respiratoires; qu'ensuite, il fut changé en *trachées aérifères*, un peu plus puissantes en influence que les premières, l'oxigène qui fournit cette influence en dégageant plus aisément de l'air que de l'eau; que, néaumoins, dans les uns et les autres des animaux qui respirent par des trachées, le fluide respiré allant lui-même par-tout au-devant du fluide nourricier, ne peut, par la lenteur de son introduction et de son mouvement, fournir encore qu'une influence bien faible; qu'ensuite, dès que la circulation fut établie, les trachées respiratoires furent changées en *branchies locales*, qui ne sont plus puissantes en influence respiratoire, que parce que le sang alors circulant, vient lui-même rapidement chercher les réparations dont il a besoin; qu'enfin, peu après l'établissement du squelette, les branchies elles-mêmes furent définitivement changées en *poumon*, organe respiratoire le plus puissant de tous, puisque le sang qui vient rapidement y recevoir ses réparations, les obtient de l'air qui les fournit plus aisément. Il y a donc encore ici un accroissement notable de puissance dans les modes variés du système respiratoire.

Enfin, si je considérais ceux des systèmes d'organes spéciaux qui donnent les facultés les plus admirables, telles que celle de *sentir*, et ensuite celle de se former des *idées* conservables, et même à l'aide de ces idées, de s'en former d'autres qui caractérisent l'*intelligence* dans un degré quelconque, je montrerais encore, dans les animaux, une progression partout en harmonie avec les autres progressions déjà citées.

Je montrerais, effectivement, que les animaux les plus simples en organisation, et par conséquent les plus imparfaits, sont réduits à ne posséder que l'*irritabilité*, qui néanmoins suffit à leurs besoins; qu'ensuite, lorsque l'organisation fut assez avancée dans sa composition pour en fournir les moyens, la nature, trouvant le système nerveux ébauché pour le mouvement musculaire, le composa davantage, et le divisa en deux systèmes particuliers, l'un pour effectuer les mouvements des muscles, et l'autre pour exécuter les sensations; qu'alors, des sens furent établis, la faculté de sentir eut lieu, et les individus furent doués d'un sentiment intérieur qui provoqua leurs actions dans leurs différents besoins; que l'organisation en-suite, plus avancée encore en complication, mit la nature à portée de partager le système nerveux en trois systèmes particuliers; l'un pour le mouvement musculaire, qui fut lui-même sous-divisé en deux, celui à la disposition de l'individu et celui qui **ne** l'est point), l'autre pour le sentiment, et le troisième pour activer les fonctions des autres organes; qu'enfin, l'organisation étant parvenue à une haute complica-tion d'organes divers, la nature fut en état de diviser le système nerveux en quatre principaux systèmes particuliers, savoir : le premier, le système de nerfs employé à l'excitation musculaire ; le deuxième, celui qui sert à produire les sensations ; le troisième, celui destiné à donner des forces d'action aux divers organes intérieurs pour exécuter leurs fonctions ; le quatrième enfin, celui par lequel l'attention se produit et transforme alors les sensations en *idées* conservables ; celui même par lequel des idées acquises et comparées servent à en former d'autres que les sensations ne peuvent faire naître directement.

A raison de son exercice et des besoins, ce quatrième système de nerfs, se complique et se sous-divise encore dans l'*homme*, en divers systèmes particuliers qui effectuent différentes sortes d'opérations intellectuelles.

Qu'importe que les différents systèmes de nerfs particuliers que je viens de citer, ne soient pas susceptibles d'être distingués les uns des autres anatomiquement, si les résultats de leurs fonctions les distinguent constamment, et constatent leur indépendance.

Quoiqu'indépendants, en effet, à l'égard de leurs fonctions propres, les systèmes de nerfs dont il s'agit ont ensemble une si grande connexion, que lorsqu'une forte émotion du sentiment intérieur survient, elle trouble et suspend même leurs fonctions, comme cela arrive dans l'évanouissement, la syncope, etc.

Nous pouvons donc regarder comme un fait certain que le *système nerveux*, pris dans sa généralité, a été, comme tous les autres systèmes d'organes spéciaux, d'abord très simple et réduit à peu de fonctions ; qu'ensuite, il été composé, sur-composé même après ; enfin, qu'il a été progressivement propre à diverses fonctions, de plus en plus éminentes, et pour nous admirables.

J'ai supprimé les détails qui concernent les applications, parce qu'on y suppléera facilement par les observations connues à cet égard, et qu'il serait superflu de donner une trop grande extension à cette partie.

Ainsi, l'on a vu par ce qui précède :

1° Que la nature a augmenté progressivement le *mouvement des fluides* dans le corps animal, à mesure que l'organisation de ce corps se composait davantage; et, qu'après avoir employé les moyens les plus simples pour les premières accélérations de ce mouvement, elle a créé exprès un système d'organes particulier pour accroître encore plus cette accélération, lorsqu'elle fut devenue nécessaire;

2° Qu'elle a suivi une marche semblable à l'égard de la *reproduction* des individus, afin de conserver les espèces obtenues; puisqu'après s'être servie des moyens les plus simples, tels que la reproduction par des divisions de parties, elle créa ensuite des organes spéciaux fécondateurs, qui donnèrent lieu à la génération des *ovipares*, enfin, celle des vrais *vivipares*;

3° Qu'il en a été de même à l'égard de la faculté de *sentir*; faculté que la nature ne peut donner aux animaux les plus imparfaits, parce que le phénomène du *sentiment* exige, pour se produire, un système d'organes déjà suffisamment composé; système que ces animaux ne pouvaient avoir, mais aussi qui ne leur était pas nécessaire, leurs besoins, très bornés, étant toujours faciles à satisfaire; tandis que, dans des animaux à organisation plus composée, et qui, dès lors, eurent plus de besoins, elle peut créer et perfectionner graduellement le seul système d'organes qui pouvait produire le phénomène admirable dont il s'agit.

4° Enfin, que des actes d'intelligence étant les seuls qui permissent de varier les actions, et ne pouvant devenir nécessaires qu'aux animaux les plus parfaits, la nature a su leur en donner la faculté dans un degré quelconque, en instituant en eux un organe spécial pour cette faculté, c'est-à-dire, en ajoutant à leur cerveau deux hémisphères qui furent successivement plus développés et plus volumineux dans ceux de ces animaux qui furent les plus perfectionnés.

Que d'applications je pourrais faire pour montrer le fondement de tout ce que je viens d'exposer ! que de faits bien connus je pourrais rassembler pour accroître les preuves de ce fondement ! Mais, renvoyant mes lecteurs à ma *Philosophie zoologique* où j'en ai présenté un grand nombre qui m'ont paru décisifs, je me hâte de conclure de ce qui précède :

Que la *nature* possède dans ses propres moyens, tout ce qui lui est nécessaire, non-seulement pour former des corps vivants, tels que les *végétaux* et les *animaux* ; mais, en outre, pour produire, dans ces derniers, des organes spéciaux, les développer, les varier, les multiplier progressivement, et à la fin, les cumuler en quelque sorte dans les organisation animales les plus perfectionnées; ce qui lui a permis de douer les différents animaux de facultés graduellement plus nombreuses et plus éminentes.

Me bornant à l'exposition de ce tableau frappant de ressemblance avec tout ce que l'on observe, je vais passer à un autre sujet qu'il s'agit d'éclaircir et qui n'a pas moins d'importance. Je vais, effectivement, essayer de prouver que les facultés des animaux sont des phénomènes uniquement organiques, et purement physiques ; que ces phénomènes prennent leur source dans les fonctions des organes ou des systèmes d'organes qui y donnent lieu: enfin, je montrerai que les facultés qui constituent ces phénomènes, sont dans un rapport constant avec l'état des organes qui les procurent.

QUATRIÈME PARTIE.

DES FACULTÉS OBSERVÉES DANS LES ANIMAUX, ET TOUTES CONSIDÉRÉES COMME DES PHÉNOMÈNES UNIQUEMENT ORGANIQUES.

Moins nous connaissons la nature, plus les phénomènes qu'elle produit nous paraissent des merveilles, des faits incompréhensibles : mais quelque admirable qu'elle soit réellement dans sa puissance et dans ses moyens, on doit s'attendre que le merveilleux s'évanouira successivement à nos yeux, à mesure que, par l'étude de ses lois et de la marche constante qu'elle suit dans ses opérations, nous parviendrons à découvrir les moyens dont elle fait usage.

Sans doute, lorsque l'on considère attentivement les différents animaux, depuis les plus imparfaits jusqu'aux plus parfaits, l'on ne saurait voir sans admiration, non-seulement la grande diversité qui se trouve parmi eux, ainsi que la disparité qu'ils offrent dans les systèmes d'organisation qui les distinguent; mais, en outre, on ne peut qu'être frappé d'étonnement en considérant la nature de chacune de leurs facultés, sur-tout de certaines d'entre elles, et les différences en nombre, ainsi qu'en degrés d'éminence, de celles qu'on observe dans leurs diverses races. Aussi, quoique ces facultés soient parfaitement en rapport avec le mode et l'état de l'organisation qui y donne lieu, elles nous semblent malgré cela des *prodiges*. Alors, nous soulageons notre pensée à leur égard, en un mot, notre vanité lésée par l'ignorance où nous sommes de ce qui les produit réellement, en imaginant, à leur sujet, des causes métaphysiques, des attributs hors de la nature, enfin, des êtres de raison qui satisfont à tout.

On a dit, avec raison, au moins à l'égard des sciences, que l'admiration était fille de l'ignorance : or, c'est bien ici le cas d'appliquer cette vérité sentie ; car, si quelque chose était en soi réellement admirable, ce serait assurément la *nature*; ce serait tout ce qu'elle est ; ce serait tout ce qu'elle peut faire. Lorsqu'on reconnaît qu'elle-même n'est qu'un *ordre de choses*, qui n'a pu se donner l'existence, en un mot, qu'un véritable instrument; toute notre admiration et toute notre vénération doivent se reporter sur son SUBLIME AUTEUR.

Il s'agit donc de savoir quelle est la source des diverses facultés observées dans différents animaux, si ce sont des organes particuliers qui donnent ces facultés, enfin, si un même organe peut donner lieu à des facultés différentes; ou s'il n'y a pas plutôt autant d'organes particuliers qu'on observe de facultés distinctes.

On se persuadera probablement que pour traiter de pareilles questions, il faut avoir recours à des idées métaphysiques, à des considérations vagues, imaginaires, et sur lesquelles on ne saurait apporter aucune preuve solide. Je crois cependant pouvoir montrer que, pour arriver à la solution de ces questions, il n'y a que des faits physiques à considérer ; et qu'il s'en trouve à la portée de nos observations, qui sont très suffisants pour fournir les preuves dont on peut avoir besoin.

Examinons d'abord ce principe général ; savoir : que

toute faculté animale, quelle qu'elle soit, est un phénomène purement organique ; et que cette faculté
résulte des fonctions d'un organe ou d'un système
d'organes qui y donne lieu; en sorte qu'elle en est
nécessairement dépendante.

Peut-on croire que l'*animal* puisse posséder une
seule faculté qui ne soit pas un phénomène organique,
c'est-à-dire, le produit des actes d'un organe ou d'un
système d'organes capable d'exécuter ce phénomène?
S'il n'est pas possible raisonnablement de le supposer,
si toute faculté est un phénomène organique, et en
cela purement physique, cette considération doit fixer
le point de départ de nos raisonnements sur les animaux, et fonder la base des conséquences que nous
pourrons tirer des faits observés à leur égard.

Certes, ainsi que je l'ai dit, la puissance qui a fait
les animaux, les a fait elle-même tout ce qu'ils sont,
et les a doués chacun des facultés qu'on leur observe,
en leur donnant une organisation propre à les produire. Or, l'observation nous autorise à reconnaître
que cette puissance est la *nature*; et qu'elle-même est
le produit de la volonté de l'*Être suprême*, qui l'a
faite ce qu'elle est.

Il n'y a point de milieu, point de terme moyen entre les deux considérations que je vais citer ; savoir:

Que la nature n'est pour rien dans l'existence des
animaux, qu'elle n'a rien fait pour les diversifier, pour
les amener tous à l'état où nous les voyons ; ou que
c'est elle, au contraire, qui les a tous produits, quoique successivement; qui les a variés, à l'aide des circonstances et de la composition graduelle qu'elle a
donnée à l'organisation animale ; en un mot, qui les
a faits tels qu'ils sont, et les a doués des facultés qu'on
observe en eux.

Je montrerai, dans la partie suivante, qu'à l'égard

des deux considérations que je viens d'indiquer, l'affirmative appartient évidemment à la seconde. On l'a
senti ; et c'est avec raison qu'on a rangé les animaux
parmi les productions de la nature , et qu'on a reconnu , au moins par une expression habituelle, que
les corps vivants étaient ses productions. Or , j'oserai
ajouter que tous les corps que nous pouvons observer,
vivants ou non, sont aussi dans le même cas.

Ainsi, une force inaperçue (celle des choses) nous
entraîne sans cesse vers le sentiment de la vérité; mais
sans cesse aussi des préventions et des intérêts divers
contrarient en nous cet entraînement. Que l'on juge
donc de ce que conflit doit produire, et combien l'ascendant de la seconde cause doit l'emporter sur la première !

Admettons d'avance ce que j'essaierai de prouver
plus loin, savoir : que les animaux sont véritablement
et uniquement des productions de la nature , que tout
ce qu'ils sont, que tout ce qu'ils possèdent, ils le
tiennent d'elle ; ainsi qu'elle-même tient son existence
du puissant auteur de toutes choses.

S'il en est ainsi, toutes les facultés animales , soit
celle qui, comme l'*irritabilité* , est commune à tous les
animaux et leur permet de se mouvoir par excitation ;
soit celle qui, comme le *sentiment* , fait apercevoir à
certains d'entre eux, ce qui les affecte; soit enfin,
celle qui, comme l'*intelligence* dans certains degrés,
donne à plusieurs le pouvoir d'exécuter différentes
actions par la pensée et par la volonté; toutes ces
facultés, dis-je, sont, sans exception, des produits de
la nature, des phénomènes qu'elle sait opérer à l'aide
d'organes appropriés à leur production, en un mot,
des résultats du pouvoir dont elle est douée elle-même.

Dans ce cas, que peuvent être ces différentes facultés, sinon des faits naturels , des phénomènes uni-

quement organiques et purement physiques; phénomènes dont les causes, quoique le plus souvent
difficiles à saisir, ne sont réellement pas hors de la
portée de nos observations et de nos études?

Que l'on parvienne ou non à connaître le mécanisme, par lequel un organe ou un système d'organes
produit la faculté qui en dépend; qu'importe à la
question, si l'on peut se convaincre, par l'observation, que cet organe ou ce système d'organes soit le
seul qui ait le pouvoir de donner cette faculté? Si
l'on ne connaît pas positivement le mécanisme organique de la formation des *idées* et des opérations qui
s'exécutent entre elles, ni même celui du *sentiment*,
connaît-on mieux le mécanisme du mouvement musculaire, celui des sécrétions, celui de la digestion, etc.?
S'ensuit-il que ces différents phénomènes observés
parmi les animaux, ne soient point dus chacun à autant d'organes ou de systèmes d'organes particuliers,
dont le mécanisme propre soit capable de les produire?
Y a-t-il dans la nature des phénomènes observés ou
observables, qui ne soient point dus à des corps ou à
des relations entre des corps?

Si l'homme pouvait cesser d'être influencé par les
produits de son intérêt personnel, par son penchant
à la domination en tout genre, par sa vanité, par son
goût pour les idées qui le flattent et qui lui donnent
toujours de la répugnance à en examiner le fondement,
son jugement en toutes choses gagnerait infiniment
en rectitude, et alors la nature lui serait mieux connue! Mais ses penchants naturels ne le lui permettent
pas: il trouve plus satisfaisant de   e une part à
son gré, sans considérer ce qui peu   résulter pour
lui. Ainsi, conservant son ignorance   préventions,
la *nature*, qu'il ne veut pas étudier,   il craint même
d'interroger, lui paraît un être de   son, et il ne

profite pour son instruction, de presque aucun des faits qu'elle lui présente de toutes parts.

Cependant, s'il est forcé de reconnaître que la *nature* agit sans cesse, et toujours selon des lois qu'elle ne peut jamais transgresser, peut-il penser qu'il puisse y avoir quelque chose d'abstrait, quelque chose de métaphysique dans aucun de ses actes, dans une seule de ses opérations quelconques, et qu'elle ait quelque pouvoir sur des êtres non matériels?

Assurément, une pareille idée ne saurait être admissible; rien à cet égard n'est de son ressort. La puissance de la nature ne s'étend que sur des corps qu'elle meut, déplace, change, modifie, varie, détruit et renouvelle sans cesse; enfin, elle n'agit que sur la matière dont elle ne saurait ni créer, ni anéantir une seule particule. On ne saurait trouver un seul motif raisonnable pour penser le contraire.

Si c'est une vérité positive, que la *nature* ne puisse agir et n'ait de pouvoir que sur des corps; c'en est une autre, tout aussi certaine, qu'elle seule, que les corps qui constituent son domaine, et que les résultats de ses actes à leur égard, sont les seuls objets soumis à nos observations; en sorte que, hors de ces objets, nous ne pouvons rien observer.

Qui a jamais vu ou aperçu autre chose que des corps, que leurs déplacements, que les changements qu'ils éprouvent, que les phénomènes qu'ils produisent! Qui a pu connaître le mouvement et l'espace, autrement que par le déplacement du corps! Qui a observé un seul phénomène qui n'ait pas été produit par des corps, par des relations entre différents corps, par des changements de lieu, d'état ou de forme que des corps ont subis!

Néanmoins, telles sont les difficultés qui retardent l'aggrandissement et le perfectionnement de nos connaissances, que nous ne pouvons nous flatter d'observer tout ce que la nature produit, tous les actes qu'elle exécute, tous les corps qui existent; car, relógués à la surface d'un petit globe, qui n'est, en quelque sorte, qu'un point dans l'univers, nous n'apercevons dans cet univers qu'un très petit coin, et nous ne pouvons même examiner qu'un très petit nombre des objets qui font partie du domaine de la *nature*.

Ce sont-là des vérités que tout le monde connaît, mais qu'il importe ici de ne pas perdre de vue. Il n'est donc pas étonnant que nous nous laissions si souvent entraîner à l'erreur, et même dominer par elle, lorsque quelque intérêt nous y porte, et que nous ayons tant de peine à saisir les opérations et la marche de la nature à l'égard de ses productions diverses.

Cependant, puisque les *animaux*, quelque nombreux qu'ils soient, font partie de ce que nous pouvons observer, puisqu'ils sont des productions de la nature, peut-on douter que les facultés qu'on observe en eux ne le soient aussi? Ces facultés sont donc toutes des phénomènes purement organiques, et par suite véritablement physiques; et comme nous pouvons les examiner, les comparer, les déterminer, les causes et le mécanisme qui donnent lieu à ces facultés, ne sont donc pas réellement hors de la portée de nos observations, hors de celle de notre intelligence.

J'ai cru entrevoir les principales des causes qui produisent l'*irritabilité* animale, quoique je n'aie pas encore fait connaître mes aperçus à ce sujet; j'ai cru saisir le mécanisme du *sentiment*, ou un mécanisme qui en approche beaucoup; enfin, j'ai cru distinguer, reconnaître même, celui qui donne lieu au phénomène de la pensée, en un mot, de ce qu'on nomme *intelligence*. (Phil. zool., vol. 2.) Quand même je me serais trompé partout (ce qu'il est difficile de prouver, les faits déposant en faveur de mes aperçus), en serait-il moins vrai que les facultés que je viens de citer, ne soient des phénomènes tout-à-fait organiques et purement physiques, et qu'elles ne soient toutes des résultats de relations entre différentes parties d'un corps et entre diverses matières en action dans la production de ces phénomènes!

N'est-ce pas à des préventions irréfléchies, ainsi qu'aux suites de notre ignorance sur le pouvoir de la nature, et sur les moyens qu'elle peut employer, que l'on doit la pensée de supposer dans le *sentiment*, et sur-tout dans la formation des *idées* et des différents actes qui peuvent s'exécuter entre elles, quelque chose de métaphysique, en un mot, quelque chose qui soit étranger à la matière, ainsi qu'aux produits des relations entre différents corps!

Si beaucoup d'animaux possèdent la faculté de *sentir*, et si en outre, il y en a parmi eux qui soient capables d'*attention*, qui puissent se former des *idées* à la suite de sensations remarquées, qui aient de la *mémoire*, des *passions*, enfin, qui puissent juger et agir par préméditation, faudra-t-il attribuer ces phénomènes que nous observons en eux, à une cause étrangère à la matière, et conséquemment étrangère à la nature qui n'agit que sur des corps, qu'avec des corps, et que par des corps!

Ne considérons donc les facultés animales, quelles qu'elles soient, que comme des phénomènes entièrement organiques; et voyons ce que les faits connus nous apprennent à leur égard.

Partout, dans le règne animal, où l'on reconnaît qu'une faculté est distincte et indépendante d'une autre, on doit être assuré que le système d'organes qui donne lieu à l'une d'elles, est différent et même indépendant de celui qui produit l'autre.

Ainsi, l'on sait que la faculté de *sentir* est très différente de celle de se mouvoir par des muscles ; et que
la faculté de *penser* est aussi très différente, soit de
celle de sentir, soit de celle d'exécuter des mouvements
musculaires. Il est même bien connu que ces trois facultés sont indépendantes les unes des autres.

Qui ne sait, en effet, qu'on peut se mouvoir sans
qu'il en résulte des sensations ; que l'on peut sentir
sans qu'il s'en suive des mouvements ; et que l'on peut
penser, réfléchir, juger, sans éprouver des sensations
et sans faire des mouvements ? Ces trois facultés sont
donc indépendantes entre elles dans les êtres qui les
possèdent ; et certes, les systèmes d'organes qui les
donnent, doivent être aussi indépendants entre eux.

Cependant, les trois facultés que je viens de citer
ne sauraient exister sans nerfs. Le système nerveux,
qui tend comme tous les autres à se compliquer graduellement, peut donc se trouver composé lui-même
de trois systèmes de nerfs, tout-à-fait particuliers,
puisque chacun d'eux produit une faculté indépendante de celles des autres.

La partie du système nerveux qui donne lieu aux
différents actes de l'intelligence est elle-même composée de différents systèmes particuliers, puisque l'on
sait que dans certaines démences invétérées, le ma-
lade pense et raisonne assez bien sur beaucoup d'objets
différents, tandis que, sur certains sujets qui l'ont
trop affecté et qui ont altéré son organe, il n'a plus de
mesure et n'offre plus que les symptômes d'une folie
constante. C'est d'après la connaissance de ce fait observé et bien constaté depuis, que *Cervantes* a peint
Dom Quichotte entièrement fou sur le seul sujet de la
chevalerie errante. Il n'a fait qu'une fiction, mais il a
pris son modèle dans la nature.

Enfin, si, dans certaines folies permanentes de cette

sorte, l'organe se trouve altéré suffisamment pour être réellement désorganisé, dans d'autres qui ne sont que passagères, il ne l'est pas assez pour être hors d'état de pouvoir se rétablir. De là, cette deuxième sorte de folie que constituent nos grandes passions; folies qui ne sont pas toujours irrémédiables, et dont certaines d'entre elles se guérissent avec le temps.

Il suit de ces considérations : 1° qu'il y a toujours un rapport parfait entre l'état de l'organe qui donne une faculté et celui de la faculté elle-même (1); 2° que toutes celles que l'observation nous a montré particulières et indépendantes, sont nécessairement dues à autant de systèmes d'organes particuliers, seuls capables de les produire.

Ainsi, dans les animaux qui ont le système nerveux le plus simple, comme des filets nerveux, sans cerveau et sans moelle longitudinale, le phénomène du *senti-ment* ne saurait encore se produire; et, en effet, on ne voit encore à l'extérieur des animaux qui sont dans ce cas, aucun sens particulier, aucun organe pour la sensation. Cependant, puisque, dans ces animaux, l'on aperçoit des muscles et des nerfs pour les mettre en action, le mouvement musculaire est donc une faculté dont ils jouissent, quoique le sentiment soit encore nul pour eux.

Dans les animaux d'un ordre plus relevé, c'est-à-dire, plus avancé dans la composition de leur organisation, le système nerveux offre non-seulement des nerfs, mais encore un cerveau; et presque toujours, en outre, une

---

(1) On ne doit pas s'étonner si, à mesure que nous avançons en âge, nos goûts et nos penchants changent, quoiqu'insensiblement; car nos organes subissant eux-mêmes des changements réels dans leur état, nous sentons alors très différemment : cela est bien connu.

(Note de Lamarck.)

moelle longitudinale noueuse. Ici, l'on est autorisé à
admettre l'existence de la faculté de *sentir*, puisque
l'on trouve un centre de rapport pour les nerfs des
sensations, et que déjà l'on aperçoit effectivement un
ou plusieurs sens particuliers et très distincts.

Cependant, les animaux dont je viens de parler,
ont encore des muscles; ils jouissent donc à la fois du
mouvement musculaire et de la faculté de sentir. Mais
nous avons vu que le mouvement musculaire et le sentiment étaient deux facultés indépendantes; parmi les
nerfs des animaux en question, il y en a donc qui ne
servent qu'aux sensations, et d'autres qui ne sont employés qu'à l'excitation musculaire. Sans doute, les
uns et les autres ne nous paraissent que des nerfs; ce
sont, néaumoins, deux sortes d'organes particuliers;
puisque, outre qu'ils donnent lieu à deux facultés
très distinctes, ils agissent de deux manières différentes; les nerfs des sensations agissant du dehors vers un
centre intérieur, tandis que ceux qui servent au mouvement agissent, d'un ou de plusieurs centres intérieurs,
vers les muscles qui doivent se mouvoir. Ainsi, lorsqu'on observe, dans un animal, plusieurs facultés
différentes, on peut être assuré qu'il possède plusieurs
sortes d'organes particuliers pour les produire.

Enfin, dans les animaux de l'ordre le plus relevé,
c'est-à-dire, dans ceux dont le plan d'organisation est
le plus composé et avance le plus vers son perfectionnement, le système nerveux offre non-seulement des
nerfs, une moelle épinière et un cerveau; mais ce cerveau lui-même est plus composé que dans les animaux
de l'ordre précédent, car il est graduellement plus
volumineux, et sa masse semble formée d'appendices
sur-ajoutés, réunis et toujours doubles. En outre,
dans les animaux dont il s'agit, l'on voit toujours des
muscles, un centre de rapport pour les sensations, un

cerveau très augmenté, et l'on remarque que ces animaux peuvent exécuter des opérations entre leurs idées. Ils possèdent donc trois facultés particulières et indépendantes ; savoir : le *mouvement musculaire*, le *sentiment*, et l'*intelligence* dans un degré quelconque.

Il est donc évident, d'après la citation de ces trois faits, que ceux des animaux en qui l'on observe différentes facultés, possèdent, en effet, autant d'organes particuliers pour la production de chacune de ces facultés, puisque ces dernières sont des phénomènes organiques, et que l'on n'a pas un seul exemple qui prouve qu'un organe puisse, lui seul, produire différentes sortes de facultés. (1)

Pour achever de faire voir que chaque faculté distincte provient d'un système d'organes particulier qui la donne, je vais montrer, par la citation d'un exemple, que ce que nous prenons souvent pour un seul système d'organes, se trouve, dans certains animaux, composé lui-même de plusieurs systèmes particuliers qui font partie du système général, et qui, néanmoins, sont indépendants les uns des autres.

Dans les *insectes*, l'on trouve graduellement un système nerveux ; l'on en observe un, pareillement, dans tous les *mammifères*. Mais le système nerveux des premiers est sans doute bien moins composé que celui

---

(1) Voilà ici posé, d'une manière non équivoque, le principe de la localisation des facultés dépendantes du système nerveux ; principe dont les conséquences rigoureuses conduisent de toute nécessité à ces belles découvertes de Gall et Spurzheim. Ce qui résulte de plus important des faits rapportés par ces célèbres anatomistes, c'est que chaque faculté de l'intelligence a d'autant plus d'énergie, que la partie du cerveau qui y donne lieu est elle-même plus développée ; si l'organe manque, la faculté manque aussi ; le système de Gall repose donc sur le principe de la localisation des facultés de l'intelligence dans des organes propres à chacune d'elles.

des seconds; et si l'on a trouvé des nerfs et quelques ganglions dans certaines *radiaires échinodermes*, il n'en est pas moins nullement douteux que le système nerveux de ces dernières ne soit inférieur en composition et en facultés à celui des *insectes*.

Effectivement, j'ai fait voir que les nerfs qui servent à l'excitation des mouvements musculaires, ainsi que ceux qui sont employés à favoriser les diverses fonctions des viscères, ne sont et ne peuvent être ceux qui servent à la production du sentiment, puisqu'on peut éprouver une sensation sans qu'il en résulte un mouvement musculaire, et que l'on peut faire entrer différents muscles en action, sans qu'il en résulte aucune sensation pour l'individu. Ces faits bien connus sont décisifs, et méritent d'être considérés. Ils montrent déjà qu'il y a des facultés indépendantes, et que les systèmes d'organes qui les donnent, le sont pareillement.

D'ailleurs, comme il n'est plus possible de douter que l'influence nerveuse ne s'exécute autrement qu'à l'aide d'un fluide subtil mis subitement en mouvement, et auquel on a donné le nom de *fluide nerveux* (1), il est évident que, dans toute sensation, le

____

(1) « Jamais, ai-je entendu dire, je n'admettrai l'existence d'un fluide que je n'ai point vu, et que je sais que personne n'est parvenu à voir. A la vérité, les phénomènes cités à l'égard des animaux se passent comme si le fluide dont il s'agit existait et y donnait lieu ; mais cela ne suffit pas pour nous faire reconnaître son existence. »

Que de vérités importantes auxquelles nous pouvons parvenir par une multitude d'inductions qui les attestent, et qu'il faudrait rejeter, si l'on en exigeait des preuves directes que trop souvent la nature a mises hors de notre pouvoir ! Les physiciens ne reconnaissent-ils pas l'existence du *fluide magnétique*? et s'ils refusaient de l'admettre, parce qu'ils ne l'ont jamais vu, que penser des phénomènes de l'*aimant*, de ceux de la boussole, etc. ? Connaît-on ce fluide autrement que par ses effets ? Et n'en connaît-on pas bien d'autres que cependant l'on n'a jamais pu voir ? (Note parfaitement juste de Lamarck en réponse à cet alinéa de l'article *animal* de G. Cuvier.)

fluide nerveux se meut du point affecté vers un centre de rapport; tandis que, dans toute influence qui met un muscle en action, ou qui anime les organes dans l'exécution de leurs fonctions, ce même fluide nerveux, alors excitateur, se meut dans un sens contraire; particularité qui en annonce déjà une dans la nature même de l'organe qui n'a qu'une seule manière d'agir.

Le *sentiment* et le *mouvement musculaire* sont donc deux phénomènes distincts et très particuliers, puisque, outre qu'ils sont très différents, leurs causes ne sont point les mêmes; que les nerfs qui y donnent lieu ne le sont point non plus; que, dans chacun de ces phénomènes, ils agissent d'une manière différente; et qu'enfin, ces mêmes phénomènes, dans leur production, sont réellement indépendants l'un de l'autre; ce que *Haller* a démontré.

A la vérité, les deux systèmes d'organes qui donnent lieu aux deux facultés dont il s'agit, semblent tenir l'un à l'autre par ce point commun; savoir : que, sans l'influence nerveuse, leur puissance, de part et d'autre, paraîtrait absolument nulle. Mais le point commun dont je viens de parler n'a rien de réel; car le système nerveux se composant lui-même de différents systèmes particuliers, à mesure qu'il fait partie d'organisations plus compliquées, possède alors différentes sortes de puissances très distinctes, dont l'une ne saurait suppléer à l'autre: chacun de ces systèmes particuliers ne pouvant produire que la faculté qui lui est propre. Par exemple, la partie d'un système nerveux composé, qui produit le phénomène du *sentiment*, n'a rien de commun avec celle du même système qui excite le *mouvement musculaire*, soit dans les muscles soumis à la volonté, soit dans les muscles qui en sont indépendants; les uns et les autres étant même particuliers pour ces deux sortes de fonctions. En outre, la partie d'un système nerveux composé, qui fournit des forces d'action aux viscères, aux organes sécréteurs, etc., n'est pas non plus la même que celle qui produit le *sentiment*, ni la même que celle qui anime ou excite le *mouvement musculaire*; comme celle qui donne lieu à l'attention, à la formation des idées, et à diverses opérations entre elles, n'est pas encore la même qu'aucune des autres, c'est-à-dire, est exclusivement particulière à ces fonctions.

En vain imaginera-t-on une multitude d'hypothèses pour expliquer ces différents faits d'organisation; jamais nos idées n'offriront rien de clair, rien de satisfaisant, rien, en un mot, qui soit conforme à la marche de la nature, tant qu'on ne reconnaîtra pas le fondement de ce que je viens d'exposer.

J'ajouterai que le *sentiment* serait absolument nul sans la portion d'un système nerveux composé qui y donne lieu; tandis qu'il n'en est pas du tout de même de l'*irritabilité musculaire*; car elle est indépendante de toute influence nerveuse, quoique celle-ci lui donne des forces d'action, et même puisse exciter les mouvements de certains muscles, tels que ceux assujettis à la volonté.

D'après l'attention que j'ai donnée aux faits d'organisation qui concernent les animaux, j'ai reconnu que l'*irritabilité* était, en général, le propre de leurs parties molles. J'ai ensuite remarqué que, dans les plus imparfaits des animaux, tels que les *infusoires* et les *polypes*, toutes les parties concrètes de ces corps vivants étaient à peu près également *irritables*, et l'étaient éminemment. Mais lorsque, dans des animaux moins imparfaits, la nature fut parvenue à former des fibres musculaires, alors j'ai conçu que l'*irritabilité* des parties offrait des différences dans son intensité, et que les fibres musculaires étaient plus fortement irritables que les autres parties molles. Ainsi, dans les animaux les plus parfaits, le tissu cellulaire, quoiqu'irritable encore, l'est moins que les viscères et sur-tout que le canal intestinal, et ce dernier lui-même l'est moins encore que les muscles quels qu'ils soient.

Je remarquai ensuite que, dès que les fibres musculaires furent établies dans les animaux, des nerfs alors devinrent distincts; et que, selon l'état d'avancement de l'organisation, un système nerveux plus ou moins composé était déterminable.

Sans doute, le système nerveux existant anime les fonctions des organes, et leur fournit des forces d'action; et les mouvements musculaires, participant eux-mêmes à cet avantage, sont moins susceptibles d'épuisement dans leur source.

L'irritabilité musculaire n'en est pas moins indépendante, par sa nature, de l'influence nerveuse, quoique celle-ci augmente et maintienne sa puissance. On sait que le cœur conserve plus ou moins long-temps, selon les diverses races d'animaux, la faculté de se mouvoir lorsqu'on l'irrite après l'avoir arraché du corps. J'ai vu le cœur d'une grenouille conserver cette faculté 24 heures après en avoir été séparé. Ainsi, le cœur ne tient point des nerfs son *irritabilité;* mais il en reçoit diverses modifications dans ses fonctions, qui sont plus ou moins favorables à leur exécution.

En effet, comme dans une organisation composée tous les organes ou tous les systèmes d'organes particuliers sont liés à l'organisation générale de l'individu, et en sont tous par conséquent véritablement dépendants, on doit reconnaître que le cœur, quoique doué d'une irritabilité indépendante, n'en est pas moins assujetti, dans ses fonctions, à divers produits de la puissance nerveuse, produits qui accroissent et maintiennent ses forces d'action, et qui quelquefois en troublent les effets.

Qui ne sait combien les passions agissent sur le cœur par la voie des nerfs, et que, selon celle de ces passions qui agit, l'influence qu'il en reçoit trouble singulièrement alors ses fonctions? Les nerfs qui arrivent au cœur, n'y sont donc point sans objet, sans usage (ce qui serait contraire au plan de la nature), quoique l'*irritabilité* de cet organe soit en elle-même indépendante de leur puissance; ce que *Haller* ne me paraît pas avoir suffisamment saisi.

Depuis, l'on a prétendu, d'après M. *Le Gallois*, que le cœur ne recevait des nerfs que de la moelle épinière; et par-là, on expliquait pourquoi il continue de battre après la décapitation ou après l'excision de la moelle épinière sous l'occiput.

A cela je répondrai que cette continuité d'action du cœur après la décapitation, aurait bientôt un terme, quand même la respiration pourrait continuer, parce que le cœur est lié à l'organisation générale de l'individu, et qu'il est nécessairement dépendant de sa conservation.

Si je ne craignais de m'écarter de l'objet que j'ai ici en vue, j'ajouterais ensuite que, si le cœur ne recevait des nerfs que de la moelle épinière, et si ceux de la huitième paire ne lui envoyaient aucun filet, il ne serait point soumis à l'empire des passions. Mais, laissant de côté tout ce que j'aurais à dire à cet égard, je dois, avant tout, montrer que l'on s'est trompé dans les conséquences qu'on a tirées des belles expériences de M. *Le Gallois*.

Il est reconnu que l'*irritabilité* ne peut être mise en action que lorsqu'un *stimulus* quelconque vient exciter cette action. Mais on serait dans l'erreur si, observant que les muscles soumis à la volonté agissent ordinairement par le *stimulus* que leur fournit l'influence nerveuse, l'on se persuadait que ces muscles ne peuvent entrer en contraction que par ce *stimulus*. Il est facile de prouver, par l'expérience, que toute autre cause irritante peut aussi exciter leurs mouvements.

D'ailleurs, quoique ces muscles agissent par la volonté qui dirige sur eux l'influence nerveuse, ils peuvent encore agir par la même influence, sans la participation de cette volonté; et j'en ai observé mille exemples dans les émotions subites du *sentiment intérieur*, lequel dirige pareillement l'influence des nerfs qui les mettent en action.

Voilà ce qu'il importe de reconnaître, parce que les faits attentivement suivis l'attestent d'une manière évidente, et ce qui montre, en outre, combien l'ordre de choses qui concerne les mouvements musculaires est distinct de celui qui donne lieu aux sensations.

On a reconnu plusieurs de ces vérités; et cependant on confond encore tous les jours les deux systèmes d'organes ci-dessus mentionnés, en prenant les effets de l'un pour des produits de ceux de l'autre.

Ainsi, lorsqu'on a mutilé des animaux vivants, dans l'intention de savoir à quelle époque la *sensibilité* s'éteignait dans certaines de leurs parties, on a cru pouvoir conclure que le sentiment existait encore, lorsqu'à une irritation quelconque, ces parties faisaient des mouvements.

C'est, en effet, ce qu'on a vu dans plusieurs des conséquences que M. *Le Gallois* a tirées de ses expériences sur les animaux.

Sans doute, les nombreuses et belles expériences de M. *Le Gallois* sur des mammifères, nous ont appris plusieurs faits importants que nous ignorions; mais il me paraît s'être trompé, lorsqu'il nous dit qu'après la section de la moelle épinière sous l'occiput, la *sensibi-*

lité existe encore dans les parties de l'animal, parce qu'on les voit encore se mouvoir.

J'ai montré que la faculté de se mouvoir par des muscles, et celle de pouvoir éprouver des sensations, ne sont pas encore les seules qu'un animal obtienne d'un *système nerveux* compliqué et complet dans toutes les parties qui peuvent entrer dans sa composition. Car, lorsque ce système offre un cerveau muni de tous ses appendices, et sur-tout d'hémisphères volumineux, il donne alors à l'animal, outre la faculté de sentir, celle de pouvoir se former des idées, de comparer les objets qui fixent son attention, de juger, en un mot, d'avoir une volonté, de la mémoire, et de pouvoir varier volontairement plusieurs de ses actions.

La faculté d'avoir de l'attention, de se former des idées et d'exécuter des actes d'intelligence, est donc distincte de celle de sentir, comme le *sentiment* l'est lui-même de la faculté de se mouvoir, soit par l'excitation nerveuse sur les muscles, soit par des excitations étrangères sur des parties irritables. Ces différentes facultés sont des phénomènes organiques qui résultent chacun d'organes particuliers propres à les produire. Ces faits zoologiques sont aussi positifs que l'est celui de la faculté de voir lorsqu'on possède l'organe de la vue.

Voici maintenant le point essentiel de la question : il s'agit de savoir si, à mesure qu'un *système d'organes* se dégrade, c'est-à-dire, se simplifie en perdant, l'un après l'autre, les systèmes particuliers qui entraient dans sa plus grande complication, les différentes facultés qu'il donnait à la fois à l'animal, ne se perdent pas aussi l'une après l'autre, jusqu'à ce que le système, devenu lui-même très simple, finisse par disparaître, ainsi que la faculté qu'il produisait encore dans sa plus grande simplicité.

13*

On est autorisé à penser, à reconnaître même, que l'appareil nerveux qui donne lieu à la formation des idées conservables et à différents actes d'intelligence, réside dans des masses médullaires, composées de faisceaux nerveux; masses qui sont des accessoires du cerveau, et qui augmentent son volume proportionnellement à leur développement; puisque ceux des animaux les plus parfaits, en qui l'intelligence est le plus développée, ont effectivement, par ces accessoires, la masse cérébrale la plus volumineuse relativement à leur propre volume; tandis qu'à mesure que l'intelligence s'obscurcit davantage, dans les animaux qui viennent ensuite, le volume de la masse cérébrale diminue dans les mêmes proportions. Or, peut-on douter, qu'à mesure que l'organe cérébral se dégrade, ce ne soient d'abord ses parties accessoires ou surajoutées qui subissent les atténuations observées, et qu'à la fin, ce ne soient elles qui se trouvent anéanties les premières, long-temps même avant que le cerveau proprement dit cesse à son tour d'exister?

Maintenant, s'il est vrai que l'appareil nerveux, propre aux facultés d'intelligence, soit constitué par les organes accessoires dont je viens de parler, l'anéantissement complet de ces organes n'entraînerait-il pas celui des facultés qu'ils donnaient à l'animal? Et comme il est reconnu que tous les *animaux vertébrés* sont formés sur un plan commun, quoique très diversifié dans ses développements et ses modifications, selon les races, n'est-il pas probable que c'est avec les *vertébrés* que se terminent entièrement les facultés d'intelligence, ainsi que les organes particuliers qui les donnent?

Après la perte de ses parties accessoires, de ses hémisphères, jusqu'à un certain point séparables, et qui ont un si grand volume dans les plus intelligents des animaux, le cerveau réduit, se montre néanmoins, depuis les *mollusques* jusqu'aux *insectes* inclusivement, comme étant une partie essentielle de l'appareil nerveux propre à la production du *sentiment*, puisqu'il fournit encore à l'existence des *sens* particuliers, c'est-à-dire, qu'il produit des organes très distincts pour les sensations. Il forme, effectivement, avec les nerfs qui en partent ou qui y aboutissent, un appareil qui est assez compliqué pour effectuer la formation du phénomène organique du *sentiment*. (1)

Mais, lorsque la dégradation du système nerveux se trouve tellement avancée qu'il n'y a plus de cerveau, plus de sens particuliers, qui ne sent que l'appareil propre au *sentiment* n'existant plus, les facultés qui en résultaient pour l'animal ont pareillement cessé d'exister, quoique l'on puisse retrouver encore quelques traces de nerfs dans les animaux de cette catégorie, en qui des vestiges de muscles existent encore !

Assurément on peut taxer tout ceci d'opinion : mais, dans ce cas, que l'on se garde bien d'observer comparativement les animaux, car cette opinion prétendue se changerait alors en fait positif.

---

(1) En adoptant la définition du cerveau telle que la donnent les anatomistes, c'est-à-dire, faite d'après cet organe réduit à sa plus grande simplicité, il est évident qu'aucun animal invertébré n'a de cerveau proprement dit, car chez eux le centre nerveux principal n'est pas composé des deux substances ; il n'a rien qui représente les tubercules quadrijumeaux, et la moelle épinière manque toujours. C'est donc par suite de l'application peu rationnelle des mots cerveau et moelle épinière, que la plupart des naturalistes disent à tort que les mollusques ont un cerveau sans moelle épinière et les insectes une moelle épinière sans cerveau ; nous ne concevons pas l'existence de l'une de ces parties sans l'autre, et en effet lorsque l'on étudie avec soin le soi-disant cerveau des mollusques et la moelle épinière des insectes, on ne leur trouve aucune analogie de structure et de position avec le cerveau des vertébrés.

Relativemeut aux efforts qui ont été faits pour s'autoriser à étendre jusques dans les *végétaux* la faculté de sentir, je citerai la considération suivante qui se trouve dans l'article *animal* du Dictionnaire des sciences naturelles.

« Il s'agit de savoir, dit le célèbre auteur de cet article, s'il n'y a point des êtres sensibles qui ne se meuvent pas, car il est clair que le mouvement n'est pas une conséquence nécessaire de la sensibilité.»

Non certainement, il n'y a point d'êtres sensibles qui ne se meuvent pas, et ce ne devrait pas être une question pour le savant qui l'agite, mais tout au plus pour ceux qui ne connaissent rien à l'organisation, ainsi qu'aux phénomènes qu'elle peut produire.

Sans doute le mouvement est indépendant de la sensibilité; en sorte qu'il existe des êtres (mais seulement dans le règne animal) qui jouissent de la faculté de se mouvoir, et qui néanmoins, sont privés de celle de sentir. C'est en effet, le cas des *radiaires*, des vrais *polypes* et des *infusoires*. Mais il est facile de démontrer qu'il n'existe aucun être jouissant de la sensibilité, qui ne puisse se mouvoir; en sorte que la sensibilité est réellement une conséquence du mouvement, quoique le mouvement n'en soit pas une de la sensibilité : voici comme je le prouverai.

Assurément il n'y a que des nerfs qui soient les vrais organes du *sentiment*; et tout animal qui n'a point de nerfs ne saurait sentir, cela est certain.

Mais un fait, que connaît sans doute le savant auteur cité, c'est que tout animal qui a des nerfs a aussi des muscles. Ce serait en vain que l'on voudrait trouver des muscles dans un animal qui n'a point de nerfs, ou des nerfs dans celui qui n'a point de muscles: aucune observation constatée ne contredit ce fait.

Or, s'il est vrai que tout animal qui a des nerfs ait

aussi des muscles, il est donc vrai pareillement que tout animal qui jouit du *sentiment*, jouit aussi de la faculté de se mouvoir, puisqu'il a des muscles.

Dans l'état de nos connaissances, on ne peut donc pas mettre en question s'il existe des êtres sensibles qui ne se meuvent pas.

Ces pensées, émises avant d'avoir été approfondies, prouvent seulement qu'on n'a fait aucun effort pour s'assurer si les facultés et les organes qui les donnent, avaient ou non des limites.

En observant attentivement ce qui a lieu dans les animaux, je ne crois pas me tromper lorsque je reconnais que différents êtres, parmi eux, possèdent des facultés qui ne sont pas communes à tous ceux du même règne. Ces facultés ont donc des limites, quoique souvent insensibles; et sans doute les organes qui les donnent en ont pareillement, puisque l'observation atteste que partout, dans l'animal, chaque faculté est parfaitement en rapport avec l'état de l'organe qui y donne lieu.

C'est en apercevant le fondement de ces considérations, que j'ai reconnu que les facultés d'*intelligence* dans différents degrés, étaient un ordre de phénomènes organiques, tous en rapport avec l'état de l'organe qui les produit, et que ces facultés avaient une limite ainsi que l'organe; qu'il en était de même de la faculté de *sentir*, dont les actes ne consistent que dans l'exécution de sensations particulières, qui s'opèrent par l'intermède d'un ensemble de parties dans le système nerveux, sans affecter celles du même système, qui servent à l'intelligence; qu'il en était encore de même du *sentiment intérieur*, faculté obscure, quoique puissante, qui n'a rien de commun avec celle d'éprouver des sensations, ni avec celle de penser ou de combiner des idées, et qui tient probablement aux actes

d'un ensemble de parties dans le système nerveux,
c'est-à-dire, aux émotions qui peuvent être produites
dans cet ensemble.

Qu'importe qu'il nous soit difficile, quelquefois
même impossible, de distinguer, dans un système
d'organes général, tous les systèmes d'organes particuliers dont la nature est parvenue à le composer, s'il
n'en est pas moins certain que ces systèmes d'organes
particuliers existent, puisque les facultés particulières
qu'ils donnent sont reconnaissables, distinctes et se
montrent indépendantes ?

J'ai déjà parlé (au commencement de cette Introduction, p. 24 et 25) du *sentiment intérieur* dont sont
doués tous les animaux qui jouissent de la faculté de
sentir ; de ce sentiment intime qui, par les émotions
qu'il peut éprouver subitement dans chaque besoin
ressenti, fait agir immédiatement l'individu, sans l'intervention de la pensée, du jugement et de la volonté
de celui même qui possède ces facultés, et j'ai dit que
je manquais d'expression propre à désigner ce sentiment (1).

A la vérité, on le désigne quelquefois sous la déno-

---

(1) Par des causes, dont plusieurs sont déjà connues, les fluides de
nos principaux systèmes d'organes, sur-tout ceux du système sanguin,
sont sujets à se porter, avec plus ou moins d'abondance, tantôt vers
l'extrémité antérieure du corps, tantôt vers l'inférieure, et tantôt vers
tous les points de sa surface externe. Ainsi, quoique renfermés dans des
canaux particuliers ou dans des masses appropriées dont ils ne peuvent franchir les limites latérales, les fluides de plusieurs de nos systèmes d'organes jouissent, par les communications qui existent entre
eux, d'une relation générale qui les met dans le cas de recevoir
des impulsions ou des excitations pareillement générales, d'où résultent, dans le système sanguin, les affluences particulières et connues
dont je viens de parler, et dans le système nerveux, les ébranlements
généraux, en un mot, les émotions du *sentiment intérieur* qui sont si remarquables par leur puissance sur nos organes. (*Note de Lamarck.*)

mination de *conscience*. Cette dénomination, néanmoins, ne le caractérise point suffisamment : elle
n'indique point que ce sentiment obscur, mais général,
ne résulte pas directement d'une impression sur aucun
de nos sens ; qu'il n'a rien de commun, soit avec le
sentiment proprement dit, soit avec l'*intelligence*, et
qu'il offre une véritable puissance qui fait agir l'individu sans la nécessité d'une préméditation. Enfin,
cette dénomination semble permettre la supposition
du concours de la pensée et du jugement dans les
actions que ce sentiment ému fait subitement produire; ce qui n'est pas vrai. L'observation des faits atteste même que, parmi les animaux qui possèdent ce
sentiment intérieur et qui jouissent de certains degrés
d'intelligence, la plupart, néanmoins, ne le maîtrisent jamais.

On le désigne aussi très souvent et très impropre-
ment comme un sentiment qu'on rapporte au *cœur*,
et alors on distingue, parmi nos actions, toutes celles
qui viennent de l'*esprit*, de celles qui sont les produits
du *cœur*; en sorte que, sous ce point de vue, l'esprit
et le cœur seraient les sources de toutes les actions
humaines.

Mais tout cela est erroné. Le cœur n'est qu'un
muscle employé à l'accélération du mouvement de
nos fluides; il n'est propre qu'à concourir à la circulation de notre sang, et au lieu d'être la cause ou la
source de notre *sentiment intérieur*, il est lui-même
assujetti à en subir les effets.

Ce qui fut cause de cette distinction de l'esprit et
du cœur, c'est que nous sentons très bien que nos
pensées, nos méditations sont des phénomènes qui
s'exécutent dans la tête, et que nous sentons encore au
contraire, que les penchants et les passions qui nous
entraînent, que les émotions que nous éprouvons

dans certaines circonstances, et qui vont quelquefois jusqu'à nous faire perdre l'usage des sens, sont des impressions que nous ressentons dans tout notre être, et non un phénomène qui s'exécute uniquement dans la tête, comme la pensée. Or, comme les constrictions nerveuses ou les troubles qui se produisent dans le système nerveux, à la suite des émotions que l'on éprouve, retardent ou accélèrent alors les battements du cœur, on a attribué trop précipitamment au cœur même, ce qui n'est réellement que le produit du *sentiment intérieur* ému.

Il n'y a guère que l'homme et quelques animaux des plus parfaits, qui, dans les instants de calme intérieur, se trouvant affectés par quelque intérêt qui se change aussitôt en besoin, parviennent alors à maîtriser assez leur *sentiment intérieur* ému, pour laisser à leur pensée le temps de juger et de choisir l'action à exécuter. Aussi, ce sont les seuls êtres qui puissent agir volontairement; et néanmoins, ils n'en sont pas toujours les maîtres.

Ainsi, des actes de volonté ne peuvent être opérés que par l'homme et par ceux des animaux qui ont la faculté d'exécuter des opérations entre leurs idées, de comparer des objets, de juger, de choisir, de vouloir ou ne pas vouloir, et par-là de varier leurs actions. Or, j'ai déjà démontré que ce ne pouvait être que parmi les vertébrés que se trouvent les animaux qui jouissent de pareilles facultés, parce que leur cerveau, formé sur un plan commun, est plus ou moins complétement muni des organes particuliers qui les donnent. De là vient, que c'est principalement dans les *mammifères*, et ensuite dans les *oiseaux*, que ces mêmes facultés, quoique rarement exercées, acquièrent quelque éminence.

Quant aux *animaux sans vertèbres*, j'ai fait voir

que tous devaient être privés d'intelligence ; mais j'ai montré que les uns jouissaient de la faculté de sentir et possédaient ce *sentiment intérieur* qui a le pouvoir de faire agir, tandis que les autres étaient tout-à-fait dépourvus de ces facultés.

Or, les faits connus qui concernent les premiers (ceux qui jouissent du sentiment), constatent qu'ils n'ont que des *habitudes* ; qu'ils n'agissent que par des émotions de leur sentiment intérieur, sans jamais le maîtriser ; que ne pouvant exécuter aucun acte d'intelligence, ils ne sauraient choisir, vouloir ou ne pas vouloir, et varier eux-mêmes leurs actions ; que leurs mouvements sont tous entraînés et dépendants ; enfin qu'ils n'obtiennent de leurs sensations, que la perception des objets dont les traces dans leur organe sont plus ou moins conservables.

Si les *habitudes*, dans les animaux qui ne peuvent varier eux-mêmes leurs actions, ont le pouvoir de les entraîner à agir constamment de la même manière dans les mêmes circonstances, on peut assurer d'après l'observation, qu'elles ont encore un grand pouvoir sur les animaux intelligents ; car, quoique ceux-ci puissent varier leurs actions, on remarque qu'ils ne les varient, néanmoins, que lorsqu'ils s'y trouvent en quelque sorte contraints, et que leurs habitudes, le plus souvent, les entraînent encore.

A quoi donc tient ce grand pouvoir des *habitudes*, pouvoir qui se fait si fortement ressentir à l'égard des animaux intelligents, et qui exerce sur l'homme même un si grand empire? Je crois pouvoir jeter quelque jour sur cette question importante, en exposant les considérations suivantes.

Pouvoir des habitudes : Toute action, soit de l'homme, soit des animaux, résulte essentiellement de mouvements intérieurs, c'est-à-dire, de mouvements et de déplacements de fluides subtils internes qui l'excitent et la produisent. Par *fluides subtils*, j'entends parler des différentes modifications du *fluide nerveux;* car ce fluide seul a dans ses mouvements et ses déplacements la célérité nécessaire aux effets produits. Maintenant je dis que, non-seulement les actions constituées par les mouvements des parties externes du corps sont produites par des mouvements et des déplacements de fluides subtils internes, mais même que les actions intérieures, telles que l'attention, les comparaisons, les jugements, en un mot, les pensées, et telles encore que celles qui résultent des émotions du *sentiment intérieur*, sont aussi dans le même cas. Certainement, toutes les opérations de l'intelligence, ainsi que les mouvements visibles des parties du corps, sont des actions, car leur exécution très prolongée entraîne effectivement des fatigues et des besoins de réparation pour les forces épuisées. Or, je le répète, aucune de ces actions ne s'exécute qu'à la suite de mouvements et de déplacements des *fluides subtils* internes qui y donnent lieu.

Par la connaissance de cette grande vérité, sans laquelle il serait absolument impossible d'apercevoir les causes et les sources des actions, soit de l'homme, soit des animaux sensibles, on conçoit clairement :

1° Que, dans toute action souvent répétée, et surtout qui devient habituelle, les fluides subtils qui la produisent, se frayent et aggrandissent progressivement, par les répétitions des déplacements particuliers qu'ils subissent, les routes qu'ils ont à franchir, et les rendent de plus en plus faciles; en sorte que l'action elle-même, de difficile qu'elle pouvait être dans son origine, acquiert graduellement moins de difficulté dans son exécution; toutes les parties même du corps qui ont à y concourir, s'y assujettissent peu à peu, et à la fin l'exécutent avec la plus grande facilité;

2° Qu'une action, devenue tout-à-fait habituelle, ayant modifié l'organisation intérieure de l'individu pour la facilité de son exécution, lui plaît alors tellement qu'elle devient un besoin pour lui; et que ce besoin finit par se changer en un penchant qu'il ne peut surmonter, s'il n'est que *sensible*, et qu'il surmonte avec difficulté, s'il est *intelligent*.

Si l'on prend la peine de considérer ce que je viens d'exposer, d'abord il sera aisé de concevoir pourquoi l'exercice développe proportionnellement les facultés; pourquoi l'habitude de donner de l'attention aux objets et d'exercer son jugement, sa pensée, aggrandit si fortement notre intelligence; pourquoi tel artiste qui s'est tant appliqué à l'exercice de son art, y a acquis des talents dont sont entièrement privés tous ceux qui ne se sont point occupés des mêmes objets.

Enfin, en considérant encore les vérités exposées ci-dessus, l'on reconnaîtra facilement la source du grand pouvoir qu'ont les *habitudes* sur les animaux, et qu'elles ont même sur nous : certes, aucun sujet ne saurait être plus intéressant à étudier, à méditer.

Me bornant à ce simple exposé de principes qu'on ne saurait contester raisonnablement, je reviens à mon sujet.

Nous avons vu qu'en nous dirigeant du plus composé vers le plus simple, dans la série des animaux, chaque système d'organes particulier se dégradait et s'anéantissait à un terme quelconque de la série; ce que M. *Cuvier* reconnaît lui-même, lorsqu'il dit : « On a aujourd'hui, sur les diverses dégradations du système nerveux dans le règne animal, et sur leur correspondance avec les divers degrés d'intelligence, des notions

aussi complètes que pour le système sanguin (1) ». Et
ailleurs il dit : « En effet, si on parcourt successivement les différentes familles, il n'est pas un organe
que l'on ne voie se simplifier par degrés, perdre son
énergie, et finir par disparaître tout-à-fait en se confondant dans la masse (2) ».

Il s'ensuit donc que les facultés se dégradent et
finissent chacune par être anéanties à un terme quelconque de la série des animaux, comme les organes
qui les produisent ; qu'elles sont partout proportionnelles au perfectionnement et à l'état des organes ; et
qu'il ne reste aux animaux qui terminent cette série,
que les facultés propres à tous les corps vivants, ainsi
que celle qui constitue leur nature animale. Il s'ensuit
encore qu'il n'est pas vrai, et qu'il ne peut l'être,
que tous les animaux soient doués de la faculté de
sentir ; ce que je crois avoir suffisamment établi. Ainsi,
je ne reviendrai plus sur cet objet, parce qu'il n'a pas
besoin de nouvelles preuves.

Mais, une vérité tout aussi solide, et qui en résulte
encore clairement, c'est que les animaux très imparfaits qui ne jouissent point de la faculté de sentir,
sont nécessairement dépourvus de cet appareil nerveux
qui donne lieu aux *sensations* et au *sentiment intérieur;*
appareil qui doit être assez compliqué et assez étendu
pour que son ensemble, agité par quelque affection
sur les sens, ou par quelque émotion intérieure, puisse
faire participer l'être entier à ces affections ou à ces
émotions ; appareil, enfin, qui constitue dans l'individu qui le possède, une puissance qui peut le faire agir.

Ainsi, ces animaux sont réellement privés de cette

----

(1) *Rapport sur les progrès des sciences naturelles*, depuis 1789,
p. 164.
(2) *Dictionnaire des Sciences naturelles*, vol. 2, p. 167.

conscience, de ce sentiment intime d'existence, dont jouissent ceux qui, doués de l'appareil dont je viens de parler, peuvent éprouver des sensations, et être agités par des émotions intérieures. Or, les animaux très imparfaits dont il s'agit, ne possédant nullement le *sentiment intérieur* en question, ne sauraient avoir ou faire naître en eux la cause excitatrice de leurs mouvements. Elle leur vient donc évidemment du dehors, et dès lors elle n'est assurément pas à leur disposition; aussi aucun de leurs besoins n'exige qu'elle le soit: ce que j'ai déjà fait voir. Tout ce qu'il leur faut se trouve à leur portée: ce ne sont des animaux que parce qu'ils sont irritables.

Je terminerai cette partie par une remarque importante et relative aux besoins des différents animaux; besoins qui ne sont nulle part, ni au-dessus, ni au-dessous des facultés qui peuvent y satisfaire.

On observe que, depuis les animaux les plus imparfaits, tels que les premiers des *infusoires*, jusqu'aux *mammifères* les plus perfectionnés, les besoins, pour chacun d'eux, s'accroissent avec la composition progressive de leur organisation; et que les facultés nécessaires pour satisfaire par-tout à ces besoins, s'accroissent aussi par-tout dans la même proportion. Il en résulte que, dans les plus simples et les plus imparfaits des animaux, la réduction des besoins et des facultés se trouve réellement à son *minimum*, tandis que, dans les plus perfectionnés des *mammifères*, les besoins et les facultés sont à leur *maximum* de complication et d'éminence; et comme chaque faculté distincte est le produit d'un système d'organes particulier qui y donne lieu, c'est donc une vérité incontestable qu'il y a toujours par-tout un rapport parfait entre les besoins, les facultés d'y satisfaire, et les organes qui donnent ces facultés.

Ainsi, les facultés qu'on observe dans différents animaux, sont uniquement organiques; elles ont des limites comme les organes qui les produisent; sont toujours dans un rapport parfait avec l'état des organes qui les font exister; et leur nombre, ainsi que leur éminence, sont aussi parfaitement en rapport avec ceux des besoins.

Il est si vrai que, dans l'étendue de l'échelle animale, les facultés croissent en nombre et en éminence comme les organes qui les donnent, que si, à l'une des extrémités de l'échelle, l'on voit des animaux dépourvus de toute faculté particulière, l'autre extrémité, au contraire, offre, dans les animaux qui s'y trouvent, une réunion au *maximum* des facultés dont la nature ait pu douer ces êtres.

Plus, en effet, l'on examine ceux des animaux qui possèdent des facultés d'intelligence, plus on les admire, plus même on se sent porté à les aimer. Qui ne connaît l'intelligence du *chien*, son attachement pour son maître, sa fidélité, sa reconnaissance pour les bons traitements, sa jalousie dans certaines circonstances, son extrême perspicacité à juger, dans vos yeux, si vous êtes content ou fâché, de bonne ou de mauvaise humeur; son inquiétude et sa sensibilité lorsqu'il vous voit souffrir, etc.!

Les *chiens*, néanmoins, ne sont pas les plus intelligents des animaux; d'autres, et sur-tout les *singes*, le sont encore davantage, les surpassent en vivacité de jugement, en finesse, en ruses, en adresse, etc. ; aussi, sont-ils, en général, plus méchants, plus difficiles à soumettre et à asservir.

Il y a donc des degrés dans l'intelligence, dans le sentiment, etc., parce qu'il s'en trouve nécessairement dans tout ce qu'a fait la nature.

Si, dans la série des animaux, les limites précises

des facultés particulières que l'on observe dans différents êtres de cette série, ne sont pas encore définitivement déterminées, on n'en est pas moins fondé à
reconnaître que ces limites existent, car tous les animaux ne possèdent point les mêmes facultés; ainsi,
il y a un point dans l'échelle animale où chacune
d'elles commence.

Il en est de même des systèmes d'organes particuliers qui donnent lieu à ces facultés; si l'on ne connaît
pas encore partout le point précis de l'échelle animale
où chacun d'eux commence, on doit, néanmoins, être
assuré que chaque système d'organes particulier a réellement dans l'échelle un point d'origine, c'est à-dire,
de première ébauche; il y a même quelques-uns de
ces systèmes dont le commencement paraît assez bien
déterminé.

Ainsi, le système d'organes particulier qui effectue
la digestion, paraît ne commencer qu'avec les *polypes*;
celui qui sert à la respiration, ne commence à exister
que dans les *radiaires*; celui qui donne lieu au mouvement musculaire, n'offre son origine avec quelques
vestiges de nerfs, que dans les *radiaires échinodermes*;
celui de la fécondation sexuelle, paraît offrir sa première ébauche vers la fin des *vers*, et se montre ensuite parfaitement distinct dans les *insectes* et les animaux des classes suivantes; celui qui est assez compliqué pour produire le phénomène du sentiment, ne
commence à se manifester clairement que dans les *insectes*; celui qui effectue une véritable circulation, paraît ne commencer réellement que dans les *arachnides*;
enfin, celui qui donne lieu à la formation des idées,
et aux opérations qui s'exécutent entre ces idées, paraissant n'appartenir qu'au plan des animaux vertébrés, ne commence très probablement qu'avec les
poissons.

Qu'il y ait quelques rectifications à faire dans ces déterminations, il n'en est pas moins vrai que ces mêmes rectifications ne peuvent altérer nulle part le principe des points particuliers de l'échelle animale où commence chaque système d'organes, ainsi que les facultés ou les avantages qu'il donne aux animaux qui le possèdent.

Partout même où une limite quelconque ne peut être positivement fixée, l'arbitraire de l'opinion fait bientôt varier le sentiment à son égard.

Par exemple, M. *Le Gallois*, d'après différentes expériences qu'il a faites sur des mammifères mutilés pendant leur vie, prétend que le principe du sentiment existe seulement dans la moelle épinière, et non dans la base du cerveau; il prétend même qu'il y a autant de centres de sensation bien distincts, qu'on a fait de segments à cette moelle, ou qu'il y a de portions de cette moelle qui envoient des nerfs au tronc. Ainsi, au lieu d'une unité de foyer pour le sentiment, il y en aurait un grand nombre, selon cet auteur.

Mais doit-on toujours regarder comme positives les conséquences qu'un observateur a tirées des faits qu'il a découverts; et ne convient-il pas d'examiner auparavant, soit sa manière de raisonner, soit les bases mêmes sur lesquelles il se fonde?

D'une part, je vois que M. *Le Gallois* juge presque toujours de la *sensibilité* par des mouvements excités qu'il aperçoit; en sorte qu'il prend des effets de l'*irritabilité* pour des témoignages de sensations éprouvées; et de l'autre part, je remarque qu'il ne distingue point, parmi les puissances nerveuses, celle qui vivifie les organes, et qui leur fournit des forces d'action, de celle, très différente, qui sert uniquement au phénomène des sensations; comme il aurait dû distinguer aussi, s'il s'en était occupé, celle encore très différente des autres, qui donne lieu à la formation des idées , et aux opérations qu'elles exécutent.

Il est possible qu'il y ait réellement, comme le dit M. *Le Gallois*, plusieurs centres particuliers de sensations dans les animaux qui jouissent de la faculté de sentir ; mais alors, au lieu d'un seul appareil d'organes pour la production de ce phénomène physique, il y en aurait plusieurs ; enfin , la nature aurait employé sans nécessité une complication de moyens ; car on peut prouver qu'un seul foyer pour la sensation peut satisfaire à tous les faits connus relatifs à la sensibilité.

Cependant, jusqu'à ce que des expériences, plus décisives à cet égard que celles qu'a publiées cet auteur, nous autorisent à prononcer définitivement sur ce sujet, je crois devoir conserver l'opinion plus vraisemblable de l'existence d'un seul foyer pour la production du sentiment.

Cela ne m'empêche pas de reconnaître que les nerfs qui partent de la moelle épinière ne soient particulièrement ceux qui fournissent au *cœur*, indépendamment de son irritabilité , le principe de ses forces, et qui en fournissent aussi à d'autres parties du tronc ; enfin , de croire , d'après ce savant, que les nerfs du même ordre qui viennent animer les organes de la respiration, naissent de la moelle alongée.

Lorsque les observateurs de la nature se multiplieront davantage ; que les *zoologistes* ne se borneront plus à l'art des distinctions, à l'étude des particularités de forme, à la composition arbitraire de genres toujours variables, à l'extension d'une nomenclature jamais fixée ; et qu'au contraire, ils s'occuperont d'étudier la nature , ses lois, ses moyens, et les rapports qu'elle a établis entre les systèmes d'organes particuliers et les facultés qu'ils donnent aux animaux qui les possèdent ; alors, les doutes, les incertitudes que

14*

nous avons encore sur les points de l'échelle animale où commence chacune des facultés dont il s'agit, et sur l'unité de foyer et de siége de chaque système d'organes, se dissiperont successivement; alors, enfin, les points essentiels de la *Philosophie zoologique* s'éclairciront de plus en plus, et la science obtiendra l'importance qu'elle peut avoir.

En attendant, je crois avoir montré que les facultés animales, de quelque éminence qu'elles soient, sont toutes des phénomènes purement physiques; que ces phénomènes sont les résultats des fonctions qu'exécutent les organes ou les appareils d'organes qui peuvent les produire; qu'il n'y a rien de métaphysique, rien qui soit étranger à la matière, dans chacun d'eux; et qu'il ne s'agit, à leur égard, que de relations entre différentes parties du corps animal et entre différentes substances qui se meuvent, agissent, réagissent et acquièrent alors le pouvoir de produire le phénomène observé.

S'il en était autrement, jamais nous n'eussions eu connaissance de ces phénomènes; car chacun d'eux est un fait que nous avons observé, et nous savons positivement que la nature seule nous présente des faits, et que ce n'est qu'à l'aide de nos sens que nous avons pu connaître un petit nombre de ceux qu'elle nous offre.

Je crois avoir ensuite prouvé, qu'outre les facultés qui sont communes à tous les corps vivants, les animaux offrent, parmi eux, différentes sortes de facultés qui sont particulières à certains d'entre eux : elles ont donc des limites, ainsi que les organes qui les donnent.

Maintenant, il est indispensable de montrer que les *penchants* des animaux sensibles, que ceux même de l'homme, ainsi que ses *passions*, sont encore des phénomènes de l'organisation, des produits naturels et nécessaires du *sentiment intérieur* de ces êtres. Pour cela, je vais essayer de remonter à la source de ces *penchants*, et je tâcherai d'analyser les principaux produits de cette source.

CINQUIÈME PARTIE.

DES PENCHANTS, SOIT DES ANIMAUX SENSIBLES, SOIT DE L'HOMME MÊME, CONSIDÉRÉS DANS LEUR SOURCE, ET COMME PHÉNOMÈNES DE L'ORGANISATION.

Dans ce qui appartient à la nature, tout est lié, tout est dépendant, tout est le résultat d'un plan commun, constamment suivi, mais infiniment varié dans ses parties et dans ses détails. L'*homme* lui-même tient, au moins par un côté de son être, à ce plan général, toujours en exécution. Il est donc nécessaire, pour ne rien omettre de ce qui est le produit de l'organisation animée par la vie, de considérer ici séparément, quelle est la source des *penchants* et même des *passions* dans les êtres sensibles en qui nous observons ces phénomènes naturels.

Ainsi, comme on pourrait d'abord le penser, le sujet de cette cinquième partie n'est nullement étranger au but que je me suis proposé dans cette Introduction; savoir : celui d'indiquer les faits et les phénomènes qui sont le produit de l'organisation et de la vie. Et dans cette partie, je dois considérer particulièrement les *penchants* des êtres sensibles, parce que ce sont des phénomènes d'organisation, des produits du sentiment intérieur de ces êtres.

Ayant été autorisé à dire que nous n'obtenons aucune connaissance positive que dans la nature, parce que nous n'en pouvons acquérir de telles que par l'observation, et que, hors de la nature, nous ne pouvous rien observer, rien étudier, rien connaître de certain, il s'ensuit que tout ce que nous connaissons positivement lui appartient et en fait essentiellement partie.

Cela posé, je dirai, sans craindre de me tromper, que la nature ne nous offre d'observables que des *corps*; que du mouvement entre des *corps* ou leurs parties; que des changements dans les *corps* ou parmi eux; que les propriétés des *corps*; que des phénomènes opérés par les *corps* et sur-tout par certains d'entre eux; enfin, que des lois immuables qui régissent partout les mouvements, les changements, et les phénomènes que nous présentent les *corps*.

Voilà, selon moi, le seul champ qui soit ouvert à nos observations, à nos recherches, à nos études; voilà, par suite, la seule source où nous puissions puiser des connaissances réelles, des vérités utiles.

S'il en est ainsi, les phénomènes que nous observons, de quelque genre qu'ils soient, sont produits par la nature, ont leur cause en elle seule, et sont tous, sans exception, assujettis à ses lois. Or, nous efforcer de remonter, par l'observation et l'étude, jusqu'à la connaissance des causes et des lois qui produisent les phénomènes que nous observons, en nous attachant particulièrement à ceux de ces phénomènes qui peuvent nous intéresser directement, est donc ce qu'il y a de plus important pour nous.

Parmi les phénomènes nombreux et divers que nous pouvons observer, il en est qui doivent nous intéresser particulièrement, parce qu'ils tiennent de plus près à notre manière d'être, à notre constitution organique, et parce qu'en effet, ils ressemblent beaucoup à ceux de même sorte qui se produisent en nous et que nous tenons aussi de la nature par la même voie. Les phénomènes dont il s'agit, sont les *penchants* des animaux sensibles, les *passions* mêmes qu'on observe parmi ceux qui sont intelligents dans certains degrés. Puisque ces phénomènes sont des faits observés, ils appartiennent à la nature, et ils sont effectivement les produits de ses lois, en un mot, du pouvoir qu'elle tient de son *suprême auteur.* Aussi, nous pouvons facilement remonter jusqu'à la véritable source où ces phénomènes puisent leur origine et leur exaltation.

Déjà, je puis dire avec assurance que les *penchants* des animaux sensibles, et que ceux plus remarquables encore des animaux intelligents, sont des produits immédiats du *sentiment intérieur* de ces êtres. Or, le sentiment intérieur dont il s'agit, étant évidemment une dépendance essentielle du système organique des sensations, les penchants observés dans les êtres doués de ce sentiment intérieur, sont donc de véritables produits de l'organisation de ces êtres.

Ainsi, l'ignorance de ces vérités positives pourrait seule faire regarder comme étrangers à mon sujet, les objets dont je vais m'occuper.

Laissant à l'écart ce que l'*homme* peut tenir d'une source supérieure, et ne voulant considérer en lui que ce qu'il doit à la *nature*, il me paraît que ses penchants généraux, qui influent si puissamment sur ses actions diverses, sont aussi de véritables produits de son organisation, c'est-à-dire du sentiment intérieur dont il est doué ; sentiment qui l'entraîne à son insu, dans un grand nombre de ses actions. Il me semble, en outre, que ces passions, qui ne sont que des exaltations de ceux de ses penchants naturels auxquels il s'est imprudemment abandonné, tiennent d'une part à la nature, et de l'autre à la faible culture de sa raison, qui alors lui fait méconnaître ses véritables intérêts.

Si je suis fondé dans cette opinion, il sera possible de remonter à la source des penchants et des passions de l'*homme*, et de prévoir dans chaque cas considéré, le fond principal des actions qu'il doit exécuter : il suffira pour cet objet de faire une analyse exacte de ses penchants divers.

Mais, pour parvenir à montrer l'existence d'un ordre de choses, qui ne paraît pas avoir encore attiré notre attention, je ne dois pas anticiper les considérations propres à le faire connaître. Ainsi, remarquant que la source des penchants de l'*homme* est tout-à-fait la même que celle des penchants des *animaux sensibles*, je vais d'abord déterminer cette source, ainsi que ses produits, dans les animaux en question; je montrerai ensuite qu'elle se retrouve dans l'homme, et qu'en lui ses résultats sont plus éminemment prononcés, et infiniment plus sous-divisés.

§ I. Source des penchants et des actions des animaux sensibles.

Par une loi de la nature, tous les êtres sensibles et qui, conséquemment, jouissent de ce sentiment intérieur et obscur qu'on a nommé *sentiment d'existence*, tendent sans cesse à se conserver, et par là sont irrésistiblement assujettis à un penchant éminent qui est la source première de toutes leurs actions; je le nomme :

Penchant à la conservation.

Ici, je me propose de montrer que c'est uniquement à ce penchant général, qu'il faut rapporter la source de toute action quelconque de ceux des animaux qui jouissent de la faculté de sentir.

Pour atteindre mon but, je dois rappeler la hiérarchie des facultés des animaux sensibles, afin de retrouver dans chaque cas considéré, ce que le penchant cité peut produire.

Les observations déjà exposées nous obligent à reconnaître que, parmi les animaux dont je parle :

1° Les uns sont bornés au *sentiment*, et ne possèdent l'intelligence dans aucun degré quelconque;

2° Les autres, plus perfectionnés, jouissent à la fois de la faculté de *sentir*, et de celle d'exécuter des actes d'*intelligence* dans différents degrés.

Les uns et les autres, jouissant du sentiment, peuvent donc éprouver la *douleur*; or, il est facile de faire voir que, dans ses différents degrés, la douleur est pour eux un *mal-être* qu'ils doivent fuir, et que la nécessité de fuir ce mal-être, est la cause réelle qui donne naissance au penchant en question.

En effet, pour tout individu qui jouit de la faculté de sentir la souffrance, dans sa faible intensité, soit vague, soit particulière, produit ce qu'on nomme le *mal-être*, et ce n'est que lorsque l'affection éprouvée est vive ou jusqu'à un certain point exaltée, qu'elle reçoit le nom de *douleur*.

Ainsi, puisque depuis le plus faible degré de la douleur, jusqu'à celui où elle est la plus vive, le *mal-être* lèse ou compromet en quelque chose l'intégrité de sa conservation, tandis que le *bien-être* seul la favorise, l'individu sensible doit donc tendre sans cesse à se soustraire au mal-être, et à se procurer le bien-être; enfin, le penchant à la conservation, qui est naturel dans tout individu doué du sentiment de son existence, reçoit donc nécessairement de cette tendance toute l'énergie qu'on lui observe : cela me paraît incontestable.

J'avais d'abord pensé que le *penchant à la propagation* auquel tous les êtres sensibles paraissent assujettis, était aussi un penchant isolé, comme celui à la conservation, et qu'il constituait la source d'un autre ordre de penchants particuliers. Mais depuis, ayant remarqué que ce penchant est temporaire dans les individus, et qu'il est lui-même un produit de celui à la conservation, j'ai cessé de le considérer séparément, et je ne le mentionnerai que dans l'analyse des détails.

En effet, à un certain terme du développement d'un individu, l'organisation, graduellement préparée pour cet objet, amène en lui par des excitations intérieures, provoquées en général par d'autres externes, le besoin d'exécuter les actes qui peuvent pourvoir à sa reproduction et par suite à la propagation de son espèce. Ce besoin produit dans cet individu un *mal-être* obscur, mais réel, qui l'agite ; enfin, en y satisfaisant, il éprouve un bien-être éminent qui l'y entraîne. Le penchant dont il s'agit est donc un véritable produit de celui à la conservation.

Maintenant, pour éclaircir le sujet intéressant que je traite, je rappellerai ce que j'ai déjà établi ; savoir : qu'il y a différents degrés dans la composition de l'organisation des animaux, ainsi que dans le nombre et l'éminence de leurs facultés, et qu'il existe à l'égard de ces facultés, une véritable hiérarchie. Cela étant, je dis qu'il est facile de concevoir :

1° Que les animaux assez imparfaits pour ne pas posséder la faculté de *sentir*, n'ont aucun penchant en eux-mêmes, soit à la conservation, soit à la propagation, et que la nature les conserve, les multiplie et les fait agir par des causes qui ne sont point en eux ;

2° Que les animaux qui sont bornés à ne posséder que le *sentiment*, sans avoir aucune faculté d'intelligence, sont réduits à fuir la douleur sans la craindre, et n'agissent alors que pour se soustraire au mal-être lorsqu'ils l'éprouvent ;

3° Que les animaux qui jouissent à la fois de la faculté de sentir, et de celle de former des actes d'*intelligence*, non-seulement fuient la douleur et le mal-être, mais en outre, qu'ils les craignent ;

4° Que l'*homme*, considéré seulement dans les phénomènes que l'organisation produit en lui, non-seulement fuit et craint la douleur, ainsi que le mal-être, mais en outre, qu'il redoute la *mort*; parce qu'il est très probable qu'il est le seul être intelligent qui l'ait remarquée, et qui conséquemment la connaisse.

Les choses me paraissant être ainsi, voici les distinctions que je crois pouvoir établir à l'égard de la source des actions des différents animaux, et de celle des penchants observés dans un grand nombre de ces êtres.

Animaux apathiques.

Dans les *animaux apathiques*, c'est-à-dire, dans les animaux qui ne jouissent point du sentiment, il n'y a aucun penchant réel, pas même celui à la conservation.

Tout penchant est nécessairement le produit d'un *sentiment intérieur*. Or, ne jouissant point de ce sentiment, aucun penchant ne saurait se manifester en eux.

Ces animaux possèdent seulement la vie animale, ainsi que des habitudes de mouvements et d'actions qu'ils tiennent d'excitations extérieures. Enfin, les habitudes, les mouvements et les actions ne sont variés dans ces différents animaux, que parce que les fluides étrangers qui excitent en eux la vie et les mouvements, se sont frayés des routes diverses dans leur intérieur, conformément à l'état de leur organisation et à celui de la conformation particulière de leurs corps.

A l'aide de ces causes et des facultés qui sont généralement le propre de la vie, la conservation des individus pendant une durée relative à leur espèce, et leur reproduction, sont assurées.

Animaux sensibles.

Dans les *animaux sensibles*, et que je nomme ainsi, parce qu'ils sont bornés à ne posséder que le sentiment, sans aucune faculté d'intelligence, il existe un *penchant à la conservation* de leur être, parce qu'ils possèdent un sentiment intérieur qui le produit et qui les fait agir lorsque des besoins le sollicitent. Or, comme tout besoin est un mal-être jusqu'à ce qu'il soit satisfait, le penchant à la conservation, dans ces animaux, ne se fait ressentir que temporairement, c'est-à-dire, qu'aux époques où des besoins se manifestent et provoquent des actions directes.

Ainsi, dans les *animaux sensibles*, le penchant à la conservation ne produit en eux qu'un penchant secondaire, celui qui les porte à fuir le *mal-être*, lorsqu'ils l'éprouvent.

Ce penchant à fuir le mal-être les porte, par le sentiment intérieur:

1º A fuir la douleur, lorsqu'ils la ressentent;

2º A chercher et saisir leur nourriture, lorsqu'ils en éprouvent le besoin;

3º A exécuter des actes de fécondation, lorsque leur organisation les y sollicite;

4º A rechercher des situations douces, des abris, etc.; et s'ils se préparent des moyens favorables à leur conservation, ce n'est uniquement que par des habitudes d'actions que le besoin d'éviter le mal-être leur a fait prendre, selon les races.

Dans les *animaux sensibles*, le penchant à fuir le mal-être paraît être le seul produit du penchant à la conservation ; néanmoins, l'*amour de soi-même* existe déjà ; mais il se confond encore avec le premier, et ce n'est que dans les animaux suivants qu'il devient distinct.

Animaux intelligents.

Je nomme *animaux intelligents*, ceux qui, plus perfectionnés que les animaux sensibles, jouissent à la fois de la faculté de sentir et de celle d'exécuter des actes d'intelligence dans certains degrés.

Dans ces animaux, le penchant à la conservation ne se borne pas seulement à produire un seul penchant secondaire distinct, celui de fuir le mal-être et la douleur ; l'intelligence qu'ils possèdent, quoique plus ou moins limitée, selon les races et leurs classes, leur donne une idée de la douleur et du mal être, les porte à les craindre, à en prévoir la possibilité, et leur fournit en même temps des moyens variés pour les éviter et pour s'y soustraire. Il en résulte que ces mêmes animaux peuvent varier leurs actions, et qu'en effet, différents individus de la même espèce parviennent souvent à satisfaire leurs besoins par des actions qui ne sont pas constamment les mêmes, ainsi qu'on le remarque dans les animaux sensibles.

Malgré cela, j'ai observé que les animaux mêmes dont l'organisation approche le plus de celle de l'homme, et qui, par là, peuvent atteindre à un plus haut degré d'intelligence que les autres, n'acquièrent, en général, qu'un petit nombre d'idées, et ne tendent nullement à en augmenter le cercle. Ce n'est que par les difficultés qu'ils rencontrent dans l'exécution de leurs actions directes, que se trouvant alors forcés d'en produire de nouvelles et d'indirectes pour parvenir à leurs fins, ces animaux portent leur attention sur de nouveaux objets, augmentent le nombre de leurs idées, et varient d'autant plus leurs actions, que les difficultés qui les y contraignent sont plus grandes et plus nombreuses.

Par cet état de choses à leur égard, les penchants secondaires de ces animaux sont au nombre de trois, et se montrent très distincts; en voici l'indication :

Le *penchant à la conservation*, source de tous les autres, produit dans les animaux intelligents :

1º Une tendance vers le bien-être;

2º Un amour de soi-même;

3º Un penchant à dominer.

Pour analyser succinctement et successivement chacun de ces penchants secondaires et montrer leurs sous-divisions, voici ce que j'aperçois.

Tendance vers le bien-être.

La tendance vers le *bien-être* est d'un degré plus élevé que celle qui ne porte à fuir le mal-être que dans le cas seulement où on l'éprouve; cette dernière n'en supposant point l'idée ou la connaissance.

Ainsi, par leur sentiment intérieur, les animaux intelligents sont constamment entraînés vers la recherche du *bien-être*, c'est-à-dire, à fuir ou éviter le mal-être, et à se procurer les jouissances qu'ils éprouvent en satisfaisant à leurs besoins. Ils n'ont point d'attachement à la vie, parce qu'ils ne la connaissent point; ils ne craignent point la mort, parce qu'ils ne l'ont pas remarquée, et qu'à la vue d'un cadavre, ils n'ont pas remonté, par la pensée, jusqu'aux causes qui l'ont privé de vie et de mouvement; mais ils ont tous une tendance vers le *bien-être*, parce qu'ils ont joui, et prévoient le danger d'être exposés au mal-être, parce qu'ils ont supporté des privations ou des souffrances dans quelques degrés. On sait assez que le lièvre qui aperçoit un chasseur, que l'oiseau qui s'envole à l'approche d'un homme portant une arme à feu, fuient alors le danger d'éprouver le mal-être ou la douleur, avant de le ressentir.

La tendance vers le bien-être porte donc les animaux intelligents :

* *Par le sentiment intérieur seul :*

1º A se soustraire à la douleur et à tout ce qui les gêne ou les incommode;

2º A rechercher les situations douces, avantageuses, les abris et le soleil dans les temps froids, l'ombre et le frais dans les temps chauds, etc., etc.;

3º A satisfaire le besoin de se nourrir, quelquefois même avec voracité, soit par l'attrait qu'ils y trouvent, soit par l'inquiétude de manquer ensuite d'aliments;

4º A se livrer aux actes de la fécondation, ou à en rechercher avec ardeur les occasions, lorsque leurs besoins provoqués les y sollicitent;

5º A prendre du repos et sommeiller, lorsque leurs autres besoins sont satisfaits.

** *Par l'intelligence, stimulée par leur sentiment intérieur :*

1º A chasser la proie, la guetter avec patience, lui tendre des piéges;

2º A employer des moyens nouveaux et variés, selon

les circonstances, pour satisfaire chacun de leurs besoins;

3° A la poltronnerie ou à la lâcheté, lorsqu'ils sont faibles, par suite d'une crainte excessive de la douleur;

4° A se préserver des dangers au moyen de différentes ruses.

Amour de soi-même.

L'*amour de soi-même* se manifeste, dans les animaux intelligents, par un égoïsme individuel qui se fait souvent remarquer en eux; il les porte :

* *Par le sentiment intérieur seul :*

1° A ne donner leur attention qu'aux objets relatifs à leurs besoins; ce qui borne, en général, leurs idées à un très petit nombre;

2° A s'emparer de la proie des autres, s'ils sont les plus forts;

3° A chasser ou combattre les autres animaux qui approchent de leur femelle ou de celle qu'ils convoitent;

4° A se préférer à tout autre, lorsqu'il s'agit de se procurer la jouissance d'un avantage quelconque.

** *Par l'intelligence, et à la fois par le sentiment intérieur :*

1° A l'attachement pour leur bienfaiteur, par un sentiment d'intérêt individuel; attachement qu'ils lui témoignent par leur confiance, leur douceur, leurs caresses, leur fidélité, et en conservant le souvenir de ses bienfaits;

2° A la jalousie envers les autres animaux et sur-
   tout envers ceux qui approchent leur bienfaiteur
   ou leur maître, lorsqu'ils en sont bien traités et
   qu'ils sont heureux; considérant en quelque sorte
   ce maître comme une propriété qu'ils possèdent;
3° A la haine envers ceux qui leur ont nui ou les
   ont maltraités; haine qu'ils témoignent quelquefois par des vengeances retardées.

Penchant à dominer.

Enfin, le *penchant à dominer*, troisième et dernier
de leurs penchants secondaires, se montre clairement
dans les animaux dont il s'agit, et les porte :

* *Par le sentiment intérieur seul :*

1° A quereller, chasser ou combattre les autres,
   lorsqu'ils sont les plus forts ou qu'ils se croient
   soutenus;
2° A poursuivre et attaquer ceux qui fuient; à
   battre et même tuer ceux qu'une grande faiblesse,
   un accident ou une blessure, ont mis hors d'état
   de se défendre; et le tout, sans autre besoin à satisfaire que le penchant en question.

** *Par le sentiment intérieur et l'intelligence :*

1° A la fierté, et même à une espèce de vanité qu'ils
   témoignent par leur port et leur regard, lorsqu'ils
   se trouvent bien traités, bien nourris, et dans
   un état de bien-être habituel;
2° A une espèce de mépris et de haine pour les
   autres individus malheureux, pour ceux qui ont
   un aspect misérable, pour ceux qui sont sans
   puissance, sans autorité, etc., etc.

S'il n'était entré dans mon plan de resserrer le plus possible l'étendue de cette cinquième partie, j'aurais ajouté à ces expositions les faits connus et celles de mes observations qui établissent le fondement des penchants que j'attribue à beaucoup d'animaux; mais il me suffit de montrer que ces penchants sont évidents et peuvent être facilement constatés. Ainsi, lorsque l'on voudra s'occuper de ces objets, il sera difficile de ne pas reconnaître :

1° Que les *animaux apathiques* n'ont et ne sauraient avoir aucune sorte de penchant par eux-mêmes, parce qu'ils ne possèdent aucun *sentiment intérieur;*

2° Que les *animaux sensibles* n'ont qu'un ou deux penchants secondaires; parce que ces animaux, dépourvus de facultés d'intelligence, ne sauraient varier leurs actions, et qu'ils n'ont que des habitudes qui sont constamment les mêmes dans tous les individus des mêmes espèces;

3° Que les *animaux intelligents* ont trois penchants secondaires assez distincts, qui se sous-divisent en plusieurs autres: parce qu'ayant des facultés d'intelligence, ils peuvent varier leurs actions, lorsque des difficultés, pour satisfaire à leurs besoins, les y contraignent.

Néanmoins, l'analyse des penchants, soit des *animaux sensibles,* soit des *animaux intelligents,* est nécessairement très bornée; car les besoins essentiels des uns et des autres ne sont pas nombreux; et comme les plus perfectionnés de ces animaux ne donnent leur attention qu'aux objets relatifs à leurs besoins essentiels, ils n'acquièrent, en général, qu'un petit nombre d'idées, et ne sauraient offrir beaucoup de diversité dans leurs penchants.

Il n'en est pas de même de l'*homme,* vivant en

15*

société : tendant toujours à étendre ses jouissances et ses désirs, il s'est créé peu à peu une multitude de besoins divers, étrangers à ceux qui lui étaient essentiels. Enfin, observant tout ce qui peut lui être utile, tout ce qui est relatif à ses nombreux intérêts, à ses jouissances variées et croissantes, il a multiplié, par là, ses idées presqu'à l'infini. Il en est résulté que ses penchants, les mêmes dans leur source que ceux des *animaux sensibles* et des *animaux intelligents*, offrent, non dans tous les individus, mais en raison des circonstances où chacun d'eux se rencontre, une diversité et des sous-divisions presque sans terme.

Essayons, cependant, d'exposer les principaux des penchants de l'homme, de montrer leur véritable source, et d'établir les bases de leur *hiérarchie*, c'est-à-dire, les premières divisions sur lesquelles cette dernière repose.

§ II. Source des penchants, des passions et de la plupart des actions de l'homme.

L'homme ne doit pas se borner à observer tout ce qui est hors de lui, tout ce qu'il peut apercevoir dans la nature; il doit aussi porter son attention sur lui-même, sur son organisation, sur ses facultés, ses penchants, ses rapports avec tout ce qui l'environne.

Au moins, par une partie de son être, il tient tout-à-fait à la *nature*, et se trouve, par là, entièrement assujetti à ses lois. Elle lui donne, par celles qui régissent son sentiment intérieur, des penchants généraux et d'autres plus particuliers. Il ne saurait entièrement surmonter les premiers; mais, à l'aide de sa raison et de son intérêt bien saisi, il peut, soit modifier, soit diriger convenablement les autres. Enfin, ceux de ses penchants auxquels il se laisse aller entièrement, se changent alors en *passions* qui le subjuguent, et qui dirigent malgré lui toutes ses actions.

A mesure que l'*homme* s'est répandu dans les différentes contrées du globe, qu'il s'y est multiplié, qu'il s'est établi en société avec ses semblables, enfin, qu'il fit des progrès en civilisation, ses jouissances, ses désirs et, par suite, ses besoins, s'accrurent et se multiplièrent singulièrement; ses rapports avec les autres individus et avec la société dont il faisait partie, varièrent, en outre, et compliquèrent considérablement ses intérêts individuels. Alors, les *penchants* qu'il tient de la nature, se sous-divisant de plus en plus comme ses nouveaux besoins, parvinrent à former en lui et à son insu, une masse énorme de liens qui le maîtrisent presque partout, sans qu'il s'en aperçoive.

Il est facile de concevoir que ces penchants particuliers et ces intérêts individuels si variés, se trouvant presque toujours en opposition avec ceux des autres individus, et que les intérêts des individus devant toujours céder à ceux de la société, il en résulte nécessairement un conflit de puissances contraires, auquel les lois, les devoirs de tout genre, les convenances établies par l'opinion régnante, et la morale même, opposent une digue trop souvent insuffisante.

Sans doute, l'*homme* naît sans idées, sans lumières, ne possédant alors qu'un sentiment intérieur et des penchants généraux qui tendent machinalement à s'exercer. Ce n'est qu'avec le temps et par l'éducation, l'expérience, et les circonstances dans lesquelles il se rencontre, qu'il acquiert des idées et des connaissances.

Or, par leur situation et la condition où ils se trouvent dans la société, les hommes n'acquérant des idées et des lumières que très inégalement, l'on sent que celui d'entre eux qui parvient à en avoir davantage, en obtient des moyens pour dominer les autres; et l'on sait qu'il ne manque jamais de le faire.

Mais, parmi les hommes qui ont acquis beaucoup d'idées et qui ont beaucoup fréquenté la société de leurs semblables, le conflit d'intérêt, dont j'ai parlé tout-à-l'heure, a fait faire à un grand nombre d'entre eux des efforts habituels pour contraindre leur *senti-ment intérieur*, pour en cacher les impressions, et a fini par leur donner le pouvoir et l'habitude de le maîtriser. L'on conçoit, dès lors, combien ces indivi-dus l'emportent en moyens de domination et de succès, dans leurs entreprises à cet égard, sur ceux qui ont conservé plus de candeur. Aussi, pour ceux qui savent étudier l'*homme*, il est curieux d'observer la diversité des masques sous lesquels se déguise l'intérêt personnel des individus, selon leur état, leur rang, leur pou-voir, etc.

Tel est le sommaire resserré des causes générales qui ont amené l'*homme civilisé* à l'état où nous le voyons maintenant en *Europe;* état où, malgré les lumières acquises, et même par elles, le plus faible en moyens se trouve toujours victime ou dupe de celui qui en possède davantage; état, enfin, qui asservit toujours l'immense multitude à la domination d'une minorité puissante.

Dans cet état de choses, une seule voie peut nous aider à tirer de notre situation particulière le parti le plus avantageux pour nous; c'est, selon moi, la suivante. Nous étant fait, d'après la raison, la justice et la morale, un certain nombre de principes dont nous ne devons jamais dévier, nous devons ensuite nous efforcer de reconnaître les penchants que l'*homme* a reçus de la nature, et étudier leurs différents pro-duits, dans les individus de son espèce, selon les cir-constances où chacun d'eux se trouve. Cette connaissance nous sera d'une grande utilité dans nos relations avec eux.

Ainsi, pour diriger notre conduite avec le moins de désavantage à l'égard des hommes avec qui nous sommes forcés de vivre ou d'avoir des rapports, nous nous trouverons obligés de les étudier, de remonter, autant qu'il est possible, à la source de leurs actions, et de tâcher de reconnaître la nature de celles qu'ils doivent exécuter selon les différentes circonstances de leur sexe, de leur âge, de leur situation, de leur état, de leur fortune ou de leur pouvoir; nous devrons même considérer, qu'à mesure qu'ils changent d'âge, de situation, d'état, de fortune ou de pouvoir, ils changent aussi constamment dans leur manière de sentir, d'envisager les objets, de juger les choses, et qu'il en résulte toujours pour eux des influences proportionnelles qui régissent leurs actions.

Mais, dans cette étude si difficile, comment parvenir à notre but, si nous ne connaissons point la part considérable qu'ont, sur toutes les actions de l'homme, les *penchants* que la nature lui a donnés!

C'est parce que cette connaissance essentielle m'a paru beaucoup trop négligée, que je vais essayer d'en esquisser les bases d'une manière extrêmement succincte. D'ailleurs, les objets que je vais considérer ayant été envisagés jusqu'à présent comme formant l'unique domaine du *moraliste*, la part évidente qui, à l'égard de ces objets, appartient au *naturaliste*, ne fut point suffisamment reconnue. Or, c'est cette part seule que je revendique, et qui m'autorise à présenter les bases suivantes de l'*analyse* à faire des penchants de l'*homme* dans l'état de civilisation.

PRINCIPAUX PENCHANTS DE L'HOMME, RAPPORTÉS A
LEUR SOURCE, DONNANT NAISSANCE A SES PASSIONS
LORSQU'IL S'Y ABANDONNE, ET DEVANT SERVIR DE
BASE A L'ANALYSE A FAIRE DE TOUS CEUX QU'ON
OBSERVE EN LUI.

L'*homme*, comme tous les autres êtres sensibles, jouissant d'un *sentiment intérieur* qui, par les émotions
qu'il peut éprouver, le fait agir immédiatement et
machinalement, c'est-à-dire, sans la participation de
sa pensée, a aussi reçu de la nature, par cette voie,
un penchant impérieux qui est la source de tous ceux
auxquels on le voit, en général, assujetti. Ce sentiment
interne qui l'entraîne sans qu'il s'en aperçoive, est :

Le penchant à la conservation.

Le *penchant à la conservation* de son être est, pour
tout individu doué du sentiment de son existence, le
plus puissant, le plus général et le moins susceptible
de s'altérer. Or, ce penchant en produit quatre autres
qui sont pareillement communs à tous les individus
de l'espèce humaine, qui agissent comme lui sans discontinuité, et qui subissent le moins de changements
dans le cours de la vie. Mais, ceux-ci donnent lieu à
une énorme diversité de penchants particuliers, subordonnés les uns aux autres, et dont l'enchaînement
hiérarchique, dans l'*homme*, est si difficile à saisir. Le
penchant à la conservation dont il s'agit, ne saurait
nous nuire en rien par lui-même; il ne peut, au contraire, que nous être utile. Ce n'est qu'à l'égard de
ceux qu'il fait naître en nous, selon les circonstances,
que nous devons nous efforcer de reconnaître, parmi
ces derniers, ceux qui peuvent nous entraîner à des

écarts nuisibles à nos vrais intérêts, et tâcher de les maîtriser, et de les diriger vers ce qui peut nous être avantageux.

Il n'est pas d'un intérêt médiocre pour nous, de considérer que le *penchant à la conservation*, auquel tout homme est assujetti, produit immédiatement et entretient en lui, en tout temps, quatre sentiments internes, très puissants, c'est-à-dire, quatre penchants secondaires qui le dominent sans qu'il s'en aperçoive, et l'entraînent, à son insu, dans presque toutes ses actions, selon que les circonstances y sont favorables. *L'homme* n'a sur eux, par sa raison, que le pouvoir d'en modérer les effets ou de les diriger vers ses véritables intérêts, lorsqu'il parvient à les bien connaître.

Ces quatre sentiments internes ou penchants secondaires, qui sont généraux pour tous les individus de l'espèce humaine, sont :

1° Une tendance vers le bien-être ;

2° L'amour de soi-même ;

3° Un penchant à dominer ;

4° Une répugnance pour sa destruction.

Je suis persuadé que c'est à ces quatre penchants secondaires qu'il faut rapporter l'énorme diversité de penchants ou de sentiments particuliers, dont l'*homme*, vivant en société, offre des exemples dans ses actions, et qui prennent leur source, tantôt d'un seul des quatre cités, tantôt de plusieurs à la fois. Essayons de reconnaître les premiers produits des quatre penchants dont il s'agit, et nous nous y bornerons.

Tendance vers le bien-être.

La tendance vers le *bien-être* existe chez nous généralement, et concourt à notre conservation ou la favorise. En effet, non-seulement elle entraîne la nécessité pour nous de fuir le mal-être, c'est-à-dire, d'éviter la souffrance, de quelque nature et dans quelque degré qu'elle soit ; mais, en outre, elle nous porte sans cesse à nous procurer l'état opposé, c'est-à-dire, le *bien-être*.

Or, le *bien-être* n'est pas encore l'état où l'on serait borné à n'éprouver aucune sorte de mal-être ; cet état même ne saurait exister pour l'*homme*, parce que ce dernier a toujours quelque désir et par conséquent quelque besoin non satisfait. Mais le *bien-être* se fait constamment ressentir en lui chaque fois qu'il obtient une jouissance quelconque ; et certes, toute jouissance n'a lieu que lorsqu'on satisfait un besoin de quelque nature qu'il soit. On sait assez que, selon le degré d'exaltation du sentiment qu'on éprouve alors, on obtient ce qu'on nomme, soit de la *satisfaction*, soit du *plaisir*.

Il résulte de ces considérations que, sur-tout pour l'*homme*, le *bien-être* ne saurait être un état constant ; qu'il est essentiellement passager ; que l'*homme* l'obtient, en un degré quelconque, dans chaque jouissance, et qu'à cet égard il le perd nécessairement dans chaque besoin entièrement satisfait ; qu'il en est de même du mal-être, quel que soit son degré ; que ce mal-être ne saurait avoir une durée absolue et uniforme dans un individu, parce qu'il est toujours interrompu ou en quelque sorte suspendu par quelque genre de jouissance ; qu'enfin, c'est de ces alternatives irrégulières de *bien-être* et de *mal-être* que se compose la destinée de l'*homme*, selon les circonstances de sa situation dans la société, de ses rapports avec ses semblables, ou de son état physique et moral.

Ainsi, notre tendance vers le *bien-être*, c'est-à-dire, vers les jouissances que nous éprouvons en satisfaisant à quelque besoin, non-seulement nous fait rechercher les sensations et les situations qui nous plaisent et qui sont l'objet de nos désirs, mais elle nous porte aussi à nous soustraire aux peines de l'esprit, à tout ce qui nous inquiète ou afflige notre pensée, en un mot, à tout ce qui pourrait compromettre notre satisfaction ou notre tranquillité intérieure, et par conséquent à nous procurer l'état moral opposé; il faut donc la diviser :

1° En tendance vers le bien-être *physique* ;
2° En tendance vers le bien-être *moral.*

Tous les penchans particuliers qui sont les résultats de chacune de ces deux tendances, sont très faciles à déterminer, sur-tout si l'on distingue, de part et d'autre, ceux qui naissent des besoins, soit donnés par la nature, soit que nous nous sommes formés, de ceux qui proviennent de l'*attrait* que nous avons pour différentes choses, autre sorte de besoins à satisfaire. Ainsi, il est facile de reconnaître que :

D'une part, notre tendance vers le *bien-être physique* fait naître en nous, selon les circonstances :

1° Le *besoin* de satisfaire la faim, la soif, lorsqu'elles se font ressentir; de fuir la douleur, les sensations nuisibles ou désagréables, et tout ce qui incommode; de nous soustraire aux souffrances, aux maladies, à tout mal-être physique; d'exécuter, à la suite d'excitations intérieures provoquées, les actes qui peuvent pourvoir à la propagation des individus, etc.;

2° L'*attrait* pour les sensations agréables, les plaisirs des sens, la volupté; d'où résultent les plaisirs de la table, le goût pour la mollesse, les situations douces et riantes, etc. ; enfin, l'amour sensuel, etc., etc.

D'une autre part, notre tendance vers le *bien-être moral* fait naître en nous :

1° Le *besoin* de satisfaire tous les genres de désir qui sont à notre portée; d'éviter les idées désagréables ou affligeantes, de nous y soustraire ; d'acquérir des connaissances usuelles ; de maîtriser nos émotions intérieures, nos penchants nuisibles; de jouir d'une satisfaction intérieure ;

2° L'*attrait* pour la liberté , l'indépendance ; pour les idées agréables, la variété, les merveilles; pour les jouissances de l'esprit, de la pensée; pour des objets d'agrément de divers genres, etc., etc.

Amour de soi-même.

L'*amour de soi-même*, ou l'intérêt personnel , est le second produit du penchant à la conservation. C'est un sentiment généralement inhérent en nous, qui concourt à notre conservation en nous la faisant aimer , et qui ne saurait nous nuire par lui-même , mais seulement par ceux de ses produits que la raison n'a pas su modérer. Pour commencer son *analyse*, il faut considérer ses résultats généraux :

1° Par le sentiment intérieur seul ;

2° Par le sentiment intérieur et la pensée libre ;

3° Par le sentiment intérieur et la pensée réglée par la raison.

Par le *sentiment intérieur* seul , l'amour de soi-même, selon les circonstances, donne lieu :

1° A des *mouvements involontaires* qui s'exécutent sans préméditation ; tels que ces tressaillements à un grand bruit inattendu ; ces mouvements qui font fuir un danger subit et imminent; ceux qui nous font détourner nombre de fois dans une rue ou une promenade remplie de monde, sans y donner attention;

2° A des *faiblesses* : telles que de la frayeur à l'approche ou à l'arrivée d'un danger ; de la lâcheté dans les entreprises périlleuses ; de la timidité devant tout ce qui en impose ; des manies de divers genres qu'une habitude irréfléchie fait contracter ;

3° A des *aversions* ou à des *affections* ; savoir : à l'aversion pour tout ce qui nous nuit ou nous est contraire ; source de la *haine* : à l'affection, au contraire, pour tout ce qui nous sert, nous ressemble moralement, et partage nos goûts ; source de l'*amitié*.

Par le *sentiment intérieur* et la *pensée libre*, c'est-à-dire, la pensée que la raison ne contraint à aucune mesure, l'amour de soi-même, selon les circonstances, donne lieu, soit à deux sentiments désordonnés, soit à une force d'action sans limites.

Ainsi, par les voies que je viens de citer, l'amour de soi-même fait naître en nous, selon les circonstances, les deux sentiments désordonnés suivants ; savoir :

1° L'*amour-propre* qui nous porte à être satisfait de nos qualités personnelles, et à nous persuader que nous inspirons aux autres une opinion avantageuse de nous.

On sait assez que, parmi les produits de ce sentiment, il faut compter celui qui nous porte à n'être jamais mécontent de notre esprit, de notre jugement, de notre intelligence ; celui qui fait que nous prétendons poser la limite des connaissances où les autres peuvent parvenir, d'après celle que notre degré d'intelligence et nos connaissances propres tracent pour nous ; celui enfin, qui fait que nous ne cherchons dans les ouvrages des autres, que nos opinions, ou ce qui nous flatte. Parmi ces produits excessifs, on sait encore qu'il faut compter la vanité, l'ostentation, la suffisance, l'orgueil, en un mot, l'envie envers ceux qu'un vrai mérite distingue :

2° L'*égoïsme* qui se distingue de l'amour-propre en ce que l'individu égoïste n'a aucun égard à l'opinion qu'on a de lui, et ne voit en tout que lui-même, et que son intérêt, presque toujours mal jugé.

On sait que ce sentiment désordonné donne lieu à l'avarice, à la cupidité, à la passion du jeu, etc.; nous entraîne à ne connaître d'autre justice que notre intérêt personnel; à faire au besoin, un accommodement avec les principes; et nous porte en outre, à la conservation des préventions qui sont dans notre intérêt, à l'indifférence envers tout ce qui nous est étranger, à la dureté, l'insensibilité à l'égard des peines, des souffrances et des malheurs des autres, etc., etc.

Par les mêmes voies citées, l'amour de soi-même donne lieu quelquefois, à une force d'action qui semble sans mesure; telle que l'*audace*, la *témérité* même de celui qui, animé par un grand intérêt, sans examen des périls, s'y précipite aveuglément, et souvent sans nécessité.

Par le *sentiment intérieur* et la *pensée dirigée par la raison*, l'amour de soi-même, alors parfaitement réglé, donne lieu à ses plus importants produits; savoir :

1° A la *force* qui constitue l'homme laborieux, que la longueur et les difficultés d'un travail utile ne rebutent point,

2° Au *courage* de celui qui, ayant la connaissance du danger, s'y expose néanmoins lorsqu'il sent que cela est nécessaire;

3° A l'*amour de la sagesse*.

Or, ce dernier, qui seul constitue la vraie *philosophie*, distingue éminemment l'homme qui, dirigé par ce que l'observation, l'expérience, et une méditation habituelle lui ont fait connaître, n'emploie dans ses

actions, que ce que la justice et la raison lui conseillent.
Ce qui le porte :

1° A l'amour de la vérité en toute chose, et à l'acquisition de nouvelles connaissances positives et de tout genre, afin de rectifier de plus en plus ses jugements;

2° A fuir partout et en tout les extrêmes;

3° A la modération dans ses désirs, et à une sage retenue dans ses besoins non essentiels;

4° A la mesure dans toutes ses actions, et à l'éloignement pour toute affectation quelconque;

5° A la conservation des convenances partout;

6° A l'indulgence, la tolérance, l'humanité, et la bonté envers les autres;

7° A l'amour du bien public et de tout ce qui est utile à ses semblables;

8° Au mépris de la mollesse, et à une espèce de dureté envers lui-même, qui le soustrait à cette multitude de besoins factices qui asservissent ceux qui s'y livrent;

9° A la résignation, et s'il est possible à l'impassibilité morale dans les souffrances, les revers, les injustices, les oppressions, les pertes, etc.;

10° Au respect pour l'ordre, les institutions publiques, les autorités, les lois, la morale, en un mot, la religion.

La pratique de ces dix maximes caractérise la vraie *philosophie*, soustrait l'*homme* aux produits désordonnés de ses penchants, aux passions qui peuvent l'agiter, et lui donne la dignité à laquelle il est le seul, parmi les êtres intelligents, qui puisse atteindre.

Penchant à dominer.

Le *penchant à dominer* est le troisième de ceux qui résultent de notre penchant à la conservation. Il est constant en général dans tous les *hommes*, se manifeste même dès leur enfance, et agit sans cesse à leur insu. Ce penchant provient de ce qu'ils sentent intérieurement que, plus ils l'emportent sur les autres en quelque chose, plus aussi ils en obtiennent de moyens pour favoriser leur bien-être, et pourvoir à leur conservation.

Le penchant dont il s'agit est le plus énergique de ceux que nous tenons de la nature, et développe plus ou moins ses produits selon que la destinée de l'individu et les diverses circonstances de la situation où il se trouve dans la société, y sont plus ou moins favorables. En effet, l'infortune, l'oppression et la servitude habituelle, l'éteignent en grande partie dans le commun des hommes; tandis que le bonheur et les succès constants accroissent alors considérablement son énergie. De là vient que son activité est extrême dans l'*homme* à qui tout prospère, et qu'au contraire, la bonté, l'humanité, la modération, la sagesse même, ne se rencontrent guère que dans celui qui a beaucoup souffert de l'injustice des autres.

C'est ce penchant à dominer, en un mot, à l'emporter en quelque chose sur les autres, qui produit dans l'*homme* cette agitation sourde et générale, qui ne lui permet point d'être entièrement satisfait de son sort; agitation qui devient d'autant plus active qu'il a plus d'idées, et que son intelligence a reçu plus de développement, parce qu'il s'irrite alors continuellement des obstacles que son penchant rencontre de toutes parts.

On sait assez que nul n'est content de sa fortune, quelle qu'elle soit; que nul ne l'est pareillement de son pouvoir, et même que l'*homme* qui déchoit dans ces objets, est toujours plus malheureux que celui qui n'avance point. Enfin, l'on sait que toute uniformité de situation physique et morale qu'un travail soutenu ne détruit point, bornant nécessairement notre tendance intérieure; cette uniformité, dis-je, amène en nous ce vide, ce mal-être obscur de moral qu'on nomme *ennui*, et vous fait du changement un besoin insatiable, source de notre attrait pour la *diversité*.

Ce même penchant nous porte donc continuellement à augmenter nos moyens de domination, et nous ne manquons jamais de l'exercer, soit par le pouvoir, soit par la richesse, soit par la considération, soit enfin, par des distinctions d'un genre ou d'un ordre quelconque, toutes les fois que nous en trouvons l'occasion.

Dans les actions de l'*homme*, le penchant à dominer se déguise sous une multitude infinie de formes, selon les circonstances qui concernent l'individu; mais il est toujours assez facile de reconnaître son influence.

C'est ce penchant qui donne lieu à l'obstination dans les disputes, à l'intolérance dans quelque genre que ce soit, à la tyrannie envers ceux qui sont assujettis à notre pouvoir, quel que soit son degré, enfin, à la méchanceté et même à la cruauté, lorsque notre intérêt de domination nous paraît l'exiger.

Lorsque nous ne dominons nullement, soit par le pouvoir, soit par la richesse, le penchant dont il s'agit nous porte alors à l'emporter sur les autres, au moins en quelque chose, et dans ce cas, c'est lui qui nous fait faire quelquefois des efforts extraordinaires pour nous distinguer dans telle ou telle partie des sciences, des lettres ou des beaux arts. De là vient que la plupart de ceux qui dominent éminemment par la puissance ou la richesse, mettent si peu d'intérêt à étendre leurs connaissances, et font de la science et des talents un cas si médiocre : ils ont, pour maîtriser les autres, une voie plus assurée.

L'un des produits les plus remarquables de notre *penchant à dominer* est *l'ambition;* sentiment dont le germe est dans tous les *hommes,* se développe avec l'âge et par l'espérance, mais n'acquiert de véhémence que lorsque les circonstances y sont favorables. Or, *l'ambition* développée et transformée en passion par des circonstances qui la favorisent, tourmente sans cesse celui qui l'éprouve, accroît son énergie avec le succès, et a pour caractère singulier, celui de n'être jamais satisfaite. Ce sentiment véhément donne à ceux qui s'y abandonnent, un désir ardent de parvenir, par tout moyen, à la fortune, aux places ou aux dignités, au crédit ou à la réputation, enfin à la puissance. Sans doute, ces quatre tendances que donne *l'ambition,* ont rarement lieu toutes à la fois, mais seulement une seule ou quelques-unes d'entre elles, selon les circonstances.

Je n'entreprendrai point d'analyser ici les divers genres d'efforts, les voies et les moyens que le *penchant à dominer,* et que *l'ambition* qui en est le résultat, font employer aux différents individus, dans cette multitude de situations où leur position particulière dans la société les a placés : ils sont assez connus.

Répugnance pour sa destruction.

Le quatrième et dernier produit du penchant à la conservation, est ce sentiment intérieur et naturel qui donne à *l'homme* une répugnance ou une aversion constante pour la destruction de son être. Ce sentiment, que *l'homme* seul possède, et qui lui est général, parce que, très probablement, il est le seul être intelligent qui connaisse la *mort,* me paraît la source de l'espoir qu'il a conçu d'une autre existence sans terme, qui doit succéder pour lui à la première; et peut-être une suggestion intime l'avertit-elle que cet espoir est fondé. Or, *l'homme* ayant su s'élever jusqu'à l'ÊTRE SUPRÊME, par sa pensée, à l'aide de l'observation de la nature, ou par d'autres voies, cette grande pensée a étayé son espérance, et lui a inspiré des sentiments religieux, ainsi que les devoirs qu'ils lui imposent.

Je ne montrerai point comment ces sentiments religieux peuvent être modifiés par certains de ces penchants naturels qui, trop souvent, maîtrisent *l'homme* dans ses actions; ni comment le fanatisme et l'intolérance religieuse, qui diffèrent si considérablement de la vraie piété, peuvent résulter de son penchant à la domination. Ce qui précède doit suffire pour l'éclaircissement de ces objets.

Ayant indiqué le produit de la répugnance de *l'homme* pour sa destruction, là, doit se borner tout ce qui est du ressort du *naturaliste*, ainsi que tout ce qu'il peut rapporter à la nature ; mais, comme je l'ai dit, cette source de l'espoir de *l'homme* n'exclut point d'autres voies qui ont pu l'éclairer sur un sujet si important pour lui.

Ici, se termine l'exposé succinct que j'ai entrepris de faire des penchants de *l'homme* rapportés à leur source, et qu'il tient évidemment de son organisation. Ce n'est, sans doute, qu'une esquisse très imparfaite du sujet que je me suis proposé de traiter ; mais elle suffit à l'objet que j'avais en vue, et se trouve fondée sur des principes incontestables.

Comme *naturaliste*, je crois avoir rempli ma tâche ; et je le devais, parce qu'elle complète les considérations qui font connaître les produits de l'organisation. Mais, celle de l'homme, profond observateur de ses semblables, de leurs penchants, variés selon les circonstances où ils se trouvent, enfin, des passions qui trop souvent les maîtrisent, lorsqu'ils ne se sont point exercés à les dominer, celle-là, dis-je, reste encore tout entière à remplir.

En effet, il s'agit, en cela, de pénétrer dans les détails des dernières divisions ; d'assigner les complications de causes qui déterminent tant d'actions que l'on observe ; en un mot, de saisir et faire connaître cette multitude de nuances délicates, dans les causes agissantes, qui font varier de tant de manières les actions observées.

La diversité des goûts, des penchants, des désirs, et même des passions, dont les individus de l'espèce humaine offrent des exemples, est si grande, que ceux qui ont voulu étudier le cœur de l'*homme*, en sonder la profondeur, pénétrer dans tous ses replis, l'ont regardé comme un *dédale* immense dans lequel il était bien difficile de ne point s'égarer.

Je ne prétends pas avoir dénoué complétement ce *nœud gordien* ; mais j'ai tenté d'introduire quelque ordre dans l'étude de ce grand sujet, et je crois avoir montré les principales causes de nos penchants, et même de nos passions ; enfin, selon mes aperçus, j'ai essayé d'établir les bases d'après lesquelles le défrichement de ce vaste champ d'étude doit être opéré.

Ainsi, lorsque je considère l'*homme*, seulement sous le rapport de son organisation et des lois de la *nature*, je vois qu'il est, comme les animaux sensibles, assujetti, dans ses actions, aux influences puissantes d'une cause première, d'où dérivent ses penchants divers, ainsi que ses passions ; et, en effet, en remontant à cette source, je reconnais qu'il n'est presque aucune des actions de l'*homme* qui ne puisse y être rapportée.

Je vois ensuite que, si, connaissant la cause première de ses penchants, et la *hiérarchie* de celles qui y ont subordonnées, l'on prend la peine de considérer,

dans un individu quelconque, son sexe, son âge, sa
constitution physique, son état, sa fortune, les changements importants que cette dernière a pu tout-à-
coup subir, en un mot, les circonstances particulières
dans lesquelles cet individu se rencontre, il sera possible de prévoir, en général, la nature des actions qu'il
exécutera dans les cas qui peuvent nous intéresser.

Ce qui mérite sur-tout d'être remarqué, c'est que
l'*homme* est, de tous les êtres intelligents, celui sur
lequel l'influence des circonstances paraît exercer le
plus de pouvoir; ce qui est cause qu'il offre, dans ses
qualités ou sa manière d'être, les différences les plus
considérables relativement aux individus de son espèce. On ne saurait croire jusqu'à quel point cette influence le modifie dans son intelligence, sa manière de
voir, de sentir, de juger, et même dans ses penchants.

En effet, la situation des individus dans la société,
quelle qu'elle soit, et par conséquent les circonstances
qui concernent leurs habitudes, leurs travaux, leur
état, leur fortune, leur naissance, leurs dignités, leur
pouvoir, etc., offrant une diversité presque infinie; il
y en a aussi une si grande dans leurs qualités particulières, qu'en considérant les extrêmes, on trouve une
différence immense entre un homme et un autre. C'est
à cette cause, amenée par la civilisation, qu'est dû ce
défaut d'unité qu'on observe à l'égard des individus
de l'espèce humaine, quoique, dans tous, le type général de l'organisation soit le même.

Ainsi, l'on peut dire que, de tous les êtres intelligents, l'*homme* est celui qui présente, parmi les individus de son espèce :

Tantôt, sous le rapport de l'*intelligence*, soit l'être
le plus ignorant, le plus pauvre en idées, le plus stu-
pide, le plus grossier, le plus vil, et quelquefois,
même, se trouvant presque au-dessous de l'animal à

cet égard; soit l'être le plus spirituel, le plus solide en jugement, le plus riche en idées et en connaissances, enfin, celui dont le génie vaste atteint jusqu'à la sublimité ;

Et tantôt, sous le rapport du *sentiment*, soit l'être le plus humain, le plus aimant, le plus bienfaisant, le plus sensible, le plus juste; soit le plus dur, le plus injuste, le plus méchant, le plus cruel, surpassant même en méchanceté les animaux les plus féroces.

Le propre des *circonstances* dans lesquelles se trouvent les individus, dans une société quelconque, est donc de donner lieu à une diversité d'autant plus grande dans leurs pensées, leurs sentiments, leurs moyens et leurs actions, que l'intelligence de ces individus a été plus ou moins exercée, et par suite, plus ou moins développée.

Le développement de son intelligence, est, sans doute, pour l'homme, d'un très grand avantage ; mais l'extrême inégalité que la civilisation produit nécessairement dans celui des différents individus, ne saurait être favorable au bonheur général. On en trouve la cause dans le fait suivant bien observé. Plus l'intelligence est développée dans un individu, plus il en obtient de moyens, et plus, en général, il en profite pour se livrer avec succès à ses penchants. Or, les plus énergiques de ces penchants, tels que l'*amour de soi-même* et sur-tout celui de la *domination*, se trouvant favorisés par un plus grand développement d'intelligence, l'on peut juger de l'étendue de leurs produits, d'après le degré de puissance que cet individu possède dans la société.

Cependant, que l'on ne s'y trompe pas, ainsi qu'un célèbre auteur; si, sous certains rapports, l'intelligence très développée fournit à ceux qui la possèdent, de grands moyens pour abuser, dominer, maîtriser, et trop souvent pour opprimer les autres; ce qui semblerait rendre cette faculté plus nuisible qu'utile au bonheur général de toute société, puisque la civilisation entraîne une immense inégalité de lumières entre les individus; sous d'autres rapports, cette même intelligence, dans un haut degré, favorise et fortifie la raison, fait mettre à profit l'expérience, en un mot, conduit à la vraie philosophie, et, sous ce point de vue, dédommage amplement ceux qui en jouissent. Ainsi, l'on peut dire qu'elle est toujours très avantageuse aux individus qui en sont doués. Mais la multitude qui ne saurait en posséder une semblable, en souffre nécessairement. Ce n'est donc que l'*inégalité* des lumières entre les hommes qui leur est nuisible, et non les lumières elles-mêmes.

Au *moral*, comme au *physique*, le plus fort abuse presque toujours de ses moyens au détriment du plus faible : tel est le produit des penchants naturels qu'une forte raison ne modère pas.

D'après ce qui vient d'être exposé, je crois qu'il sera facile de reconnaître pourquoi, parmi les différents modes de gouvernement, ceux qui sont les plus favorables au bonheur des nations sont si difficiles à établir; pourquoi l'on voit presque toujours une lutte plus ou moins grande entre les gouvernants qui la plupart tendent au pouvoir arbitraire, et les gouvernés qui s'efforcent de se soustraire à ce pouvoir; enfin, pourquoi cette portion de la liberté individuelle, qui est compatible avec l'institution et l'exécution des bonnes lois, éprouve tant d'obstacles pour être obtenue, et ne peut long-temps se conserver là où l'on a pu l'obtenir.

Deux *hommes célèbres*, mais sous des rapports bien différents, ont adressé des maximes aux souverains : l'un, pour la félicité des peuples; l'autre, au profit du pouvoir arbitraire. Que l'on compare le nombre des prosélites qu'a faits le premier, avec celui du second, et l'on jugera de l'influence des causes que j'ai indiquées!

Ainsi, cet ordre de choses, que l'on voit partout, tient à la nature de l'*homme*, et, quoi que l'on fasse, sera toujours ce qu'il est. Le naturel de l'*homme* ne s'efface jamais entièrement, quoiqu'à l'aide de la raison il puisse être jusqu'à un certain point modifié.

Quel que soit le système de société dans lequel il vit, l'homme étant, de tous les êtres intelligents, celui qui a le plus de penchants naturels et le plus de moyens pour varier ses actions, on peut assurer qu'il sera toujours agité, regrettant le passé, jamais satisfait du présent, fondant continuellement son bonheur sur l'avenir, et difficilement ou incomplétement heureux, sur-tout si une forte raison, c'est-à-dire, la philosophie, ne vient à son secours.

Je m'arrête là : le développement des objets qui viennent d'être cités, m'éloignerait du but que je me propose d'atteindre.

Passons maintenant à un sujet plus élevé et plus grave encore que ceux dont nous nous sommes occupé jusqu'ici, et qui est indispensable pour compléter la liaison de tout ce que nous avons exposé, même à l'égard des animaux ; passons à l'objet qui devrait le plus intéresser le *naturaliste*, au plus important de ceux qu'il était nécessaire de traiter dans cette Introduction ; enfin, à l'essai d'une détermination de ce qu'est réellement la *nature*, et des idées que nous devons nous former de cette puissance à laquelle nous sommes forcés d'attribuer tant de choses, en un mot, à laquelle les animaux doivent tout ce qu'ils sont, et tout ce qu'ils possèdent. (1)

____

(1) C'est dans cette partie principalement que se développe la profondeur d'esprit de notre grand naturaliste : une logique puissante, un

admirable enchaînement d'idées, cette manière si nouvelle d'envisager les actes des animaux et de l'homme en particulier, de faire voir dans des êtres si divers ces actes soumis aux mêmes lois, et l'intelligence humaine elle-même s'y soumettre et en faire reconnaître l'universalité de ces lois, nous porterait à manifester notre admiration au bas de chacune des pages qui précèdent. Dans un sujet comme celui-là et traité d'une manière si supérieure, nous avons pensé que nous devions nous abstenir de toute observation ; mais nous ne pouvons nous empêcher de recommander la lecture et la méditation de cette cinquième partie, aussi bien aux naturalistes qu'à toute personne qui s'intéresse aux progrès de la physiologie de l'intelligence humaine.

SIXIÈME PARTIE.

DE LA NATURE, OU DE LA PUISSANCE, EN QUELQUE SORTE MÉCANIQUE, QUI A DONNÉ L'EXISTENCE AUX ANIMAUX, ET QUI LES A FAITS NÉCESSAIREMENT CE QU'ILS SONT.

Il importe maintenant de montrer qu'il existe des puissances particulières qui ne sont point des *intelligences*, qui ne sont pas même des êtres individuels, qui n'agissent que par nécessité, et qui ne peuvent faire autre chose que ce qu'elles font. Or, si, selon l'expression des *naturalistes*, les animaux font partie des productions de la nature, voyons d'abord si ce qu'on nomme la *nature* ne serait pas une de ces puissances particulières dont je viens de parler. Nous examinerons ensuite ce que peut être cette puissance singulière, capable de donner l'existence à des êtres aussi admirables que ceux dont il s'agit !

Cependant, la première pensée qui se présente lorsque nous examinons cette question : *quelle est l'origine immédiate de l'existence des animaux ?* est d'attribuer cette existence à une puissance intelligente et sans bornes, qui les a faits, tous à la fois, ce qu'ils sont chacun dans leur espèce.

Cette pensée, très juste au fond, prononce néanmoins sur la question du mode d'exécution de la volonté supérieure, avant de savoir ce que l'observation peut nous apprendre à cet égard. Comme les faits observés et constatés sont des objets plus positifs que nos raisonnements, ces faits nous forcent maintenant de nous décider entre les deux questions suivantes :

La puissance intelligente et sans bornes qui a fait exister tous les êtres physiques que nous observons, les a-t-elle créés immédiatement et simultanément, ou n'a-t-elle pas établi un ordre de choses, constituant une puissance particulière et dépendante, mais capable de donner successivement l'existence à tant d'êtres divers (1)?

A l'égard de ces deux modes d'exécution de la *volonté suprême*, ne supposant pas même la possibilité du second, notre pensée, avant la connaissance des faits, se décida en faveur du premier, et l'on va voir que les apparences semblaient en étayer le fondement.

En effet, tous les corps que nous observons, nous offrent généralement, chacun dans leur espèce, une existence, à la vérité, plus ou moins passagère, et même pendant la durée de cette existence, nous voyons en eux la possibilité ou la nécessité de subir divers changements. Mais aussi, tous ces corps se montrent ou se retrouvent constamment les mêmes à nos yeux, ou à peu près tels, dans tous les temps, et on les voit toujours, chacun avec les mêmes qualités ou facultés, et avec la même possibilité ou la même nécessité d'éprouver des changements.

D'après cela, dira-t-on, comment vouloir leur supposer une formation, pour ainsi dire, *extra-simultanée*, une formation successive et dépendante, en un mot, une origine particulière à chacun d'eux, et dont le principe puisse être déterminable ! pourquoi ne les

---

(1) L'étude des corps organisés des premiers âges de la terre, dont on retrouve les débris à l'état fossile dans les couches solides des continents, a répondu en grande partie à ces questions, et justement, comme nous l'avons vu, en rendant plus certaines les prévisions de Lamarck.

regarderait-on pas plutôt comme aussi anciens que la *nature*, comme ayant la même origine qu'elle-même et que tout ce qui a eu un commencement?

C'est en effet ce que l'on a pensé, et ce que pensent encore beaucoup de personnes même très instruites; elles ne voient dans toutes les espèces, de quelque sorte qu'elles soient, inorganiques ou vivantes; elles ne voient, dis-je, que des corps dont l'existence leur paraît à peu près aussi ancienne que celle de la *nature*, que des corps qui, malgré les changements et l'existence passagère des individus, se retrouvent les mêmes dans tous les renouvellements.

Or, l'existence de ces espèces, que nous revoyons toujours à très peu près semblables, quoique les corps qui en constituent les individus, changent, passent et reparaissent plus ou moins promptement, est donc, disent ces mêmes personnes, le résultat d'un grand pouvoir qui y a donné lieu, d'un pouvoir, en un mot, au-dessus de toutes nos conceptions!

Il doit être effectivement bien grand le pouvoir qui a su donner l'existence à tous les corps, et les faire généralement ce qu'ils sont! car, si l'on observe un animal, même le plus imparfait, tel qu'un *infu-soire* ou un *polype*, on est frappé d'étonnement à la vue de ce singulier corps, de son état, de la vie qu'il possède, et des facultés qu'il en obtient; on l'est sur-tout, en considérant que le corps si simple et si frêle que je viens de citer, est non-seulement susceptible de s'accroître et de se reproduire lui-même, mais qu'il a, en outre, la faculté de se mouvoir; on l'est bien davantage ensuite, à mesure que l'on observe les animaux des ordres plus relevés, et principalement lors-qu'on vient à considérer ceux qui sont les plus parfaits; car, parmi les facultés nombreuses qui possèdent ces derniers, il s'en trouve de la plus grande éminence, puisque la faculté de *sentir*, qui est déjà si admirable en elle-même, est encore inférieure à celle de se former des idées conservables, de les employer à en former d'autres, en un mot, de comparer les objets, de juger, de penser. Cette dernière faculté sur-tout, est pour nous une merveille si grande, qu'il nous semble impossible que la nature soit capable d'en amener la production.

Si les animaux en qui nous observons de pareilles facultés sont des machines, assurément, ces machines sont bien dignes de notre admiration! elles doivent singulièrement nous étonner, puisque nous avons tant de peine à les concevoir, et qu'il nous est absolument impossible de faire quelque chose qui en approche.

Toutes ces considérations parurent et paraissent donc encore aux personnes dont j'ai parlé, des motifs suffisants pour penser que la *nature* n'est point la cause *productrice* des différents corps que nous connaissons, et que ces corps se remontrant les mêmes (en apparence), dans tous les tems, et avec les mêmes qualités ou facultés, doivent être aussi anciens que la *nature*, et avoir pris leur existence dans la même cause qui lui a donné la sienne.

S'il en est ainsi, ces corps ne doivent rien à la *nature*, ils ne sont point ses productions, elle ne peut rien sur eux, elle n'opère rien à leur égard, et dans ce cas, elle n'est point une puissance, des lois lui sont inutiles; enfin, le nom qu'on lui donne est un mot vide de sens, s'il n'exprime que l'existence des corps, et non un pouvoir particulier qui opère et agit immédiatement sur eux.

Mais si nous examinons tout ce qui se passe journellement autour de nous, si nous recueillons et suivons attentivement les faits que nous pouvons observer, les idées si spécieuses que je viens de citer, perdront

alors de plus en plus le fondement qu'elles semblaient avoir.

En effet, nous observons des changements, lents ou prompts, mais réels dans tous les corps, selon les circonstances de leur nature et celles de leur situation; en sorte que les uns se détériorent de plus en plus, sans jamais réparer leurs pertes et sont à la fin détruits; tandis que les autres qui subissent sans cesse des altérations et les réparent eux-mêmes pendant une durée limitée, finissent aussi, néanmoins, par une destruction entière. Cependant, malgré ce dernier résultat de tout corps quelconque, nous en retrouvons constamment les mêmes sortes, les mêmes espèces, et nous les rencontrons dans tous les états, dans tous les degrés de changement.

Pouvons-nous donc méconnaître l'existence d'un pouvoir général, toujours agissant, toujours opérant des produits manifestes en changement, en formation et en destruction des corps! selon des circonstances favorables observées, ne voyons-nous pas nous-mêmes plusieurs de ces corps se former presque sous nos yeux, tels que le *soufre* en certains lieux, l'*alun* dans d'autres, le *salpêtre* dans d'autres encore, etc., etc.

Nos observations ne se bornent point seulement à nous convaincre de l'existence d'un grand pouvoir toujours agissant, qui change, forme, détruit et renouvelle sans cesse les différents corps; elles nous montrent, en outre, que ce pouvoir est limité, tout-à-fait dépendant, et qu'il ne saurait faire autre chose que ce qu'il fait: car il est partout assujetti à des lois de différents ordres qui règlent toutes ses opérations; lois qu'il ne peut ni changer, ni transgresser, et qui ne lui permettent jamais de varier ses moyens dans la même circonstance.

Non-seulement ce grand pouvoir existe; mais il a

lui-même celui d'en instituer d'autres, pareillement dépendants, moins généraux, et parmi lesquels on en connaît un qui est encore admirable dans ses produits.

En effet, dans l'organisation, animée par la *vie*, nous remarquons une véritable puissance qui change, qui répare, qui détruit, et qui produit des objets qui n'eussent jamais existé sans elle.

Cette puissance particulière, qu'on nomme la *vie*, et dont tous les corps vivants sont l'unique domaine, agit toujours nécessairement, selon des lois régulatrices de tous ses actes. Nous l'avons effectivement déjà suivie dans un grand nombre des actes qu'elle opère, nous avons même saisi plusieurs de ses lois, et nous nous sommes assuré qu'elle agit toujours de la même manière, dans les mêmes circonstances. Mais la puissance dont il est question, n'exerce son pouvoir que sur une seule sorte de corps, et comme elle est le produit de la puissance générale qui l'a établie, elle se détruit elle-même dans chaque corps de son domaine; tandis que l'autre subsiste toujours la même, parce qu'elle tient son existence d'une source bien différente et infiniment supérieure!

Ainsi, le pouvoir général qui embrasse dans son domaine tous les objets que nous pouvons apercevoir, de même que ceux qui sont hors de la portée de nos observations, et qui a donné immédiatement l'existence aux végétaux, aux animaux, ainsi qu'aux autres corps, est véritablement un pouvoir limité et en quelque sorte aveugle, un pouvoir qui n'a ni intention, ni but, ni volonté; un pouvoir qui, quelque grand qu'il soit, ne saurait faire autre chose que ce qu'il fait; en un mot, un pouvoir qui n'existe lui-même que par la volonté d'une puissance supérieure et sans bornes, qui l'ayant institué, est réellement l'*auteur* de tout ce qui en provient, enfin de tout ce qui existe.

Le pouvoir aveugle et limité dont il s'agit, et que nous avons tant de peine à reconnaître, quoiqu'il se manifeste partout, n'est point un être de raison : il existe certainement, et nous n'en saurions douter, puisque nous observons ses actes, que nous le suivons dans ses opérations, que nous voyons qu'il ne fait rien que graduellement, que nous remarquons qu'il est partout soumis à des lois, et que déjà nous sommes parvenus à connaître plusieurs de celles qui le régissent.

Or, ce pouvoir circonscrit, que nous avons si peu considéré, si mal étudié ; ce pouvoir auquel nous attribuons presque toujours une intention et un but dans ses actes ; ce pouvoir enfin, qui fait toujours nécessairement les mêmes choses dans les mêmes circonstances, et qui néanmoins, en fait tant et de si admirables, est ce que nous nommons la *nature*.

Qu'est-ce donc que la *nature?* Qu'est-elle cette puissance singulière qui fait tant de choses, et qui cependant est constamment bornée à ne faire que celles-là ? Qu'est-elle, encore, cette puissance qui ne varie ses actes qu'autant que les circonstances, dans lesquelles elle agit, ne sont point les mêmes? Enfin, à quoi s'applique ce mot la *nature*, cette dénomination si souvent employée, que toutes les bouches prononcent si fréquemment, et que l'on rencontre presqu'à chaque ligne dans les ouvrages des *naturalistes,* des *physiciens* et de tant d'autres ?

Il importe assurément de fixer à la fin nos idées, s'il est possible, sur une expression dont la plupart des hommes se servent communément, les uns par habitude et sans y attacher aucune idée déterminée, les autres en y appliquant des idées réellement fausses.

A l'idée que l'on s'est formée d'une puissance, l'on a presque toujours associé celle d'une *intelligence* qui dirige ses actes, et par suite, l'on a attribué à cette puissance une intention, un but, une volonté. Sans doute, on ne peut nier qu'il n'en soit ainsi à l'égard du pouvoir suprême; mais il y a aussi des puissances assujetties et bornées, qui n'agissent que nécessairement, qui ne peuvent faire autre chose que ce qu'elles font, et qui ne sont point des *intelligences* : ce sont seulement des causes agissantes; et même toute cause capable de produire un effet, est déjà une puissance réelle; à plus forte raison celle qui en produit de nombreux et de très remarquables.

Par exemple, tout ordre de choses, animé par un mouvement, soit épuisable, soit inépuisable, est une véritable *puissance* dont les actes amènent des faits ou des phénomènes quelconques.

La *vie*, dans un corps, en qui l'ordre et l'état de choses qui s'y trouvent, lui permettent de se manifester, est assurément, comme je l'ai dit, une véritable *puissance* qui donne lieu à des phénomènes nombreux; cette puissance, cependant, n'a ni but, ni intention, ne peut faire autre chose que ce qu'elle fait, et n'est elle-même qu'une cause agissante, et non un être particulier.

Or, il s'agit de montrer que la *nature* est tout-à-fait dans le même cas; avec cette différence que sa source est inépuisable, tandis que celle de la *vie* se tarit nécessairement.

Sans doute, sur ce qui concerne la *nature*, je n'ai à dire que très peu de choses relativement à ce qui n'est pas encore bien connu; mais ce peu de choses est positif, puisqu'il est fondé sur les faits. Or, la connaissance de ce que je puis montrer à ce sujet doit être importante; car elle seule peut nous aider à découvrir la source de tout ce que nous observons à l'égard des animaux et des autres corps que nous pouvons apercevoir. Il est donc nécessaire de l'exposer et de fixer nos idées sur des objets que l'observation nous a fait connaître.

Parmi les différentes confusions d'idées auxquelles le sujet que j'ai ici en vue a donné lieu, j'en citerai deux comme principales; savoir : celle qui consiste en ce que bien des personnes regardent comme synonymes, les mots *nature* et *univers*; et celle qui fait penser à la plupart des hommes, que la *nature* et son SUPRÊME AUTEUR sont pareillement synonymes.

Je vais essayer de montrer que ces deux considérations sont l'une et l'autre sans fondement, et commencer par réfuter la première.

Ces deux mots, la *nature* et l'*univers*, si souvent employés et confondus, auxquels on n'attache, en général, que des idées vagues, et sur lesquels la détermination précise de l'idée que l'on doit se former de chacun d'eux, paraît une folle entreprise à certaines personnes, me semblent devoir être distingués dans leur signification; car ils concernent des objets essentiellement différents. Or, cette distinction est tellement importante que, sans elle, nous nous égarerons toujours dans nos raisonnements sur tout ce que nous observons.

Pour moi, la définition de l'*univers* ne peut être autre que la suivante :

L'*univers* est l'ensemble inactif, et sans puissance qui lui soit propre, de tous les êtres physiques et passifs, c'est-à-dire, de toutes les matières et de tous les corps qui existent.

C'est donc du monde ou de l'univers *physique* dont il s'agit uniquement dans cette définition. Ne pouvant parler que de ce qui est à la portée de nos observations, c'est seulement de celles des parties de l'*univers* que nous apercevons, qu'il nous est possible de nous procurer quelques connaissances, tant sur ce que sont ces parties elles-mêmes, que sur ce qui les concerne.

Là, se bornent tout ce que nous pouvons raisonnablement dire de l'*univers*. Chercher à expliquer sa formation, à déterminer tous les objets qui entrent dans sa composition, serait assurément une folie. Nous n'en avons pas les moyens; nous n'en connaissons que très peu de choses; nous savons seulement que son existence est une réalité.

Cependant, la matière faisant la base de toutes ses parties, je puis montrer qu'il est en lui-même inactif et sans puissance propre, et que ce que nous devons entendre par le mot la *nature* lui est tout-à-fait étranger.

En effet, en approfondissant ce grand sujet, d'après tout ce que j'aperçois, je crois, d'abord, pouvoir assurer, à l'égard de l'ensemble des matières et des corps qui forment l'*univers physique*, que cet ensemble est lui-même immutable ou indestructif, et qu'il subsistera tel qu'il est, tant que la volonté de son SUBLIME AUTEUR le permettra; ensuite, j'oserai dire que ce même ensemble n'est point et ne peut être une puissance; qu'il ne peut avoir d'activité propre; et que, conséquemment, il n'en saurait avoir sur ses parties, la source de toute activité lui étant étrangère; enfin, je crois être fondé à dire encore que toutes les parties de l'*univers physique* n'ont pas plus d'activité que l'ensemble qu'elles composent, que toutes sont réellement passives, et que ce sont elles qui constituent l'unique et vaste domaine de la *nature*.

Or, la *nature* ne se trouve nullement dans cette catégorie; ce n'est, en effet, ni un corps, ni un être quelconque, ni un ensemble d'êtres, ni un composé d'objets passifs; c'est, au contraire, comme nous l'allons voir, un ordre de choses particulier, constituant

17*

une véritable puissance, laquelle est, néanmoins, assujettie dans tous ses actes.

Effectivement, c'est la *nature* qui fait exister, non la matière, mais tous les corps dont la matière est essentiellement la base; et comme elle n'a de pouvoir que sur cette dernière, et que son pouvoir à cet égard ne s'étend qu'à la modifier diversement, qu'à changer et varier sans cesse ses masses particulières, ses associations, ses aggrégats, ses combinaisons différentes, on peut être assuré que, relativement aux corps, c'est elle seule qui les fait ce qu'ils sont, et que c'est elle encore qui donne, aux uns, les propriétés, et aux autres, les facultés que nous leur observons.

Qu'est-ce donc, encore une fois, que la *nature*? serait-ce une intelligence?

Non, assurément, la *nature* n'est point une intelligence : je vais essayer de le prouver. Mais, auparavant, voici la définition que j'en donnerai :

La *nature* est un ordre de choses, étranger à la matière, déterminable par l'observation des corps, et dont l'ensemble constitue une puissance inaltérable dans son essence, assujettie dans tous ses actes, et constamment agissante sur toutes les parties de l'univers.

Si l'on oppose cette définition à celle de l'univers qui n'est que l'*ensemble des êtres physiques et passifs*, c'est-à-dire, que l'*ensemble de tous les corps et de toutes les matières qui existent,* on reconnaîtra que ces deux ordres de choses sont extrêmement différents, tout-à-fait séparés, et ne doivent pas être confondus.

En ayant eu, presque de tout temps, le sentiment intime, quoique nous ne nous en soyons jamais rendu compte, nous ne les avons pas effectivement confondus; car, pressentant cet *ordre inaltérable* de causes sans cesse actives, et le distinguant des êtres passifs qui y sont assujettis, nous l'avons personnifié, à l'aide de notre imagination, sous la dénomination de la *nature;* et depuis, nous nous servons habituellement de cette expression, sans fixer les idées précises que nous devons y attacher.

Nous verrons dans l'instant que les objets, non *physiques*, dont l'ensemble constitue la *nature*, ne sont point des êtres, et conséquemment, ne sont ni des corps, ni des matières; que cependant nous pouvons les connaître; que ce sont même les seuls objets, étrangers aux corps et aux matières, dont nous puissions nous procurer une reconnaissance positive.

En effet, cette connaissance nous étant parvenue par l'observation des corps, comme on le verra tout-à-l'heure, s'est trouvée à notre portée, et en notre pouvoir. Ainsi, hors de la *nature*, hors des corps et des matières qui peuvent se rendre sensibles à nos sens, nous ne pouvons rien observer, rien connaître d'une manière positive.

Reprenons notre examen de ce qu'est réellement la *nature*, et sa comparaison avec les objets qui forment son immense domaine.

Si la définition que j'ai donnée de la *nature* est fondée, il en résulte que cette dernière n'est qu'un ensemble d'objets non *physiques*, c'est-à-dire, étrangers aux parties de l'univers et que nous n'avons connus qu'en observant les corps; et que cet ensemble forme un ordre de causes toujours actives, et de moyens qui régularisent et permettent les actions de ces causes; ainsi la *nature* se compose :

1° Du *mouvement*, que nous ne connaissons que comme la modification d'un corps qui change de lieu, qui n'est essentiel à aucune matière, à aucun corps, et qui est cependant inépuisable dans sa source, et se trouve répandu dans toutes les parties des corps;

2° De lois de tous les ordres qui, constantes et

immutables, régissent tous les mouvements, tous les changements que subissent les corps; et qui mettent dans l'univers, toujours changeant dans ses parties et cependant toujours le même dans son ensemble, un ordre et une harmonie inaltérables.

La puissance assujettie qui résulte de l'ordre de causes actives que je viens d'indiquer, a sans cesse à sa disposition :

1° L'*espace*, dont nous ne nous sommes formé l'idée qu'en considérant le lieu des corps, soit réel, soit possible; que nous savons être immobile, par-tout pénétrable et indéfini; qui n'a de parties finies que celles des lieux que remplissent les corps, enfin, que celles qui résultent de nos mesures d'après les corps et d'après les lieux que ces corps peuvent successivement occuper en se déplaçant;

2° Le *temps* ou la *durée*, qui n'est qu'une continuité, avec ou sans terme, soit du mouvement, soit de l'existence des choses; et que nous ne sommes parvenus à mesurer, d'une part, qu'en considérant la succession des déplacements d'un corps, lorsqu'étant animé d'une force uniforme, nous avons divisé en parties, la ligne qu'il a parcourue, ce qui nous a donné l'idée des durées finies et relatives; et, de l'autre part, lorsque nous avons comparé les différentes durées d'existence de divers corps, en les rapportant à des durées finies et déjà connues.

Ainsi, l'on peut maintenant se convaincre que l'ordre de causes toujours actives qui constitue la *nature*, et que les moyens que cette dernière a sans cesse à sa disposition, sont des objets essentiellement distincts de l'ensemble des êtres physiques et passifs dont se compose l'univers; car, à l'égard de la *nature*, ni le *mouvement*, ni les *lois* de tous les genres qui régissent ses actes, ni le *temps* et l'*espace* dont elle dispose sans limites, ne sont le propre de la matière ; et l'on sait que la matière est la base de tous les êtres physiques dont l'ensemble constitue l'*univers*.

La définition de l'*univers physique*, réduite à la simplicité qui peut la rendre convenable, en donne donc une idée exacte en montrant que la matière et que les corps dont la matière est la base, le constituent exclusivement ; que, conséquemment, ni cet univers, ni ses parties, quelles qu'elles soient, ne sauraient avoir en propre aucune activité, aucune sorte de puissance. Or, ces considérations ne sont nullement applicables à la *nature* ; car celles qu'elle nous présente sont tout-à-fait opposées.

Il a fallu avoir observé au moins un grand nombre des changements qui s'exécutent continuellement et partout dans les parties de l'*univers*, pour apercevoir, enfin, l'existence de cette puissance étendue, mais assujettie dans ses actes, qui constitue la *nature* ; de cette puissance essentiellement étrangère à la matière et aux corps qui en sont formés, et qui produit tous les changements que nous observons dans les différentes parties de l'univers, ainsi que ceux que nous ne pouvons observer.

L'on a vu que la *vie* que nous remarquons dans certains corps, ressemblait en quelque sorte à la *nature*, en ce qu'elle n'est point un être, mais un ordre de choses animé de mouvements, qui a aussi sa puissance, ses facultés, et qui les exerce nécessairement, tant qu'il existe ; la *vie*, cependant, présente cette différence considérable qui ne permet plus de la mettre en comparaison avec la *nature* ; c'est que, ne tenant ses moyens et son existence que de cette dernière même, elle amène sa propre destruction ; tandis que la *nature*, comme tout ce qui a été créé directement, est immutable, inaltérable, et ne saurait avoir de terme que par la volonté suprême qui seule l'a fait exister (1).

Passons à la seconde erreur que nous avons déjà citée en parlant des confusions d'idées auxquelles la considération de la *nature* a donné lieu, et tâchons de la détruire.

On a pensé que la nature était DIEU même : c'est, en effet, l'opinion du plus grand nombre ; et ce n'est que sous cette considération, que l'on veut bien admettre que les *animaux*, les *végétaux*, etc., sont ses productions.

Chose étrange ! l'on a confondu la montre avec l'horloger, l'ouvrage avec son auteur. Assurément, cette idée est inconséquente, et ne fut jamais approfondie. La puissance qui a créé la *nature*, n'a, sans doute, point de bornes, ne saurait être restreinte ou assujettie dans sa volonté, et est indépendante de toute loi. Elle seule peut changer la *nature* et ses lois; elle seule peut même les anéantir ; et quoique nous n'ayons pas une connaissance positive de ce grand objet, l'idée que nous nous sommes formé de cette puissance sans bornes, est au moins la plus convenable de

____

(1) Il arrive à la plupart des hommes de confondre dans leur esprit, l'être matériel, et les propriétés ou les facultés dont il jouit : il est ensuite très difficile de séparer ces deux choses très distinctes. La nature est un ordre de phénomènes appliqué à tout ce qui constitue l'univers; la vie est un ordre de phénomènes propres aux corps vivants ; mais la nature et la vie ne sont point existants par eux-mêmes, et nous devons admirer Lamarck, qui a développé ces vérités avec tant de logique et de raison. Cette habitude de matérialiser les choses les plus immatérielles se montre dans presque toutes les sciences. L'art médical surtout a été retardé dans sa marche rationnelle, parce que chaque maladie était une entité qu'il fallait combattre et détruire, tandis que la maladie n'est aussi qu'un ordre de choses résultant d'une altération dans les parties d'un être vivant.

Nous pourrions facilement multiplier les exemples.

celles que l'homme ait dû se faire de la Divinité, lorsqu'il a su s'élever par la pensée jusqu'à elle.

Si la *nature* était une intelligence, elle pourrait vouloir, elle pourrait changer ses lois, ou plutôt elle n'aurait point de lois. Enfin, si la nature était Dieu même, sa volonté serait indépendante, ses actes ne seraient point forcés. Mais il n'en est pas ainsi ; elle est partout, au contraire, assujettie à des lois constantes sur lesquelles elle n'a aucun pouvoir ; en sorte que, quoique ses moyens soient infiniment diversifiés et inépuisables, elle agit toujours de même dans chaque circonstance semblable, et ne saurait agir autrement (1).

Sans doute, toutes les lois auxquelles la *nature* est assujettie, dans ses actes, ne sont que l'expression de la volonté suprême qui les a établies; mais la *nature* n'en est pas moins un ordre de choses particulier, qui ne saurait vouloir, qui n'agit que par nécessité, et qui ne peut exécuter que ce qu'il exécute.

Beaucoup de personnes supposent une *ame univer-selle* qui dirige, vers un but qui doit être atteint, tous les mouvements et tous les changements qui s'exécutent dans les parties de l'*univers*.

Cette idée, renouvelée des anciens qui ne s'y bor-

---

(1) Cette nécessité dans les actes de la nature est importante à considérer, et elle est tout-à-fait incontestable : la physique, la chimie sont fondées sur ce principe. Un acide et une base produisent toujours un sel; et nécessairement le même sel sera formé toutes fois que la base et l'acide seront dans les mêmes circonstances favorables à leur combinaison, etc., etc. Cette nécessité des actes de la nature ne peut être contestée, pour ce qui a rapport aux corps inorganiques; on ne la reconnaît pas dans les lois qui régissent les corps vivants, quoiqu'elle y existe aussi, car ils ne sont pas, et ils ne peuvent être le résultat du hasard ou de combinaisons fortuites; ils sont soumis à des lois : donc ces lois sont nécessaires ; car la nature ne fait rien de superflu.

naient pas, puisqu'ils attribuaient en même temps une *ame particulière* à chaque sorte de corps, n'est-elle pas au fond semblable à celle qui fait dire à présent, que la *nature* n'est autre que DIEU même ? Or, je viens de montrer qu'il y a ici confusion d'idées incompatibles, et que la nature n'étant point un être, une intelligence, mais un ordre de choses partout assujetti, on ne saurait absolument la comparer en rien à l'*être suprême* dont le pouvoir ne saurait être limité par aucune loi.

C'est donc une véritable erreur que d'attribuer à la *nature* un but, une intention quelconque dans ses opérations; et cette erreur est des plus communes parmi les naturalistes. Je remarquerai seulement que si les résultats de ses actes paraissent présenter des fins prévues, c'est parce que, dirigée partout par des lois constantes, primitivement combinées pour le but que s'est proposé son *Suprême Auteur*, la diversité des circonstances que les choses existantes lui offrent sous tous les rapports, amène des produits toujours en harmonie avec les lois qui régissent tous les genres de changement qu'elle opère; c'est aussi, parce que ses lois des derniers ordres sont dépendantes, et régies elles-mêmes par celles des premiers ou des supérieurs.

C'est sur-tout dans les corps vivants, et principalement dans les *animaux*, qu'on a cru apercevoir un but aux opérations de la nature. Ce but cependant n'y est là, comme ailleurs, qu'une simple apparence et non une réalité. En effet, dans chaque organisation particulière de ces corps, un ordre de choses, préparé par les causes qui l'ont graduellement établi, n'a fait qu'amener par des développements progressifs de parties, régis par les circonstances, ce qui nous paraît être un but, et ce qui n'est réellement qu'une nécessité. Les climats, les situations, les milieux habités, les moyens de vivre et de pourvoir à sa conservation , en un mot, les circonstances particulières dans lesquelles chaque race s'est rencontrée, ont amené les habitudes de cette race; celles-ci y ont plié et approprié les organes des individus; et il en est résulté que l'harmonie que nous remarquons partout entre l'organisation et les habitudes des animaux, nous paraît une fin prévue, tandis qu'elle n'est qu'une fin nécessairement amenée (1).

La *nature* n'étant point une intelligence , n'étant pas même un être, mais un ordre de choses constituant une puissance partout assujettie à des lois, la *nature*, dis-je, n'est donc pas DIEU même. Elle est le produit sublime de sa volonté toute puissante ; et pour nous, elle est celui des objets créés le plus grand et le plus admirable.

Ainsi, la volonté de DIEU est partout exprimée par l'exécution des lois de la nature, puisque ces lois viennent de lui. Cette volonté néanmoins ne saurait y être bornée , la puissance dont elle émane n'ayant point de limites. Cependant, il n'en est pas moins très vrai que, parmi les faits physiques et moraux, jamais nous n'avons occasion d'en observer un seul qui ne soit véritablement le résultat des lois dont il s'agit.

Pour l'homme qui observe et réfléchit, le spectacle de l'univers animé par la *nature*, est sans doute très imposant, propre à émouvoir, à frapper l'imagination, et à élever l'esprit à de grandes pensées. Tout ce qu'il

---

(1) Qu'est-ce donc que ce *nisus* formateur dont on s'est servi pour expliquer, à l'égard des corps vivants , soit les faits généraux de développement et de variation de ces corps , soit les faits particuliers que présente l'histoire physique de l'*homme* dans les variétés reconnues de son espèce; qu'est-ce, dis-je, que le *nisus* formateur dont il s'agit; si ce n'est cette *puissance* même de la *nature* que je viens de signaler.

(*Note de Lamarck.*)

aperçoit lui paraît pénétré de mouvement, soit effectif, soit contenu par des forces en équilibre. De tous
côtés, il remarque , entre les corps, des actions réci-
proques et diverses, des réactions, des déplacements ,
des agitations , des mutations de toutes les sortes , des
altérations, des destructions, des formations nouvelles
d'objets qui subissent à leur tour le sort d'autres semblables qui ont cessé d'exister, enfin, des reproductions
constantes, mais assujetties aux influences des circonstances qui en font varier les résultats; en un mot , il
voit les générations passer rapidement , se succéder
sans cesse, et en quelque sorte, comme on l'a dit : « *se*
« *précipiter dans l'abîme des temps.* »

L'observateur dont je parle , bientôt ne doute plus
que le domaine de la *nature* ne s'étende généralement
à tous les corps. Il conçoit que ce domaine ne doit
pas se borner aux objets qui composent le globe que
nous habitons, c'est-à-dire, que la *nature* n'est point
restreinte à former , varier , multiplier, détruire et
renouveler sans cesse les *animaux* , les *végétaux* et les
corps *inorganiques* de notre planète. Ce serait , sans
doute, une erreur de le croire , en s'en rapportant à
cet égard à l'apparence; car le mouvement répandu
partout, et ses forces agissantes, ne sont probablement
nulle part dans un équilibre parfait et constant. Le
domaine dont il s'agit, embrasse donc toutes les parties de l'univers, quelles qu'elles soient ; et conséquemment, les corps célestes, connus ou inconnus,
subissent nécessairement les effets de la puissance de
la *nature*. Aussi, l'on est autorisé à penser que , quelque considérable que soit la lenteur des changements
qu'elle exécute dans les grands corps de l'univers, tous
néanmoins y sont assujettis; en sorte qu'aucun corps
physique n'a nulle part une stabilité absolue.

Ainsi , la *nature*, toujours agissante , toujours impassible, renouvelant et variant toute espèce de corps, n'en préservant aucun de la destruction , nous offre une scène imposante et sans terme , et nous montre en elle une puissance particulière , qui n'agit que par nécessité.

Tel est l'ensemble de choses qui constitue la *nature*, et dont nous sommes assurés de l'existence par l'observation ; ensemble qui n'a pu se faire exister lui-même , et qui ne peut rien sur aucune de ses parties ; ensemble qui se compose de causes ou de forces toujours actives , toujours régularisées par des lois , et de moyens essentiels à la possibilité de leurs actions ; ensemble, enfin, qui donne lieu à une *puissance* assujettie dans tous ses actes, et néanmoins admirable dans tous ses produits.

La *nature* reconnue atteste elle-même son *auteur*, et présente une garantie de la plus grande des pensées de l'homme, de celle qui le distingue si éminemment de ceux des autres êtres qui ne jouissent de l'intelligence que dans des degrés inférieurs , et qui ne sauraient jamais s'élever à une pensée aussi grande.

Si l'on ajoute à cette vérité la suivante ; savoir : que le terme de nos connaissances positives n'emporte pas nécessairement celui de ce qui peut exister, on aura en elles les moyens de renverser les faux raisonnements dont l'immoralité s'autorise.

Reprenons la suite des développements qui caractérisent la *nature*, et qui montrent le vrai point de vue sous lequel on doit la considérer.

Puisque la *nature* est une puissance qui produit , renouvelle, change, déplace, enfin, compose et décompose les différents corps qui font partie de l'univers ; on conçoit qu'aucun changement, qu'aucune formation, qu'aucun déplacement ne s'opère que conformément à ses lois. Et , quoique les circonstances fassent quelquefois varier ses produits et celles des lois qui doivent être employées, c'est encore, néanmoins, par des lois de la *nature* que ces variations sont dirigées. Ainsi, certaines irrégularités dans ses actes, certaines monstruosités qui semblent contrarier sa marche ordinaire, les bouleversements dans l'ordre des objets physiques, en un mot, les suites trop souvent affligeantes des passions de l'homme, sont cependant le produit de ses propres lois et des circonstances qui y ont donné lieu. Ne sait-on pas, d'ailleurs, que le mot de *hasard* n'exprime que notre ingnorance des causes.

A tout cela, j'ajouterai que des *désordres* (1) sont sans réalité dans la *nature*, et que ce ne sont, au contraire, que des faits dans l'ordre général, les uns peu connus de nous, et les autres relatifs aux objets particuliers, dont l'intérêt de conservation se trouve nécessairement compromis par cet ordre général. (*Philos. zool., vol. 2, p.* 465.)

Qui ne sent, en effet, que si le propre de la *nature* est de changer, produire, détruire, renouveler et varier sans cesse les différents corps, ceux de ces corps qui possèdent la faculté de sentir, de juger et de raisonner, et qui, par les lois mêmes de la *nature*, s'intéressent essentiellement à leur conservation, et à leur bien-être; ceux-là, dis-je, considéreront comme *dé-*

---

(1) Le désordre est un ordre de choses différent de ce que nous nommons arbitrairement l'ordre. L'ordre est pour nous un arrangement facile à discerner entre un certain nombre d'objets; le désordre est un arrangement confus et difficile à discerner entre les mêmes objets. L'ordre et le désordre sont donc des idées relatives à nous : il n'y a point de désordre absolu; c'est un ordre différent. Il n'y a pas non plus de bien et de mal absolus, ce sont encore des idées relatives à nous : que l'on y pense bien et l'on reconnaîtra que c'est là une grande et solide vérité.

sordre tout ce qui compromet cette conservation et ce bien-être qui les intéressent si fortement (1).

Le *bien* ou le *mal* dans l'univers n'est donc que relatif à l'intérêt particulier de chaque partie : il n'a rien de réel, soit à l'égard de l'ensemble qui constitue l'univers physique , soit relativement à l'ordre de choses auquel ses parties sont assujetties ; car ces deux objets sont inaltérablement ce que la puissance qui les a fait exister a voulu qu'ils fussent.

Si la *nature* ne peut autre chose : sur la *matière*, que la modifier, qu'en déplacer, réunir, désunir et combiner des portions ; sur le *mouvement*, que le diversifier d'une infinité de manières différentes ou l'opposer à lui-même ; sur ces propres *lois*, qu'employer nécessairement celle qui, dans chaque circonstance, doit régler son opération ; sur l'*espace*, qu'en remplir et désemplir localement et temporairement des parties ; en un mot, sur le *tems*, qu'en employer des portions diverses dans ses opérations ; elle peut tout, néanmoins, à l'aide de ces moyens , et c'est elle effectivement qui fait tout, relativement aux différents corps et aux faits physiques que nous observons.

On peut donc regarder maintenant comme une con-

----

(1) On sent de là combien *Voltaire*, dans ses questions sur l'Encyclopédie, et les philosophes qui eurent la même opinion , se sont abusés, en supposant à *Dieu*, soit impuissance, soit méchanceté , à l'égard des maux ou des désordres en question ; ces philosophes considérant comme maux et comme désordres, ce qui tient essentiellement à la nature des choses , c'est-à-dire, ce qui n'est que le résultat d'un ordre général et constant de changements , d'altérations , de destructions et de renouvellements à l'égard des corps de tout genre.

J.-J. Rousseau réfuta *Voltaire* par sentiment ; mais il l'eût fait plus victorieusement encore, s'il eût reconnu cet ordre général institué dans les diverses parties de l'univers par le puissant AUTEUR de tout ce qui existe. (*Note de Lamarck.*)

naissance positive que, sauf les objets de création primitive, c'est-à-dire, l'existence de la *matière* en elle-même, celle du *mouvement* considéré dans son essence, celle des *lois* qui régissent tous les ordres de mouvement, celle enfin de l'*espace* et celle du *tems* qui ne peuvent être postérieures et appartenir à une autre source; tous les corps sans exception, doivent à cet ensemble d'objets primitivement créés, à la *nature*, en un mot, leur existence, leur état, leurs propriétés, leurs facultés, et tous les changements qu'ils subissent, et que tous enfin, sont véritablement ses productions.

La *nature*, cependant, n'est que l'instrument, que la voie particulière qu'il a plu à la *puissance suprême* d'employer pour faire exister les différents corps, les diversifier, leur donner, soit des propriétés, soit même des facultés, en un mot, pour mettre toutes les parties passives de l'univers dans l'état mutable où elles sont constamment. Elle n'est, en quelque sorte, qu'un intermédiaire entre Dieu et les parties de l'univers physique, pour l'exécution de la volonté divine.

C'est donc dans ce sens que nous pouvons dire que les *animaux*, ainsi que les facultés qu'ils possèdent, sont des produits de la *nature*, que les *végétaux* le sont pareillement, enfin que les *corps non vivants*, quels qu'ils soient, sont dans le même cas, quoique tout ce qui existe ne soit dû qu'à la volonté suprême qui y a donné lieu.

Relativement à la *nature*, considérée comme la puissance qui a opéré et qui opère encore tant de choses, tant de merveilles mêmes, rien n'est présumé de notre part, rien à cet égard n'est le produit de notre imagination ; car, chaque jour nous sommes témoins de ses opérations, nous en pouvons suivre un grand nombre, en observer les progrès, et remarquer les lois qu'elle suit nécessairement dans chacune d'elles.

Déjà nous connaissons plusieurs des lois auxquelles elle est assujettie dans ses actes ; nous distinguons sa marche, selon le genre d'actes qu'elle opère, et selon les circonstances qui viennent en modifier les résultats; enfin, nous savons qu'elle n'agit que graduellement dans la production de ceux des corps en qui elle a pu établir la *vie*, et dans la composition de l'organisation de ces différents corps. Aussi, voyons-nous que dans les *animaux*, qu'elle a doués généralement de l'*irritabilité*, elle a amené progressivement, depuis les plus imparfaits jusqu'aux plus parfaits, une complication d'organes spéciaux de plus en plus grande, qui lui a donné les moyens de produire dans ces êtres, différents phénomènes organiques de plus en plus admirables, et de douer les plus parfaits de ces animaux, de facultés qui surpassent tout ce que notre imagination peut concevoir : facultés, cependant, qui cesseraient de nous paraître des merveilles, si nous en connaissions le mécanisme.

Ce sont-là des vérités que l'observation a fait connaître, et que maintenant on ne saurait raisonnablement contester.

Ainsi, pour nous, qui sommes absolument bornés à ne connaître positivement que des corps ; que les propriétés, les facultés et les phénomènes que nous présentent ces corps ; que la *nature* qui les change, les diversifie, les détruit, et les renouvelle perpétuellement ; voici ce que nous pouvons regarder comme des vérités auxquelles nous avons su nous élever par l'observation.

L'*univers* est l'ensemble immutable, inactif et sans puissance propre, de toutes les matières et de tous les corps qui existent. Cet ensemble manquant d'activité propre, et ne pouvant rien opérer par lui-même, est l'unique domaine de la nature, et lui doit l'état de toutes ses parties.

La *nature*, au contraire, est une véritable puissance assujettie dans ses actes, inaltérable dans son essence, constamment agissante sur toutes les parties de l'univers, et qui se compose d'une source inépuisable de mouvements, de lois qui les régissent, de moyens essentiels à la possibilité de leurs actions, en un mot, d'objets étrangers aux propriétés de la matière; objets, néanmoins, que nous pouvons déterminer par l'observation. Elle constitue un ordre de choses particulier et constant, qui met toutes les parties de l'univers dans l'état où elles sont à chaque instant, qui donne lieu à tous les faits que nous observons, et à bien d'autres que nous ne sommes point à portée de connaître.

Voilà donc deux objets très distincts, qu'il est nécessaire de ne point confondre. Leur existence est un fait certain pour nous, puisque nos observations l'attestent constamment.

Digression utile et relative au sujet.

A l'égard des grands objets dont nous venons de nous occuper, et sur lesquels il importe de fixer celles de nos idées qui sont susceptibles de l'être, on sent combien il est nécessaire de distinguer ce qui est le résultat positif de l'*observation*, d'avec ce qui n'est que le produit de l'*imagination*, d'où naissent toutes les suppositions arbitraires, les fictions et les illusions de tout genre.

En effet, deux champs d'une étendue immense et très différents entre eux, sont sans cesse ouverts à la pensée de l'homme : ces deux champs sont celui des *réalités* et celui de l'*imagination*.

L'homme, par son attention et sa pensée, fait, tantôt dans l'un et tantôt dans l'autre, des incursions diverses, selon l'intérêt ou l'agrément qu'il y trouve. Ces incursions deviennent successivement d'autant plus grandes qu'il s'y exerce davantage, et sa pensée s'en aggrandit proportionnellement.

Champ des réalités : ce champ est celui que nous offrent les matières et les corps que nous pouvons apercevoir, ainsi *que la nature* dans ses actes, dans sa marche, et dans les phénomènes qu'elle nous présente.

Nous pouvons le définir le champ des *faits observés* ou *observables*, et comme il n'embrasse que des objets réels, et que nous n'y pouvons moissonner que par l'observation, ce champ est donc le seul qui puisse nous procurer des connaissances positives.

Les matières et les corps que nous pouvons apercevoir, les mouvements, les déplacements, les changements, les propriétés et les phénomènes divers que ces corps et ces matières peuvent nous offrir, et que nos sens peuvent nous faire connaître, enfin les lois et l'ordre, selon lesquels ces mouvements, ces changements et ces phénomènes s'exécutent, étant les seuls objets que nous puissions observer, étudier et connaître sous leurs différents rapports, toute connaissance qui ne résulte pas directement de l'observation, ou de conséquences tirées de faits observés et constatés, manque nécessairement de base, et par conséquent de solidité.

Tel est le fond des objets positifs qu'embrasse le *champ des réalités*, et c'est dans ce champ seul que, nous pouvons recueillir des vérités utiles et exemptes d'illusions.

18*

Champ de l'imagination : ce champ, bien différent du premier et au moins aussi vaste, est celui des fictions, des suppositions arbitraires, et des illusions de tout genre.

La pensée de l'homme se plaît à s'enfoncer dans celui-ci, quoique rien n'y soit observable, et qu'elle ne puisse y rien constater ; mais elle y crée arbitrairement tout ce qui peut l'intéresser, la charmer ou la flatter. Elle y parvient en modifiant les idées que les objets réels du premier champ lui ont fait acquérir.

C'est un fait singulier et auquel il me paraît que personne n'a encore pensé ; savoir : que *l'imagination* de l'homme ne saurait créer une seule idée qui ne prenne sa source dans celles qu'il s'est procurées par ses sens.

Avec des idées simples que les sensations lui ont fait acquérir, l'homme, en les comparant et les jugeant, en obtient des idées complexes du premier ordre ; en comparant et jugeant deux ou davantage des idées de cet ordre, il en obtient d'autres d'un ordre plus relevé ; enfin, avec celles-ci, ou avec d'autres qu'il y joint, de quelque ordre qu'elles soient, il s'en procure d'autres encore, et ainsi de suite presque indéfiniment. Partout ses conséquences, et par suite toutes les idées qu'il se forme, prennent donc leur source dans les idées simples et premières que son système organique des sensations lui a fait acquérir.

Que l'on joigne à cette voie de multiplier ses idées, celle de s'en former d'autres encore, en modifiant arbitrairement les idées de tous les ordres qui tirent leur origine de ses sensations et de ses observations, on aura le complément de tout ce que peut produire *l'imagination humaine.*

En effet, tantôt par des contrastes ou des oppositions, elle change l'idée qu'elle s'est formée du fini, en celle de l'infini; et de même, elle change l'idée qu'elle s'est procurée d'une matière ou d'un corps, en celle d'un être immatériel. Or, jamais la pensée ne fût arrivée à ces transformations, en un mot, à ces idées changées, sans les modèles positifs dont elle s'est servie. Tantôt, encore, variant à son gré des formes connues d'après les corps, des propriétés observées en eux, et les plus éminents phénomènes qu'ils produisent, la pensée de l'homme donne à des êtres fantastiques, des formes, des qualités et un pouvoir qui répondent à tous les prodiges qu'elle se plaît à inventer sous différents intérêts. Par-tout, néanmoins, elle est assujettie à n'opérer ces transformations, ces actes d'invention, que sur des modèles que le champ des *réalités* lui fournit; modèles qu'elle modifie de toute manière et sans lesquels elle ne saurait créer une seule idée quelconque. *Phil. zool.* vol. 2. p. 412.

Ainsi, souveraine absolue dans ce *champ de l'imagination*, la pensée de l'homme y trouve des charmes qui l'y entraînent sans cesse; s'y forme des illusions qui lui plaisent, la flattent, quelquefois même la dédommagent de tout ce qui l'affecte péniblement; et par elle, ce champ est aussi cultivé qu'il puisse l'être.

Une seule production de ce champ est utile à l'homme : c'est l'*espérance;* et il l'y cultive assez généralement. Ce serait être son ennemi que de lui ravir ce bien réel, trop souvent presque le seul dont il jouisse jusqu'à ses derniers moments d'existence.

Quelque vaste et intéressant que soit le *champ des réalités*, la pensée de l'homme s'y complaît difficilement.

Là, sujette et nécessairement soumise; là, bornée à l'observation et à l'étude des objets; là, encore, ne pouvant rien créer, rien changer, mais seulement reconnaître; elle n'y pénètre que parce que ce champ peut seul fournir ce qui est utile à la conservation, à

la commodité ou aux agréments de l'homme, en un
mot, à tous ses besoins physiques. Il en résulte que
ce même champ est, en général, bien moins cultivé
que celui de l'*imagination*, et qu'il ne l'est que par
un petit nombre d'hommes qui, la plupart, y laissent
même en friche les plus belles parties.

En comparant l'un à l'autre les deux champs dont
je viens de parler, on peut aisément se figurer quel
énorme ascendant doit avoir le champ de l'*imagination*,
qui fournit des pensées, des opinions et des illusions
si agréables, sur la *raison*, toujours sévère et inflexible,
en un mot, sur ce champ des *réalités* qui trace partout des limites à la pensée, et qui n'admet d'autre
instrument de culture que l'observation, et d'autre
guide, dans le travail, que la raison même, qui n'est
autre que le fruit de l'expérience.

Pour le naturaliste qui s'interdit lui-même l'entrée
dans le champ de l'*imagination*, parce qu'il ne se confie
qu'aux faits qu'il peut observer, non-seulement il
examine tout ce qui l'environne, distingue, caractérise et classe tous les objets qu'il aperçoit, et signale
tout ce qui lui paraît pouvoir être utile à ses semblables;
mais, en outre, il considère la *nature* elle-même, épie
sa marche, étudie ses lois, ses actes, ses moyens, et
s'efforce de la connaître. Enfin, contemplant la très
petite portion de l'*univers* qu'il aperçoit, il se fait une
simple idée de son existence, sans entreprendre de savoir ou de déterminer ce qui compose son ensemble ;
et comparant ensuite cet univers physique à la *nature*,
à cette puissance toujours active qui produit tant de
choses, tant de phénomènes admirables, il remarque
que l'un et l'autre jouissent seuls d'une stabilité qui
paraît être absolue, et conçoit qu'elle doit l'être.

Ayant déterminé ce que peut être la *nature*, ainsi
que le seul point de vue sous lequel nous puissions la

considérer, et ayant montré, dans une digression utile
à notre objet, la seule voie qui puisse nous faire acquérir des connaissances positives, je terminerai ici
cette partie.

J'ai dû entrer dans ces détails et donner ces éclair-
cissements, parce qu'il me paraît, qu'ailleurs les idées,
à cet égard, sont vagues, arbitraires et sans solidité;
et parce que, sans ces déterminations, tout ce que
j'expose sur l'origine des animaux, sur la formation
des diverses organisations de ceux qui sont sans vertèbres, sur la source de chaque faculté animale et
des penchants des êtres qui sont sensibles et intelligents, en un mot, sur la marche de la nature et sa
manière de procéder dans ses actes, pourrait paraître
par-tout le produit de mon imagination, quand même
mes exposés seraient accompagnés de l'évidence.

Avec cette sixième partie, se termine le sujet entier
de cette Introduction, c'est-à-dire, les considérations
relatives à l'existence des animaux, à la source de cette
existence, et à ce qu'ils sont eux-mêmes chacun dans
leur espèce. Or, je crois que, sauf peut-être quelques
détails à rectifier, cette même Introduction renferme,
dans le cours des six parties qui la composent, une
foule de vérités évidentes, toutes bien liées entre elles,
fort utiles à connaître, et qu'il serait difficile de contester avec quelque apparence de raison.

Ce serait donc ici que je devrais terminer l'Introduction essentielle à mon ouvrage, sur-tout l'intérêt
croissant me paraissant à son plus haut terme dans
cette sixième partie. Cependant le besoin des sciences
zoologiques, l'arbitraire qui règne dans les parties de
l'art qui y sont nécessaires, et les vacillations perpétuelles qu'entraîne cet arbitraire dans la distribution
des objets, et, plus encore, dans les diverses sortes de
coupes à établir parmi les animaux observés, me forcent

d'y ajouter, au moins comme *appendice*, une septième partie, qui est la suivante.

Ainsi, je vais m'occuper, dans cette septième et dernière partie, de la distribution générale des animaux, de ses divisions diverses, et spécialement des principes sur lesquels ces objets doivent être fondés, en proposant à leur égard, ceux qui me paraissent mériter l'assentiment des zoologistes.

SEPTIÈME PARTIE.

—

DE LA DISTRIBUTION GÉNÉRALE DES ANIMAUX, DE SES DIVISIONS, ET DES PRINCIPES SUR LESQUELS CES OBJETS DOIVENT ÊTRE FONDÉS.

Après les grands sujets qui viennent d'être successivement traités, il semble que l'intérêt soit extrêmement affaibli dans la considération des objets qui vont nous occuper dans cette dernière partie, ou plutôt dans cet appendice de l'Introduction. Cet intérêt cependant n'y est point dépourvu d'importance; car il porte sur des considérations essentielles au perfectionnement de la *zoologie*, et qui sont nécessaires au but de cet ouvrage, pour le compléter.

Jusqu'ici, en effet, j'ai exposé ce que sont les animaux en général, ce qui les caractérise, ce qu'ils doivent à la nature, en un mot, ce qu'il m'a paru essentiel de faire remarquer à leur égard. Ces objets, à ce qu'il me semble, n'ont besoin que d'être examinés pour être reconnus, et pour cela, il ne s'agit que de rassembler et considérer les faits nombreux qui en établissent le fondement.

Ici, je n'ai en vue que ce qui concerne l'*art* en zoologie; et à ce sujet, j'ai plusieurs considérations importantes à présenter pour perfectionner cet art, pour le fixer, s'il est possible, et sur-tout pour le dépouiller de cet arbitraire qui rend ses produits toujours vacillants.

Tout art doit avoir ses principes ou ses règles qui dirigent et limitent ses opérations : et l'on sent, en effet, que celui qui en manque est encore peu avancé, et qu'il atteint difficilement son but.

Or, l'objet de celui dont il est ici question, concernant la distribution générale des animaux, le rang de chaque race, celui de chaque genre et de chaque famille, enfin, celui de chaque classe dans cette distribution, concernant même la disposition de l'ordre entier ; il est indispensable de montrer les opérations à faire pour le perfectionnement de cette même distribution, et de proposer les principes qui devraient régler ces opérations.

En conséquence, pour l'exécution d'une bonne distribution générale des animaux, pour celle d'une suite de divisions à établir dans l'ordre entier, enfin, pour la meilleure disposition à donner à cet ordre, on ne peut se dispenser, à ce que je crois, de fixer la solution des trois questions suivantes :

1re *question* : Quelles sont les opérations à faire pour l'exécution d'une bonne distribution des animaux, et pour celle d'une suite de divisions nécessaires à établir dans cette distribution ?

2e *question* : Quels sont les principes qui doivent nous guider dans ces opérations, afin d'exclure tout arbitraire à leur égard ?

3e *question* : Quelle disposition faut-il donner à la distribution générale des animaux, pour qu'elle soit conforme à l'ordre de la nature, dans la production des ces êtres ?

Assurément, tant que nous laisserons ces trois questions sans examen et sans réponse, et que, ne reconnaissant aucun principe pour régler nos opérations, nous procéderons arbitrairement dans la détermination des objets ; il existera dans les travaux des *zoolo-*

gistes sur les diverses parties de la distribution des animaux, des inversions diverses, proposées par chaque auteur, sur les différentes portions de la série, des associations singulières et toujours changeantes entre les objets à placer, en un mot, un défaut constant d'accord dans les opérations. Ce désordre, ainsi subsistant, entraverait et même arrêterait les progrès de la science, l'empêcherait de se fixer, et nous priverait des moyens d'étudier la nature dans tout ce qu'elle a fait et qu'elle fait encore à l'égard des animaux.

Examinons d'abord la première question et tâchons de la résoudre ; nous essayerons ensuite de fixer les principes qu'il faut suivre pour atteindre les différents buts dont elle indique les objets.

Première question : Quelles sont les opérations à faire pour l'exécution d'une bonne distribution des animaux, et pour celle d'une suite de divisions nécessaires à établir dans cette distribution ?

La réponse à cette question, est que les opérations essentielles à faire remplir convenablement les deux objets qu'elle propose, sont les suivantes :

1° Rapprocher les animaux les uns des autres, d'après un principe non arbitraire, de manière à en former une série générale, soit simple, soit rameuse ;

2° Partager cette série générale en diverses sortes de coupes, dont les unes seraient subordonnées aux autres ; et, pour cet objet, s'assujettir à des *principes de convenance* que l'on déterminerait ;

3° Fixer le rang de chaque sorte de coupe, d'après un principe général, préalablement établi, savoir :

> Le rang de chaque coupe primaire dans la série totale ;
>
> Celui des coupes classiques dans chaque coupe primaire ;

Celui des ordres ou des familles dans leur classe;

Celui des genres dans leur famille ;

Celui des espèces dans leur genre.

L'exécution de ces trois sortes d'opérations est sans contredit indispensable. C'est une chose qui a été bien sentie; et chaque auteur s'en est plus ou moins occupé, mais toujours arbitrairement, c'est-à-dire, sans l'établissement préalable des principes dignes de l'assentiment général, en un mot, des principes propres à exclure l'arbitraire, et à fixer réellement la science.

La première de ces opérations, celle qui a pour objet de rapprocher les animaux les uns des autres, de manière à en former une série générale, est une préparation essentielle qui doit précéder les autres opérations, et sans laquelle on ne saurait les exécuter. Elle tend d'ailleurs à nous faire découvrir l'ordre même de la nature ; ordre qu'il nous importe si fort de reconnaître.

Quoique la nature ait suivi nécessairement un ordre dans la production des corps vivants, et sur-tout dans celle des *animaux*, comme elle a dispersé ces animaux et mélangé leurs races diverses à la surface du globe et dans ses eaux liquides, son ordre de formation à leur égard est en quelque sorte défiguré, et n'est point apparent. Nous sommes donc obligé, pour parvenir à le découvrir, de chercher quelque moyen qui puisse nous conduire à cette découverte, et de trouver quelques principes solides qui nous mettent dans le cas de reconnaître, sans erreur cet ordre que nous cherchons.

A cet égard, le pas le plus important a déjà été fait, lorsqu'on a reconnu l'intérêt qu'inspirent les *rapports*, et la nécessité de parvenir à les connaître, afin d'y assujettir toutes les parties de nos distributions.

Ainsi, nous avons senti que, pour réussir à établir une bonne *distribution* des animaux, sans que l'arbitraire de l'opinion en affaiblisse nulle part la solidité, il était nécessaire, avant tout, de rapprocher les animaux les uns des autres, d'après leurs rapports les mieux déterminés; et qu'ensuite, l'on pourrait, sans inconvénient, tracer les lignes de séparation qui détachent les masses classiques, ainsi que les coupes subordonnées, utiles à établir, pourvu que les rapports ne fussent nulle part compromis par la composition et l'ordre de nos diverses coupes (1).

Tel est l'état des lumières acquises relativement à l'établissement de nos *distributions*; mais il reste beaucoup à faire pour perfectionner nos travaux à cet égard, et pour détruire l'*arbitraire* qui s'est introduit dans les déterminations même de bien des rapports. Il y en a, en effet, de différentes sortes; et comme leur valeur particulière est loin d'être égale partout, on ne saurait l'assigner avec justesse, si l'on n'admet préalablement quelques règles pour arrêter l'arbitraire dans ces déterminations.

---

(1) Ces préceptes sont certainement d'une justesse incontestable, et il serait utile, pour les progrès futurs de la science, que tous les zoologistes les adoptassent; mais on est bien loin encore d'avoir atteint à cette unité dans la mise en œuvre des observations. Il est certain que les classifications étant abandonnées à l'arbitraire, chaque auteur prend son point de départ comme il le veut, et arrive aux conséquences nécessaires de ses prémisses. Celui qui rejette l'enchaînement des rapports suit une méthode où les groupes placés à la suite les uns des autres, seront cependant isolés et sans lien avec ceux qui précèdent ou qui suivent; celui qui adoptera la méthode de synthèse, n'envisagera pas l'ensemble des animaux de la même manière que celui qui procède par l'analyse, etc., etc. Il ne faut donc point s'étonner de la divergence des opinions à l'égard des méthodes, de la diversité de leur résultat final, puisque ces résultats sont nécessairement produits par le point de départ; et nous avons vu que rien n'était plus arbitraire que ce point de départ.

Afin de remédier au mauvais ordre de choses qui s'est introduit dans les parties de l'art, ordre de choses qui annule nos efforts en faisant sans cesse varier nos déterminations des rapports et l'emploi que nous en faisons ; il faut d'abord examiner ce que sont réellement les *rapports*, quelles sont leurs différentes sortes, et quel usage il convient de faire de chacune de celles que nous aurons reconnues. Nous pourrons ensuite déterminer plus aisément les principes qu'il convient d'établir.

On a nommé *rapports* les traits de ressemblance ou d'analogie que la nature a donnés, soit à différentes de ses productions comparées entre elles, soit à diverses parties comparées de ces mêmes productions ; et c'est à l'aide de l'observation que ces traits se déterminent.

Ces mêmes traits sont si nécessaires à connaître, qu'aucune de nos distributions ne saurait avoir la moindre solidité, si les objets qu'elle embrasse n'y sont rangés suivant la loi qu'ils prescrivent.

Mais les *rapports* sont de différents ordres : il y en a qui sont généraux, d'autres qui le sont moins, et d'autres encore qui sont tout-à-fait particuliers.

On les distingue aussi en ceux qui appartiennent à différents êtres comparés, et en ceux qui ne se rapportent qu'à des parties comparées entre des êtres différents : distinction trop négligée, mais qui est bien importante à faire.

Ce n'est pas tout : quoiqu'en général, les *rapports* appartiennent à la nature, tous ne sont pas le résultats de ses opérations directes à l'égard de ses productions ; car, parmi les rapports entre des parties comparées de différents être, il s'en trouve très souvent qui ne sont que les produits d'une cause qui a modifié ses opérations directes. Ainsi, les rapports de forme extérieure qui s'observent entre les *cétacés* et les *poissons*, ne peuvent être attribués qu'au milieu dense qu'habitent ces deux sortes d'animaux, et non au plan direct des opérations de la nature à leur égard.

Il faut donc distinguer soigneusement les *rapports* reconnus qui appartiennent aux opérations directes de la nature, dans la composition progressive de l'organisation animale, de ceux pareillement reconnus, qui sont le résultat de l'influence des circonstances d'habitation, ainsi que de celles des habitudes que les différentes races ont été forcées de contracter.

Mais ces derniers rapports, qui sont sans doute d'une valeur fort inférieure à celle des premiers, ne sont pas bornés à ne se montrer que dans des parties extérieures; car, on peut prouver que la cause étrangère qui a le pouvoir de modifier les opérations directes de la nature, a souvent exercé son influence, tantôt sur tel organe intérieur, et tantôt sur tel autre pareillement interne. Il faudra donc établir quelques règles, non arbitraires, pour la juste appréciation de ces rapports.

En *zoologie*, on a établi en principe, que c'est de l'organisation intérieure que l'on doit emprunter les *rapports* les plus essentiels à considérer.

Ce principe est parfaitement fondé, s'il exprime la prééminence qu'il faut accorder aux considérations générales de l'organisation intérieure, sur celles des parties externes. Mais si, au lieu de le prendre dans ce sens, on l'applique à des cas particuliers de son choix, et sans règle préalable, on pourra en abuser, comme on a déjà fait; et l'on donnera arbitrairement aux rapports qu'offrira tel organe ou tel système d'organes intérieur, une préférence sur ceux de telle autre organe intérieur, quoique les rapports de ce dernier puissent être réellement plus importants. Par cette voie, commode à l'arbitraire de l'opinion de chaque auteur, l'on admettra çà et là dans la distribution, des inversions véritablement contraires à l'ordre naturel.

C'est un fait que l'observation prouve de toutes parts et que j'ai déjà cité; savoir : que la cause qui modifie la composition croissante de l'organisation, n'a pas seulement agi sur les parties extérieures des animaux, mais qu'elle a aussi opéré des modifications diverses sur leurs parties internes; en sorte que cette cause a fait varier très irrégulièrement les unes et les autres de ces parties.

Il suit de là, qu'il n'est pas vrai que les rapports entre les races, et sur-tout entre les genres, les familles, les ordres, quelquefois même les classes, puissent toujours se décider convenablement d'après la considération isolée de telle partie intérieure, choisie arbitrairement. Je suis, au contraire, très persuadé que les rapports dont il s'agit, ne peuvent être convenablement déterminés que d'après la considération de l'ensemble de l'organisation intérieure, et, auxiliairement, par celle de certains organes intérieurs particuliers, que des principes non arbitraires auront montrés comme plus importants et comme méritant une préférence sur les autres, dans les rapports qu'ils pourront offrir.

Il faut donc nous efforcer de déterminer les principes dont il s'agit, et ensuite nous y assujettir, si nous voulons anéantir cet arbitraire dans la détermination des rapports, qui nuit tant à la fixité de la science.

Deuxième question : Quels sont les principes qui doivent nous guider dans ces opérations, afin d'exclure tout arbitraire à leur égard?

Certes, ce serait rendre un grand service à la *zoologie*, que de donner une solution convenable de cette question, c'est-à-dire, de déterminer de bons principes

pour régler les différentes opérations citées ci-dessus ,
et en exclure tout arbitraire.

Il ne me convient pas de prononcer moi même sur
la valeur de mes efforts à cet égard; mais j'en vais
proposer les résultats avec la confiance qu'ils m'inspirent.

Je pense que ce ne peut être que dans la distinction
précise de chaque sorte de rapports, et qu'à l'aide
d'une détermination motivée et solide de la préférence
qu'il faut accorder à telle sorte de rapports sur telle
autre, que l'on trouvera les principes propres à régler
toutes les parties de notre distribution générale des
animaux.

Il s'agit donc de déterminer les principales sortes de
rapports que l'on doit employer pour atteindre le but,
et ensuite de fixer la supériorité de valeur que telle
sorte doit avoir sur telle autre.

Cela posé, je trouve, qu'entre différents animaux
comparés, les principales sortes de rapports que l'on
peut rencontrer et qu'il importe de distinguer, sont
les suivantes.

*Rapports entre des organisations comparées ,
prises dans l'ensemble de leurs parties.*

Ces rapports, quoique généraux, se montrent dans
différents degrés, selon qu'on les recherche entre des
races comparées entre elles, ou entre des masses d'animaux de différentes races, comparées les unes aux
autres. Il faut donc en distinguer plusieurs sortes.

Première sorte de rapports généraux : Cette sorte est
celle qui sert à rapprocher immédiatement entre elles
les races ou les espèces. Elle est nécessairement la première; car c'est elle qui fournit le plus grand des rapports entre des animaux comparés qui ne sont pas les

mêmes. Or, le *zoologiste* qui la détermine, considérant toutes les parties de l'organisation, tant intérieures qu'extérieures, n'admet cette sorte de rapports, que lorsqu'elle présente la différence la moins grande, la moins importante.

On sait que des animaux qui se ressemblent parfaitement par l'organisation intérieure et par leurs parties externes, ne peuvent être que des individus d'une même espèce. Or, ici, l'on ne considère point le rapport, ces animaux n'offrant aucune distinction.

Mais les animaux qui présentent entre eux une différence saisissable, constante, et à la fois la plus petite possible, sont rapprochés par le plus grand de tous les rapports, s'ils offrent d'ailleurs une grande ressemblance dans toutes les parties de leur organisation intérieure, ainsi que dans la plupart des parties externes.

Cette sorte de rapports ne nécessite point la considération du degré de composition de l'organisation des animaux; elle se détermine dans tous les rangs.

Elle est si facile à saisir, que chacun la reconnaît au premier abord; et c'est en l'employant que les naturalistes ont formé ces petites portions de la série générale des animaux que présentent nos *genres*, malgré l'arbitraire de leurs limites.

Ainsi, dans cette première sorte de rapports, qu'on peut appeler *rapports d'espèces*, la différence entre les objets comparés, est la plus petite possible, et ne se recherche que dans des particularités de la forme ou des parties externes des individus. (1)

---

(1) Il n'est pas douteux, en effet, que les rapports entre les espèces ne soient les premiers et les plus essentiels, mais ne conviendrait-il pas, avant d'établir ces rapports, de savoir ce que c'est qu'un espèce, et d'en donner une rigoureuse définition? Nous avons vu dans une note

Deuxième sorte de rapports généraux : C'est celle qui embrasse les rapports entre des masses d'animaux différents, comparées entre elles. On peut la nommer *rapport de masses.*

Pour juger cette sorte de rapports, on ne s'occupe plus essentiellement des particularités de la forme générale, ni de celles des parties externes, mais, seulement ou presque uniquement, de l'organisation intérieure, considérée dans toutes ses parties. C'est elle principalement qui doit fournir les différences qui peuvent distinguer les masses.

Cette deuxième sorte de rapports est inférieure d'un ou plusieurs degrés à la première, dans la quantité de ressemblance entre les objets comparés. C'est elle qui sert à former des *familles* en rapprochant des genres les uns des autres; à instituer des *ordres* ou des *sections d'ordre* en réunissant plusieurs familles; enfin, à déterminer les *coupes classiques* qui doivent partager la série générale.

Les rapports dont il est question ne peuvent être employés à la détermination du *rang* des masses dans la série; mais seulement à former des rapprochements divers pour établir et distinguer ces masses.

De la considération de ces rapports, on doit déduire les deux principes suivants :

Premier principe : Les rapports généraux de la deuxième sorte n'exigent point une ressemblance parfaite dans l'organisation intérieure des animaux comparés; ils exigent seulement que les masses rapprochées, se ressemblent plus entre elles, sous ce point de vue, qu'elles ne le pourraient avec aucune autre.

---

précédente que cette définition était encore à faire, et que ses éléments étaient enveloppés de tant de difficultés que l'on ne pouvait espérer de long-temps parvenir à la solution de cette question importante.

Deuxième principe : Plus les masses comparées sont grandes ou générales, plus l'organisation intérieure des animaux, dans ces masses, peut offrir de différence.

Ainsi, les familles présentent moins de différence dans l'organisation intérieure des animaux qui les constituent, que n'en offrent les ordres ét sur-tout les classes.

Troisième sorte de rapports généraux : On peut l'appeler *rapport de rang,* parce qu'elle sert à la détermination des rangs dans la série, et qu'en partant d'un point fixe de comparaison, elle montre, effectivement, entre les objets comparés, un rapport, grand ou petit, dans la composition et le perfectionnement de l'organisation.

En effet, on l'obtient en comparant une organisation quelconque, prise dans l'ensemble de ses parties, à une autre organisation donnée, qui est présentée comme point de départ ou point de comparaison. L'on détermine alors, par la ressemblance plus ou moins grande qui se trouve entre les deux organisations comparées, combien celle que l'on compare, s'éloigne ou se rapproche de celle qui est donnée comme point de comparaison.

Nous allons voir que cette sorte de rapports est véritablement la seule qui doive servir à régler les rangs de toutes les coupes qui divisent l'échelle animale.

S'il s'agit ici de choisir une organisation pour en former un point de comparaison, afin d'en rapprocher ou d'en éloigner successivement les autres organisations, selon qu'elles ressembleront plus ou moins à celle à laquelle on les rapporte, l'on sent que le choix à faire ne peut tomber que sur l'une ou l'autre extrémité de la série des animaux. Dans ce cas, il n'y a pas à balancer; l'extrémité la plus connue de cette série doit avoir la préférence. Ainsi, en partant de l'organisation la plus compliquée et la plus parfaite, on se dirigera du plus composé vers le plus simple, dans la détermination de tous les rangs, et l'on terminera la série par la plus simple et la plus imparfaite de toutes les organisations animales.

J'ai déjà fait remarquer que, de toutes les organisations, celle de l'homme était véritablement la plus composée, et à la fois la plus perfectionnée dans son ensemble. De là, j'ai été autorisé à conclure que, plus une organisation animale approche de la sienne, plus elle est composée et avancée vers son perfectionnement.

Cela étant ainsi, l'organisation de l'homme sera notre point de comparaison et de départ pour juger le rapport prochain ou éloigné de chaque sorte d'organisation animale, avec elle, et pour déterminer, sans arbitraire, le rang que doit occuper, dans la série générale, chacune des coupes qui la divisent.

L'organisation citée nous fournira, dans la considération de l'ensemble de ses parties, les moyens de juger du degré de composition et de perfectionnement de chaque organisation animale, prise aussi dans l'ensemble de ses parties. Mais, dans les cas douteux, on fera facilement disparaître l'incertitude et l'embarras, en ayant recours à la quatrième sorte de rapports; aux principes qui concernent la comparaison de divers organes, considérés séparément; en un mot, à ceux qui établissent une valeur prédominante à certains de ces organes, sur celle des autres.

Ainsi, notre *point* de *comparaison* et de *départ* étant trouvé, les rangs de toutes les coupes pourront être facilement assignés, à l'aide des principes que nous établissons ci-après.

Premier principe : Pour la détermination du rang de chaque masse dans la série, la plus compliquée et la plus perfectionnée des organisations animales étant prise pour point fixe de comparaison, plus une organisation animale, considérée dans l'ensemble de ses parties, ressemblera à celle du point de comparaison, plus aussi elle en sera rapprochée par ses rapports, et réciproquement pour les cas contraires.

Second principe : Parmi les organisations dont les plans sont différents de celui qui comprend l'organisation choisie comme point de comparaison, celles qui offriront un ou plusieurs systèmes d'organes semblables ou analogues à ceux qui font partie de l'organisation à laquelle on les compare, auront un rang supérieur à celles qui auraient moins de ces organes, ou qui en manqueraient.

A l'aide des trois sortes de rapports ci-dessus indiqués, et des principes qui s'en déduisent, on déterminera facilement les distinctions des espèces et celles des masses diverses qu'elles doivent former; et ensuite l'on décidera, sans arbitraire, le rang de chacune de ces masses dans la série. Dès lors, la science cessera d'être vacillante dans sa marche.

Mais nos efforts seraient incomplets et laisseraient encore une grande prise à cet arbitraire, si nous n'entreprenions de fixer la valeur des *rapports particuliers*, c'est-à-dire, de ceux que l'on obtient par la comparaison d'organes intérieurs particuliers, considérés isolément dans différents animaux.

** *Rapports entre des parties semblables ou analogues, prises isolément dans l'organisation de différents animaux, et comparées entre elles.*

La *quatrième sorte de rapports* n'embrasse que les *rapports particuliers* entre des parties non modifiées. Ainsi, c'est celle qui se tire de la comparaison de parties considérées séparément, et qui, dans le système d'organisation auquel elles appartiennent, n'offrent aucune anomalie réelle.

La considération de cette sorte de rapports peut être d'un grand secours pour décider tous les cas douteux, lorsqu'il s'agit de déterminer, entre certaines coupes comparées, quelle est celle qui doit avoir une supériorité de rang. Or, ces cas douteux sont ceux où l'ensemble des parties de l'organisation intérieure ne présente, dans les deux organisations comparées, aucun moyen de décider, sans arbitraire, à laquelle de ces deux organisations appartient la supériorité dont il s'agit.

C'est particulièrement pour la formation et le placement des ordres, des sections, des familles, et même des genres, dans chaque classe, et par conséquent pour assigner les rangs de toutes ces coupes inférieures, que l'emploi de cette quatrième sorte de rapports sera utile; car, à l'égard de ces coupes, les principes de la troisième sorte de rapports sont souvent difficiles à appliquer. Or, c'est ici que l'arbitraire s'introduit facilement, et qu'il anéantit la science, en exposant les travaux des naturalistes à une variation continuelle dans la détermination des rapports qui doivent fixer la composition des coupes, et dans celles des rangs à donner à ces mêmes coupes.

En effet, comme beaucoup d'animaux, justement rapprochés par des rapports généraux et par les caractères de leur classe, peuvent offrir entre eux des différences remarquables dans certains de leurs organes intérieurs, et néanmoins des ressemblances pareillement remarquables dans leurs autres organes intérieurs, on sent que, pour apprécier le degré d'importance que peuvent avoir les rapports qui existent entre des organes particuliers, il faut avoir recours à

quelques principes régulateurs de ces déterminations,
afin de ne rien laisser à l'arbitraire.

Voici deux principes qui peuvent faire apprécier
les rapports qu'on observera entre des organes intérieurs particuliers, dans différents animaux comparés.

Premier principe : Entre deux organes ou systèmes
d'organes intérieurs, considérés séparément et comparés, celui dont la nature aura fait un emploi plus
général, devra avoir sur l'autre une prééminence de
valeur dans les rapports qu'il offrira.

D'après ce principe, voici l'ordre d'importance qu'il
faut attribuer aux organes particuliers que la nature
a employés dans l'organisation intérieure des animaux.

> Les organes de la digestion ;
> Ceux de la respiration ;
> Ceux du mouvement ;
> Ceux de la génération ;
> Ceux du sentiment ;
> Ceux de la circulation.

Ainsi, sous la considération de la plus grande généralité d'emploi des organes particuliers dont la nature a fait usage dans l'organisation intérieure des
animaux, on voit que les organes de la digestion sont
au premier rang, et que ceux de la circulation occupent le dernier. Voilà donc un ordre de valeur, à l'é-
gard des organes importants que je cite, qui pourra
régler, dans les cas douteux, la préférence que méritera un rapport sur un autre.

Second principe : Entre deux modes différents d'un
même organe ou système d'organes, celui des deux qui
sera plus analogue au mode employé dans une organisation supérieure en composition et en perfectionnement, méritera la préférence sur l'autre, pour les rapports qu'il offrira.

Si, par exemple, je veux employer un rapport que m'offrent les organes de la respiration, pour juger de la préférence que peut mériter ce rapport sur celui que m'offriraient d'autres organes, je suis obligé, d'après le principe ci-dessus, d'avoir égard à la considération suivante.

Quoique le système d'organes particulier pour la respiration ait une grande généralité d'emploi dans l'organisation animale, puisque, sauf les *infusoires* et les *polypes*, tous les autres animaux possèdent un système respiratoire particulier; cependant, le mode de ce système n'étant pas le même dans les animaux qui en sont pourvus, je sens que le vrai *poumon* l'emporte en valeur sur les *branchies*, que celles-ci ont une valeur plus grande que les *trachées aérifères*, et que ces dernières sont supérieures, sous le même point de vue, aux *trachées aquifères* qu'il ne faut pas confondre avec les *branchies*. Alors, je peux juger si le mode des organes respiratoires, dont je veux employer le rapport, est assez élevé en valeur pour me permettre de lui donner la préférence sur un rapport tiré de quelque autre sorte d'organes.

La *cinquième sorte de rapports* embrasse les *rapports particuliers* entre des parties modifiées. Elle exige donc, dans les parties comparées, la distinction de ce qui est dû au plan réel de la nature, d'avec ce qui appartient aux modifications que ce plan a été forcé d'éprouver par des causes accidentelles.

Ainsi, cette sorte de rapports se tire des parties qui, considérées séparément dans différents animaux, ne sont point dans l'état où elles devraient être suivant le plan d'organisation auquel elles appartiennent.

En effet, pour juger le degré d'importance qu'il faut accorder à un rapport, et la préférence qu'il doit avoir sur un autre, il n'est point du tout indifférent de dis-

tinguer si la forme, l'aggrandissement, l'appauvrisse-
ment ou même la disparition totale des organes considérés, appartiennent au plan d'organisation des animaux qui en sont le sujet; ou si l'état de ces organes
n'est pas le produit d'une cause modifiante et déterminable, qui a changé, altéré ou anéanti ce que la
nature eût exécuté sans l'influence de cette cause.

Par exemple, il eût été impossible à la nature de
donner une tête aux *infusoires*, aux *polypes*, aux *radiaires*, etc.; car l'état de ces corps, le degré de leur
organisation, ne le lui permirent pas; et ce ne fut, effectivement, que dans les *insectes* qu'elle est parvenue à
donner au corps animal une véritable *tête*.

Or, comme la nature ne rétrograde point elle-même
dans ses opérations, on doit sentir qu'étant arrivée à
la formation des *insectes*, et par conséquent à celle
d'une *tête*, réceptacle des sens particuliers, toutes les
organisations animales, supérieures en composition à
celle des *insectes*, devront offrir aussi une véritable
tête. Cela n'est cependant pas toujours vrai. Bien des
annelides, les *cirrhipèdes*, et beaucoup de *mollusques*
n'ont point de *tête* distincte. Une cause étrangère à la
nature, en un mot, une cause modifiante et determi-
nable, s'est donc opposée à ce que les animaux cités
soient pourvus d'une véritable *tête*. Tantôt, en effet,
cette cause a empêché plus ou moins le développement
de cette partie du corps, et tantôt même elle en a opéré
l'avortement complet.

Nous trouvons la même chose à l'égard des *yeux* qui
appartiennent à des plans d'organisation qui doivent
en offrir; la même chose aussi à l'égard des *dents*; enfin, la même encore qui a lieu relativement à différentes parties de l'organisation, tant intérieures qu'extérieures, parce qu'une cause modifiante, que j'ai
signalée, a eu le pouvoir de changer, d'aggrandir,

d'appauvrir, et même de faire disparaître les organes que je viens de citer.

On sent donc que les rapports que l'on obtiendrait de la considération de ces parties changées ou altérées, seraient d'une valeur fort inférieure à ceux que fourniraient les mêmes parties, se trouvant ce qu'elles doivent être dans le plan d'organisation où la nature est parvenue. De cette considération résulte le principe suivant.

Principe : Tout ce qu'a fait directement la nature, devant avoir une prééminence de valeur sur ce qui n'est que le produit d'une cause fortuite qui a modifié son ouvrage, on donnera dans le choix d'un rapport à employer, la préférence à tout organe ou système d'organes qui se trouvera ce qu'il doit être dans le plan d'organisation dont il fait partie, sur l'organe ou le système d'organes dont l'état ou l'existence résulterait d'une cause modifiante, étrangère à la nature.

Dans le cas où les deux organes différents entre lesquels un choix est à faire, se trouveraient l'un et l'autre changés ou altérés par une cause modifiante, on donnera la préférence à celui des deux dont les changements ou les altérations l'éloigneront moins de l'état où il devait être dans le plan d'organisation auquel il appartient.

Telles sont les cinq sortes de rapports qu'il importe de distinguer, si l'on veut obtenir des principes qui interdisent l'arbitraire dans la détermination des vrais rapports et de leur valeur. Voici le tableau résumé de ces principes.

TABLEAU DES PRINCIPES POUR LA DÉTERMINATION DES RAPPORTS, SELON LEURS DIFFÉRENTES SORTES.

(Première sorte : rapports d'espèces.)

Premier principe : Dans quelque rang que ce soit de l'échelle animale, le plus grand des rapports entre des animaux différents, est celui qui sert à rapprocher immédiatement les races entre elles. Ce rapport exige, dans les animaux rapprochés, une grande ressemblance dans leur organisation intérieure ; les différences principales qui distinguent ces animaux devant se trouver dans des particularités de leur forme, de leur taille ou de leurs parties externes (1).

(Deuxième sorte : rapports de masses.)

Second principe : Les rapports qui servent à former des masses et à les distinguer, ne doivent se tirer que de l'ensemble des parties qui composent l'organisation intérieure. Ils n'exigent jamais une ressemblance parfaite dans l'organisation intérieure des animaux de ces masses ; mais seulement que les masses rapprochées se ressemblent plus entre elles qu'à aucune autre par l'organisation intérieure des animaux qu'elles embrassent.

Troisième principe : Plus les masses comparées sont grandes ou générales, plus l'organisation intérieure des animaux de ces masses doit offrir de différence.

---

(1) Il aurait peut-être fallu ajouter que dans chaque espèce les organes de la génération, chez ceux des animaux qui les possèdent, présentent toujours des différences notables. et assez faciles à apprécier.

(Troisième sorte : rapports de rangs.)

Quatrième principe : La plus compliquée et la plus perfectionnée des organisations animales étant prise pour point fixe de comparaison, plus une organisation animale, considérée dans l'ensemble de ses parties, ressemblera à celle du point de comparaison, plus elle en sera rapprochée par ses rapports, *et vice versâ.*

Cinquième principe : Parmi les organisations dont les plans sont différents de celui de l'organisation choisie pour point fixe de comparaison , celles qui offriront un ou plusieurs systèmes d'organes semblables ou analogues à ceux qui se trouvent dans l'organisation à laquelle on les compare, auront un rang supérieur à celles qui auraient moins de ces organes, ou qui en manqueraient.

(Quatrième sorte : rapports entre des parties considérées séparément, et qu'aucune cause particulière n'a modifiées.)

Sixième principe : Entre deux organes ou systèmes d'organes intérieurs, considérés séparément et comparés, celui dont la nature aura fait un emploi plus général, devra avoir sur l'autre une prééminence de valeur dans les rapports qu'il offrira. Sous ce point de vue, l'ordre d'importance qu'il faut attribuer aux organes intérieurs est le suivant :

> Les organes de la digestion;
> Ceux de la respiration ;
> Ceux du mouvement;
> Ceux de la génération;
> Ceux du sentiment;
> Ceux de la circulation.

Septième principe : Entre deux modes différents d'un même système d'organes, celui des deux qui sera plus analogue au mode déjà employé dans une organisation supérieure en composition et en perfectionnement, méritera la préférence sur l'autre, pour les rapports qu'il offrira.

(Cinquième sorte : rapports entre des parties considé-rées séparément, et qu'une cause particulière a mo-difiées.)

Huitième principe : Tout ce qu'a fait directement la nature, devant avoir une prééminence de valeur sur ce qui n'est que le produit d'une cause fortuite qui a modifié son ouvrage, on donnera, dans le choix d'un rapport à employer, la préférence à tout organe ou sys-tème d'organes, qui se trouvera ce qu'il doit être sui-vant le plan d'organisation dont il fait partie, sur l'or-gane ou le système d'organes dont l'état ou l'existence résulterait d'une cause modifiante étrangère à la na-ture.

Dans le cas où les deux organes différents, entre lesquels un choix est à faire, se trouveraient l'un et l'autre changés ou altérés par une cause modifiante, on donnera la préférence à celui des deux dont les changements ou les altérations l'éloigneront moins de l'état où il devait être dans le plan d'organisation au-quel il appartient.

Les huit principes régulateurs que je viens de pro-poser, me paraissent à l'abri de toute objection raison-nable, et les seuls propres à remplir l'objet pour lequel je les destine. Ils fourniront les moyens d'établir sans arbitraire, un ordre de valeur parmi les rapports qui doivent servir à former la distribution, fixer les rangs des objets, et faciliter les lignes de séparation à établir pour l'institution la plus convenable des genres, des familles, des ordres, des classes, et des coupes primaires parmi les animaux.

En détruisant l'arbitraire qui anéantit les progrès des sciences naturelles, puisque cet arbitraire fait varier sans cesse les résultats des efforts que l'on fait pour les perfectionner, ces principes donneront, si on les admet, une uniformité de plan très nécessaire aux travaux dans lesquels on s'occupera de ces objets; et alors, notre distribution des animaux se perfectionnera de plus en plus; nos connaissances dans l'étude des lois et de la marche de la nature, à l'égard de ses productions, y gagneront infiniment; et les sciences *zoologiques*, particulièrement, en obtiendront une solidité qu'elles n'ont pas encore.

Il restera un peu d'arbitraire dans la détermination du rang respectif des espèces dans leurs genres, et quelquefois même de celui des genres dans leurs familles; parce que les principes régulateurs proposés ne sont facilement applicables qu'à l'égard des différences remarquables dans les traits de l'organisation intérieure. Mais l'expérience dans l'étude de la nature et un sentiment de convenance que je ne saurais définir, achèveront de détruire, dans le *zoologiste*, cette dernière retraite de l'arbitraire.

Troisième question : Quelle disposition faut-il donner à la distribution générale des animaux, pour qu'elle soit conforme à l'ordre de la nature dans la production de ces êtres ?

Pour résoudre cette question, il s'agit encore ici de trouver quelque principe pris dans la nature même, afin de pouvoir s'y conformer; car, si l'on a déterminé la distribution générale des animaux d'après la progression qui existe dans la composition de l'organisation animale, il semble que l'on puisse, dans cette progression, procéder avec autant de raison du plus composé vers le plus simple, que du plus simple vers le plus composé. Cela n'est cependant pas fondé; et la nature, consultée dans l'ordre de ses opérations à l'égard des animaux, nous indique le principe suivant, qui ne nous permet à ce sujet aucun arbitraire. (1)

La nature n'opérant rien que graduellement, et par cela même, n'ayant pu produire les animaux que successivement, a évidemment procédé, dans cette production, du plus simple vers le plus composé.

Si, comme j'en suis convaincu, l'on doit reconnaître que, dans tout ce qu'elle fait, la nature n'opère que graduellement, et que, si c'est elle qui a produit les animaux, elle n'a pu donner l'existence à leurs races diverses que successivement, il est évident que, dans cette production, elle a passé progressivement du plus

----

(1) Nous devons faire observer que ce qui précède se rattache à deux sortes de choses, qu'il faut bien distinguer : à l'anatomie comparée, et à l'art de la méthode. L'anatomie comparée, comme l'indique son nom, est une science toute de comparaison ; on prend le type le plus parfait de l'organisation, et l'on vient comparer les autres organisations pour savoir ce qui leur manque. Si l'anatomie comparée doit donner aussi des moyens de classification pour les animaux, il faut, pour être conséquent à ses principes, que l'arrangement proposé procède du composé vers le simple, c'est-à-dire, par synthèse; mais si la méthode est un art indépendant de l'anatomie comparée, puisant dans cette science comme dans toutes les autres, ses éléments et ses principes, s'il se réduit rationnellement à un moyen artificiel de mettre de l'ordre dans les faits soumis à l'observation, dès lors il deviendra rationnel de faire des efforts pour que l'ordre méthodique se rapproche le plus possible de l'ordre naturel et représente la marche de la nature dans la création successive des êtres : la méthode d'analyse devra donc être préférée comme la plus propre à faire comprendre comment les animaux semblent dériver les uns des autres, et comment les rapports naturels les enchaînent.

simple au plus composé. On doit donc disposer la distribution générale des animaux d'après cette considération, afin d'imiter l'ordre que la nature a suivi.

J'ai, en effet, montré, dans ma *Philosophie zoologique* (vol. 1, p. 269), que, pour rendre la distribution générale des animaux conforme à l'ordre qu'a suivi la nature en produisant toutes les races qui existent, il fallait procéder du plus simple vers le plus composé, c'est-à-dire, qu'il était nécessaire de commencer cette distribution par les plus imparfaits des animaux, et les plus simples en organisation, afin de la terminer par les plus parfaits, par ceux qui ont l'organisation la plus composée.

Cet ordre est le seul qui soit naturel, instructif pour nous, favorable à nos études de la nature, et qui puisse, en outre, nous faire connaître la marche de cette dernière, ses moyens et les lois qui régissent ses opérations à leur égard.

Par cette disposition, et ayant préalablement assujetti par-tout la distribution des objets à l'ordre des rapports, et formé les coupes classiques, nous rendons la connaissance des progrès dans la composition de l'organisation plus facile à saisir, et nous nous mettons dans le cas d'apercevoir plus facilement, soit les causes de ces progrès, soit celles qui les modifient ou les interrompent çà et là. (*Phil. zool.*, vol. 1, p. 132 à 135.)

On trouvera probablement moins agréable et moins conforme à nos goûts, de présenter en tête du règne animal, des animaux très imparfaits, à peine perceptibles, presque sans consistance dans leurs parties, et dont les facultés sont extrêmement bornées; au lieu d'y voir les animaux les plus avancés dans la composition et le perfectionnement de l'organisation, ceux qui ont le plus de facultés, le plus de moyens pour varier leurs actions, en un mot, le plus d'intelligence;

et comme ces derniers sont ceux qu'on a le plus observés et le mieux étudiés, on pourra même regarder
comme plus raisonnable de procéder, à l'égard des
animaux, du plus connu vers ce qui l'est le moins,
que de suivre une route opposée.

Cependant, comme dans toute chose il faut considérer la fin qu'on se propose, et les moyens qui peuvent
conduire au but, je crois qu'il est facile de démontrer
que l'ordre généralement établi par l'usage dans la
distribution des animaux, est précisément celui qui
nous éloigne le plus du but qu'il nous importe d'atteindre; que c'est celui qui est le moins favorable à
notre instruction; en un mot, celui qui oppose le plus
d'obstacles à ce que nous saisissions le plan, l'ordre et
les moyens qu'emploie la nature dans ses opérations à
l'égard des animaux.

Dans l'examen et l'étude même que l'on fait de ces
corps vivants, s'il n'était question que de les distinguer
les uns des autres par les caractères de leur forme extérieure, et si l'on ne devait considérer leurs diverses
facultés que comme de simples objets d'amusement,
c'est-à-dire, des objets propres à piquer notre curiosité
dans nos loisirs, mais qui ne sauraient exciter en nous
le désir d'en rechercher et d'en approfondir les causes,
je conviens que l'ordre de distribution dont je viens
de parler serait celui qui devrait le moins nous plaire,
quoiqu'il soit le plus naturel. Dans ce cas, il serait
aussi fort inutile de s'occuper de rechercher les rapports
parmi les animaux, et d'étudier leur organisation intérieure.

Or, tous les naturalistes conviennent maintenant
de l'importance des *rapports*, et de la nécessité d'y
avoir égard dans nos associations et dans nos distributions des productions de la nature. D'où vient donc
cette importance des rapports, et pourquoi reconnais-

sons-nous la nécessité d'y avoir égard dans nos distributions, si ce n'est parce qu'ils nous conduisent réellement à la connaissance de ce qu'a fait la nature; parce
que, n'étant pas notre ouvrage, nous ne pouvons les
changer à notre gré; parce que ce sont eux qui nous
forcent de rapprocher les uns des autres certains des
objets qu'ils concernent et d'en écarter d'autres plus
ou moins; enfin, parce qu'ils nous font sentir indi-
rectement que, dans ses productions, la nature a un
ordre particulier et déterminable qu'il nous importe
de reconnaître et de suivre dans nos études.

Lorsque des rapports reconnus, parmi les animaux,
ont fixé le rang de ces êtres, quel est le *zoologiste* qui
voudrait arbitrairement les placer ailleurs! Quel est
celui qui voudrait ranger les *chauve-souris* dans la
classe des *oiseaux*, parce qu'elles planent dans les airs;
les *phoques* ou les *baleines* parmi les *poissons*, parce
que le milieu dense qu'habitent ces animaux leur
donne quelque analogie de forme entre eux; enfin, les
sèches avec les *polypes*, parce qu'elles ont aussi des
espèces de bras autour de leur bouche!

Puisque les rapports reconnus nous entraînent, et
donnent à celles de nos distributions qui s'y confor-
ment, une solidité à l'abri des variations de nos opinions, nous sentons donc qu'il y a pour nous un
véritable intérêt à établir nos distributions le plus
conformément qu'il nous est possible à l'ordre même
de la nature, afin qu'elles le représentent et le fassent
mieux connaître.

Maintenant, si nous trouvons qu'il soit de quelque
utilité pour nous d'étudier la nature, de connaître son
ordre particulier, de le représenter dans nos distributions, ne devons-nous pas commencer comme elle en
procédant du plus simple vers le plus composé; car, ou
assurément elle n'a rien opéré, ou, si les animaux font

partie de ses productions, elle n'a point commencé par les plus composés et les plus parfaits.

Ainsi, l'ordre de distribution que j'ai proposé à l'égard des animaux, que je viens de motiver, dont je fais usage depuis plusieurs années dans mes leçons au *Muséum*, et dont on trouve l'exposition dans ma *Philosophie zoologique* (vol. 1, p. 269), devient indispensable, et ne peut être suppléé par aucun autre.

Il établit d'ailleurs cette conformité entre la *zoologie* et la *botanique*, que, de part et d'autre, la méthode employée comme naturelle, présentera une distribution dans laquelle on doit procéder du plus simple vers le plus composé.

Distribution générale des animaux, partagée en coupes primaires et en coupes classiques.

La disposition à donner à l'ordre des animaux étant arrêtée, si nous parcourons et si nous examinons la distribution entière de tous ces corps vivants, rangés conformément à leurs rapports et aux principes cités ci-dessus, nous remarquons la possibilité, l'utilité même de diviser leur série générale, en deux coupes principales, qui comprennent chacune un certain nombre de classes.

En effet, ces deux coupes sont singulièrement distinguées l'une de l'autre, en ce que la première, qui est la plus nombreuse et qui comprend les animaux les plus imparfaits, embrasse une série d'animaux qui tous sont dépourvus de *colonne vertébrale*, et qui présentent par masses des plans d'organisation si différents les uns des autres, qu'on peut dire qu'ils n'ont de commun entre eux que la possession de la vie animale. Tandis que ceux de la seconde coupe, parmi lesquels se trouvent les animaux les plus parfaits, possèdent toute une *colonne vertébrale*, base d'un véritable squelette, et sont formés à peu près sur un même plan d'organisation; mais qui est, néanmoins, plus ou moins avancé, perfectionné et modifié, selon le rang des classes comprises dans cette coupe.

Dans mon premier cours de *zoologie* au Muséum d'histoire naturelle, je donnai aux animaux de la première coupe le nom d'*animaux sans vertèbres*; et, par opposition, je nommai *animaux vertébrés* ceux de la seconde.

Je n'ai pas besoin de dire que c'est parmi ces derniers (*les animaux vertébrés*), que se trouvent ceux dont l'organisation approche le plus de celle de l'*homme*; ceux qui ont effectivement l'organisation la plus composée, la plus compliquée en organes particuliers, ceux, enfin, qui offrent parmi eux le plus haut degré d'animalisation et le plus grand perfectionnement dans les facultés du premier ordre où la nature ait pu arriver dans les animaux. Tous ces animaux sont, en effet, munis d'un squelette articulé, plus ou moins complet, dont la *colonne vertébrale*, partout existante, fait essentiellement la base.

Par cette division, d'une part, je détachais, pour ainsi dire, et je mettais mieux en évidence les *animaux vertébrés*, dont le plan général d'organisation est commun avec celui de l'organisation de l'*homme*; et, de l'autre part, j'en séparais l'énorme série des *animaux sans vertèbres* qui, loin d'être formés sur un plan commun d'organisation, offrent entre eux des systèmes d'organes très différents les uns des autres.

La distinction des animaux *vertébrés* d'avec les animaux *sans vertèbres* est sans doute très bonne, importante même; mais elle ne me paraît pas suffire au besoin de la science, et ne montre pas ce que la nature elle-même indique à l'égard des nombreux *animaux sans vertèbres*.

En effet, comme les deux coupes, qui résultent de cette distinction, sont très inégales, puisque les *vertébrés* embrassent à peine un dixième des animaux connus ; j'ai pensé depuis, qu'il serait avantageux pour l'étude et même conforme à l'indication de la nature, de partager en deux coupes principales les *animaux sans vertèbres* eux-mêmes.

En conséquence, remarquant que, parmi ces derniers, les uns, en très grand nombre, avaient tous les organes du mouvement attachés sous la peau, et offraient symétriquement, dans leur forme, des parties paires sur deux rangs opposés, tandis que rien de semblable n'avait lieu dans les autres ; je proposai dans mon cours de *zoologie*, en mai 1812, de distinguer ces deux sortes d'animaux comme constituant deux coupes naturelles parmi les *invertébrés*.

Par ce moyen, l'échelle animale se trouvera partagée naturellement en trois coupes primaires, supérieures aux coupes classiques. Les animaux vertébrés fournissent la première de ces trois coupes, et les animaux sans vertèbres donnent la deuxième et la troisième, ou inversement. Ces divisions seront instructives, commodes pour l'étude, et faciliteront le placement, dans la mémoire, des objets qu'elles embrassent.

Il ne s'agissait donc plus que d'assigner à chacune de ces trois coupes une dénomination comparative, renfermant une idée importante relativement aux animaux qui s'y rapportent. C'est ce que j'ai fait, en considérant, dans ces mêmes animaux, l'exclusion ou la possession des facultés les plus éminentes dont la nature animale puisse être douée ; savoir : le *sentiment* et l'*intelligence*.

En considérant encore attentivement les objets sur

lesquels j'avais à prononcer, je fus bientôt convaincu que ce n'était pas seulement par des différences de forme et de situation des parties, que les animaux de chacune des deux coupes qui divisent les *invertébrés*, sont distingués les uns des autres; car, ils le sont aussi singulièrement par la nature des facultés qui leur sont propres.

En effet, les uns ne sauraient jouir de la faculté de *sentir*, puisqu'ils ne possèdent point le système d'organes particulier, qui seul peut donner lieu à cette faculté; et les mouvements qu'ils exécutent, attestent, effectivement, qu'ils ne se meuvent que par leur *irritabilité* excitée par des causes externes.

Les autres, au contraire, possédant tous un système nerveux, assez avancé dans sa composition pour produire en eux le *sentiment*, l'observation de leurs mouvements et de leurs habitudes prouve qu'ils en jouissent réellement, et qu'ils se meuvent très souvent par des excitations internes, qui proviennent des émotions de leur sentiment intérieur.

Les premiers sont donc des *animaux apathiques*; tandis que les seconds sont véritablement des *animaux sensibles*.

Voilà, pour les *animaux sans vertèbres*, un partage fortement tracé, et qui donne lieu parmi eux à deux coupes très distinctes; d'autant plus que chacune de ces coupes est caractérisée par des différences de forme et de situation des parties dans les animaux qui en dépendent.

Ce n'est pas tout : si, parmi les *animaux sans vertèbres*, il y en a quantité qui jouissent de la faculté de sentir, on peut prouver par l'observation des faits relatifs à leurs actions habituelles, qu'aucun d'eux ne possède des *facultés d'intelligence*.

En effet, on n'en a vu aucun varier arbitrairement

ses actions; on n'en a vu aucun parvenir au but où il tend dans chaque besoin, par des actions différentes de celles auxquelles les individus de sa race sont généralement habitués. Tous, effectivement, dans chaque race, font constamment, de la même manière, les actions qui satisfont à leurs besoins et qui servent à leur conservation, ou à leur reproduction. Il n'ont donc pas la faculté de combiner des idées, de penser, d'exécuter des actes d'*intelligence*.

Or, il n'en est pas de même des *animaux vertebrés* : ceux-ci, non-seulement sont généralement sensibles; mais, en outre, on a des preuves par l'observation, que, parmi ces animaux, beaucoup d'entre eux peuvent à propos varier leurs actions; qu'ils ont des idées conservables; qu'ils combinent ces idées; qu'ils ont des songes pendant leur sommeil; qu'ils comparent, jugent, inventent des moyens; qu'ils sont susceptibles d'éprouver de la joie, de la tristesse, de la crainte, de la colère, de l'envie, de l'attachement, de la haine, etc.; et qu'en un mot, ils sont doués de facultés d'intelligence. Si ces facultés n'ont pas été observées positivement dans tous les animaux vertébrés, néanmoins, comme leur plan d'organisation est à peu près le même dans tous, quoique plus ou moins avancé dans son développement et son perfectionnement, on est tout-à-fait autorisé à leur attribuer à tous l'*intelligence*, mais dans différents degrés.

J'ai donc été fondé à partager les animaux en trois grandes coupes, de la manière suivante :

DISTRIBUTION GÉNÉRALE

ET DIVISIONS PRIMAIRES DES ANIMAUX.

' ANIMAUX APATHIQUES.

  1. LES INFUSOIRES.
  2. LES POLYPES.
  3. LES RADIAIRES.
  4. LES VERS.
    (ÉPIZOAIRES.)

Ils ne sentent point, et ne se meuvent que par leur irritabilité excitée.

Caract. Point de cerveau, ni de masse médullaire alongée; point de sens; formes variées; rarement des articulations.

'' ANIMAUX SENSIBLES:

  5. LES INSECTES.
  6. LES ARACHNIDES.
  7. LES CRUSTACÉS.
  8. LES ANNELIDES.
  9. LES CIRRHIPÈDÉS.
  10. LES MOLLUSQUES.

Ils sentent, mais n'obtiennent de leurs sensations que des *perceptions* des objets, espèces d'idées simples qu'ils ne peuvent combiner entre elles pour en obtenir de complexes.

Caract. Point de colonne vertébrale; un cerveau et le plus souvent une masse médullaire alongée; quelques sens distincts; les organes du mouvement attachés sous la peau; forme symétrique par des parties paires.

''' ANIMAUX INTELLIGENTS:

  11. LES POISSONS.
  12. LES REPTILES.
  13. LES OISEAUX.
  14. LES MAMMIFÈRES.

Ils sentent; acquièrent des idées conservables; exécutent des opérations entre ces idées, qui leur en fournissent d'autres; et sont intelligents dans différents degrés.

Caract. Une colonne vertébrale; un cerveau et une moelle épinière; des sens distincts; les organes du mouvement fixés sur les parties d'un squelette intérieur; forme symétrique par des parties paires.

ANIMAUX SANS VERTÈBRES.

ANIMAUX VERTÈBRÉS.

L'ordre que l'on voit dans le tableau qui vient d'être exposé, me paraît représenter le plus possible, celui de la composition croissante de l'organisation des animaux, celui qui doit régler leur distribution en une série générale, celui même qui indique, à très peu près dans son ensemble, la marche qu'a suivie la nature en donnant l'existence aux différentes races de ces êtres.

Passons maintenant à l'exposition des animaux sans vertèbres, et particulièrement à celle de leurs classes, de leurs ordres, de leurs familles, de leurs genres et des principales de leurs espèces, en citant ce qui peut intéresser à leur égard.

SUPPLÉMENT

A la distribution générale des Animaux, concernant l'ordre réel de formation relatif à ces êtres.

D'après des observations récentes, faites par MM. *Savigny*, *Lesueur* et *Desmarets*, sur des animaux que l'on avait regardés la plupart comme des *polypes*, je me vois obligé de former une nouvelle coupe qui me semble ne pouvoir faire partie d'aucune des classes déjà établies dans le règne animal.

La considération de cette nouvelle coupe, que je place provisoirement après les radiaires, mais qui ne paraît pas en être une continuation ou un dérivé, m'a fait sentir la nécessité de distinguer la série unique et simple que nous sommes forcés de former pour faciliter nos études des animaux, de l'ordre réel ou effectif de la production de ces êtres, ordre assujetti à des causes qui ont modifié sa simplicité.

Si la *série simple* qui doit constituer notre distribution générale des animaux, se compose d'une suite
de masses disposées suivant la *progression* qui a lieu
dans la composition des différentes organisations animales, alors elle présentera l'ordre même de la nature,
c'est-à-dire, celui que la nature eût exécuté, si des
causes accidentelles n'eussent modifié ses opérations.
Ainsi, lorsque nous aurons perfectionné cette série, et
que nous l'aurons convenablement divisée, elle nous
offrira la seule méthode naturelle qu'il nous convienne
de faire usage.

Cependant cette série simple n'est réellement pas en
tout conforme à l'ordre dans lequel la nature a produit
les différents animaux; car cet ordre est loin d'être
simple; il est rameux et paraît même composé de plusieurs séries distinctes.

J'ai exposé (p. 313) la distribution générale des animaux, offrant une série unique et simple, telle que
celle que nous sommes contraints d'employer. Je n'ai
rien à y changer, sauf peut-être à augmenter le nombre
des classes; mais j'y ajoute, après les radiaires, la
nouvelle coupe en question, qui embrasse ce que je
nomme les *ascidiens*.

Ici, je me borne à présenter l'ordre effectif de la
production des animaux, tel qu'il me paraît être, et
que j'appelle *ordre de formation*. Mais, avant tout,
je dois montrer que cet *ordre de formation* n'est pas
illusoire, et qu'il est clairement indiqué par les rapports, conséquemment par la nature elle-même.

Jusqu'à ce jour, il me semble que les naturalistes
n'ont vu dans les rapports entre les objets, que des
moyens de rapprocher ces objets à raison de la grandeur de ces rapports, et de former avec ces mêmes
objets rapprochés, diverses portions de série qu'ensuite
ils disposèrent entre elles, d'après les rapports plus ou

moins grands qu'ils aperçurent entre ces portions ou ces masses particulières.

Il est résulté de leur travail à cet égard, qu'une série générale composée de toutes ces portions ou séries particulières, plus ou moins convenablement placées, fut établie. Or, en exécutant cette distribution, les naturalistes furent conduits à ne pouvoir placer aux deux extrémités de la série, que les objets les plus disparates, en un mot, les plus éloignés entre eux sous la considération de la composition et du perfectionnement de l'organisation de ces êtres.

Quoique simple et facile à saisir, la conséquence de cette nécessité paraît néanmoins n'avoir pas été aperçue; car les naturalistes ne virent dans leur distribution qu'un ordre fondé sur les rapports; et cependant elle leur présentait en outre, un *ordre de formation* de la plus grande évidence.

Un pas de plus restait donc à faire : c'était le plus important, celui même qui pouvait le plus nous éclairer sur les opérations de la nature. Il s'agissait seulement de reconnaître que les portions de la série générale que forment les objets convenablement rapprochés par leurs rapports, ne sont elles-mêmes que des portions de l'*ordre de formation* à l'égard de ces objets.

Ce pas est franchi; l'ordre de la formation successive des différents animaux ne saurait être maintenant contesté; il faudra bien qu'on le reconnaisse.

Mais cet ordre n'est point simple et n'a pu l'être; des causes accidentelles l'ont nécessairement modifié çà et là. En effet, la considération des rameaux latéraux qu'on est forcé d'y reconnaître, et même celle de sa division au moins en deux séries particulières, attestent qu'il a été fortement assujetti à l'influence de causes modifiantes qui l'ont amené à l'état où nous l'observons.

Je puis effectivement faire voir que *l'ordre de la production* des animaux fut d'abord unique, formant une série munie de quelques rameaux, et qu'ensuite, dès qu'un certain nombre d'animaux eurent reçu l'existence, des circonstances particulières donnèrent lieu à la formation d'une autre série, aussi subrameuse et bien caractérisée. L'*ordre de la production* dont il s'agit se trouva donc divisé en deux séries séparées, ayant chacune quelques rameaux simples. Peut-être en existe-t-il encore quelques autres; mais je pense que les deux séries que je vais signaler peuvent suffire à l'explication de ce qui nous est maintenant connu à l'égard des animaux.

Pour faire concevoir à quoi peut tenir ce singulier ordre de choses, je dirai que je regarde comme une vérité de fait que, lorsque la nature opère dans des circonstances diverses ou sur des matériaux de nature dissemblable, ses produits sont nécessairement différents.

Déjà j'ai fait remarquer qu'en formant des corps vivants, elle a eu occasion d'opérer sur des matériaux de deux natures différentes; ce qui l'a forcée, avec les uns, de n'instituer que des *végétaux*, tandis que, avec les autres, elle a pu former des *animaux*. (Voyez l'Introduction, p. 150 et 107.)

Or, en donnant l'existence au règne animal, on voit qu'elle a nécessairement commencé par la série des *infusoires* qui amène de suite tous les *polypes;* que là, cette série, après avoir fourni le rameau latéral des *radiaires*, se continue en amenant les *ascidiens*, ensuite les *acéphales*, que l'on peut considérer comme une coupe classique, enfin, les *mollusques* bornés à ceux qui ont une tête, si toutefois les *céphalopodes* ne méritent pas encore d'être séparés classiquement.

On voit aussi que, assez long-temps après l'institution des infusoires et des polypes, elle a commencé l'établissement d'une série nouvelle (celle des **vers**), à l'aide de matériaux particuliers qui se sont trouvés dans l'intérieur d'animaux déjà existants, et qu'avec ces matériaux elle a formé des générations spontanées qui sont la source des *vers intestins*, parmi lesquels certains peut-être, passés au dehors, ont pu amener les *vers extérieurs*.

En effet, la grande disparité d'organisation qu'offrent entre eux les animaux qui appartiennent à la classe des *vers*, atteste, comme je l'ai dit (extrait, etc. p. 39), que les plus imparfaits de ces animaux, sont dus à des générations spontanées, et que des *vers* constituent réellement une série particulière, postérieure en origine à celle que les infusoires ont commencée.

J'avais déjà reconnu et annoncé cette branche ou série particulière que les *vers* me paraissent former, lorsque M. *Latreille* me faisant part de ses réflexions à cet égard, me dit qu'il était persuadé que c'était de cette même branche que provenaient les *épizoaires*, les *insectes*, etc.

Ainsi, fortifié de l'opinion de ce savant, que je partage, je regarde l'*ordre de la production* des animaux comme formé de deux séries distinctes.

Ces deux séries diffèrent tellement entre elles, que, parmi les animaux que chacune d'elles embrasse, lorsque le système nerveux se trouve établi et un peu avancé, on voit, dans chaque série, que son mode est tout-à-fait différent.

En effet, dans la série que commencent les infusoires et qui se termine par les mollusques, le système nerveux n'offre nulle part un cordon médullaire ganglioné ou noueux dans sa longueur, tandis que l'autre série qui commence par les vers, présente, partout où le système nerveux est capable de donner lieu au sentiment, un cordon médullaire noueux ou ganglioné dans sa longueur. (1)

Ainsi, je soumets à la méditation des zoologistes, l'ordre présumé de la *formation* des animaux, tel que l'exprime le tableau suivant :

---

(1) Il nous semble qu'il n'existe qu'un moyen de déterminer définitivement la limite des coupes primordiales à faire dans les animaux : ce moyen, le système nerveux le fournit, et ce qui est remarquable, il permet les divisions dicothomiques, si simples et si faciles à comprendre. En prenant les seuls animaux invertébrés, nous en trouvons : 1° sans système nerveux apparent ; 2° avec un système nerveux apparent. Ces derniers se sous-divisent (*a*) en ceux dont le système nerveux est en anneau, au-dessus des organes digestifs ; (*b*) ceux qui ont le système nerveux linéaire au-dessous du système digestif. Si nous voulons opposer les animaux invertébrés qui ont un système nerveux aux animaux vertébrés, nous trouvons dans les premiers un seul système nerveux ganglionaire, et seulement sous cette forme, et dans les seconds deux systèmes nerveux bien distincts, le ganglionaire et le cérébro-spinal.

En admettant comme fondées les observations qui précèdent, l'arrangement méthodique proposé par Lamarck subirait des changements assez notables.

*ORDRE présumé de la formation des Animaux,
offrant 2 séries séparées, subrameuses.*

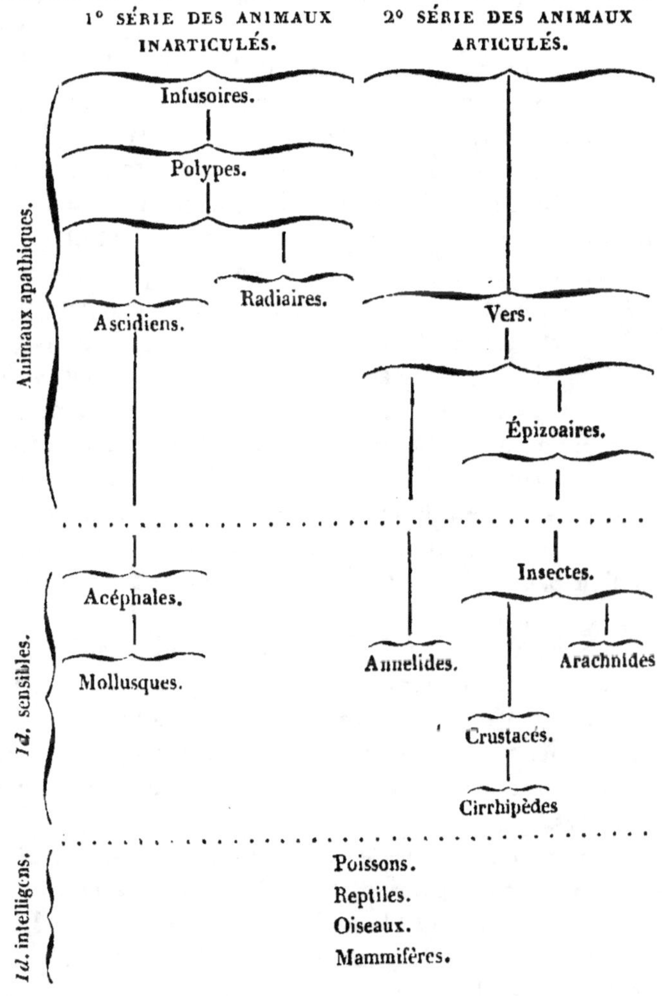

De quelque manière que l'on s'y prenne, je suis
persuadé que jamais on ne parviendra, dans la série

simple qui doit constituer notre distribution générale
des animaux, à offrir partout, entre les masses distinguées, des transitions vraiment naturelles, et par suite,
à conserver, dans tous les rangs, les rapports qui résultent de l'ordre de la production de ces êtres. Ainsi,
notre série simple n'offrira toujours que des portions
interrompues et inégales de cet ordre, entre lesquelles
nous intercalerons d'autres portions hors de rang, en
choisissant celles que le degré de composition de l'organisation des animaux qu'elles embrassent rendra
moins disparates. Il est évident que ces portions in-
tercalées ne peuvent être que hors de rang, et doivent
former des anomalies dans la série simple, si elles
appartiennent, soit à un rameau latéral, soit à une
série particulière.

Il serait effectivement difficile de lier les *crustacés*
aux *annelides* par une transition vraiment nuancée ;
et cependant les annelides ont dû être placées après
les crustacés dans la série simple de notre distribution
générale. On sent donc que, dans la série en question,
les annelides, quoique bien placées, sont hors de rang,
et l'on peut présumer qu'elles proviennent originaire-
ment des *vers*.

Après les *épizoaires*, les *insectes*, qui semblent en
provenir, ne se lient point par une transition sans
lacune, soit aux *arachnides*, même par celles qui sont
antennifères et hexapodes, soit aux *crustacés*. On voit
là deux branches dont la source se perd dans une espèce
d'*hiatus*.

D'une part, les *podures*, les *forbicines*, et ensuite
les *myriapodes* paraissent conduire aux *cloportides*,
caprellines, etc., et offrir l'origine des *crustacés*, dans
la série desquels les *entomostracés* forment un petit
rameau latéral.

De l'autre part, les parasites hexapodes, tels que les

poux et les *ricins*, semblent mener aux *picnogonides* et aux *acaridies*, ensuite aux *phalangides*, aux *scorpionides*, enfin aux *arachnides* fileuses. Cette série alors n'a plus de suite, et nous paraît constituer un rameau latéral, dont la source avoisine celle des crustacés, sans offrir avec ceux-ci un point de réunion connu, ni même avec les insectes.

Enfin, les *crustacés* conduisent aux *cirrhipèdes* par d'assez grands rapports, mais sans transition véritable. C'est là que se termine la série des animaux articulés, et qui ne commencent à l'être constamment que lorsque le système nerveux est assez avancé pour offrir un cordon médullaire ganglionné dans sa longueur.

Relativement à l'autre série, elle paraît très naturelle, moins rameuse et n'embrasse aucun animal muni de parties articulées. Je crois qu'elle doit être divisée en un plus grand nombre de coupes classiques; car nonseulement il en faut une pour les *ascidiens*, et une autre pour les *acéphales;* mais je pense même qu'il convient de séparer des *mollusques* les *céphalopodes*, à cause des traits particuliers de leur forme et de leur organisation. Les *céphalopodes* termineraient donc la série des animaux inarticulés, laissant à l'écart les *hétéropodes* qui sont encore trop peu connus.

Voilà tout ce que j'aperçois à l'égard de l'ordre de production des *animaux sans vertèbres*.

Maintenant, comment lier ces animaux aux vertébrés par une véritable transition? Certes cette transition n'est pas encore connue. J'ai soupçonné que les *hétéropodes* pourraient un jour l'offrir, si nous parvenions à en connaître d'autres que je suppose exister.

Ces problèmes sans doute resteront encore long-temps sans solution; mais déjà nous pouvons penser que, dans sa production des différents animaux, la nature n'a pas exécuté une série unique et simple.

Quelque grandes que soient ces difficultés tenant à quantité d'observations qui nous manquent encore, et quelles que soient les irrégularités inévitables de notre série simple, les considérations qui peuvent naître de ces objets n'intéressent nullement le principe de la production successive des différents animaux.

En effet, ce principe consiste en ce qu'après les générations spontanées qui ont commencé chaque série particulière, les animaux sont ensuite tous provenus les uns des autres. Or, quoique les lois qui ont dirigé cette production soient partout et invariablement les mêmes, les circonstances diverses dans lesquelles la nature a opéré pendant le cours de son travail, ont nécessairement amené des anomalies dans la simplicité de l'échelle résultante de toutes ses opérations.

Nous devons donc travailler à la composition et au perfectionnement de deux tableaux différents; savoir :

L'un offrant la *série simple* dont nous devons faire usage dans nos ouvrages et dans nos cours, pour caractériser, distinguer et faire connaître les animaux observés; série que nous fonderons en général sur la progression qui a lieu dans la composition des différentes organisations animales, les considérant chacune dans l'ensemble de leurs parties, et nous aidant des préceptes que j'ai proposés.

L'autre présentant les *séries particulières* avec leurs rameaux simples, que la nature paraît avoir formées en produisant les différents animaux qui existent actuellement.

Ce second tableau, dépouillé des erreurs qui peuvent s'être glissées dans celui que je viens d'offrir, sera sans doute utile pour notre instruction, éclaircira quantité d'objets que nous ne pouvons saisir que par son moyen, et, dans le règne animal, avancera probablement nos connaissances de la nature.

21*

Si l'étude de cette dernière peut obtenir quelque intérêt de notre part, j'ai lieu de penser que ce qui vient d'être exposé ne sera pas sans importance.

Nota. La nécessité d'opérer carrément par l'impression, ne permettant nullement l'obliquité qu'il eût fallu donner aux lignes indicatrices des branches latérales des séries, afin de montrer leur point de départ, l'idée que j'ai voulu rendre par le *Tableau*, se trouve un peu défigurée : mais le discours me paraît suppléer à ce défaut, et la rétablir. (1)

---

(1) De toutes les classifications générales qui furent proposées jusqu'en 1815, époque de la publication du premier volume des animaux sans vertèbres, celle de Lamarck est certainement la plus rationnelle et la plus philosophique. Quoique quelques esprits très élevés aient voulu jeter quelque défaveur sur les travaux de Lamarck, en présentant comme une simple spéculation de l'imagination, toute cette belle introduction qui sert de corollaire et de base solide au système de classification, bien des zoologistes commencent à comprendre toute la valeur de ces considérations générales, et apercevant, comme Lamarck, l'ordre suivi par la nature dans la création des animaux, reviennent de plus en plus à ses idées et cherchent à en améliorer les applications.

Lamarck avait bien senti que l'arrangement linéaire des animaux ne pouvait être suivi dans une méthode naturelle, et ne devait être employé que dans la distribution matérielle d'un livre dans lequel il est impossible d'exposer plusieurs choses à la fois ; mais que pour bien représenter les rapports il fallait admettre des embranchements, soit depuis le point de départ, soit sur une tige commune : il a rejeté l'idée d'une tige commune ; mais il a admis celle de deux embranchements principaux pour les animaux invertébrés. Ces deux embranchements sont susceptibles d'être sous-divisés latéralement ; et maintenant ce que l'observation servira à décider, c'est le point de départ de ces sous-divisions et leurs rapports avec l'embranchement principal.

Quelques zoologistes ont pensé, et M. Dugès est du nombre, qu'il était plus convenable de former pour les deux grandes parties des animaux, deux cercles fermés et contigus dans un point déterminé ; nous ne pensons pas que cette manière d'envisager les rapports soit préférable à celle de Lamarck ; car, pour tourner dans un cercle en prenant

un point de départ rationnel, tels que les animaux les plus simples
si on procède par analyse, ou les plus composés si l'on préfère la synthèse, il faut supposer dans le premier cas un accroissement progressif
jusqu'à un maximum, et un décroissement également progressif depuis
ce maximum jusqu'au point de départ. Malgré tout ce qu'a d'ingénieux
cette nouvelle manière d'envisager les rapports des animaux, nous lui
trouvons le grave défaut de ne pas satisfaire, comme les embranchements de divres degrés, aux exigeances de la classification rationnelle.
Au reste, ce que Lamarck a dit à l'appui de sa méthode dans les pages
qui précèdent, suffit pour convaincre de sa justesse et de sa supériorité
sur toutes les autres, sans que nous ayons besoin de corroborer son opinion par la nôtre. Nous croyons néanmoins que plusieurs perfectionnements peuvent être apportés dans les sous-divisions, et déjà dans une
note nous avons fait pressentir sur quelles bases ils pouvaient s'appuyer.

FIN DE L'INTRODUCTION.

HISTOIRE NATURELLE

DES

ANIMAUX SANS VERTÈBRES.

POINT DE COLONNE VERTÉBRALE; POINT DE VÉRITABLE
SQUELETTE.

Les *animaux sans vertèbres* sont ceux qui sont dépourvus de colonne vertébrale (1), c'est-à-dire, qui
n'ont pas intérieurement cette colonne dorsale, presque toujours osseuse, composée d'une suite de pièces

---

(1) Plusieurs zoologistes ont cru pouvoir retrouver l'a-
nalogue d'une colonne vertébrale dans la portion centrale
du squelette tégumentaire des crustacés, etc.; mais pour
adopter cette manière de voir, il faudrait modifier la définition que l'on donne ordinairement de la vertèbre, et
cette innovation ne serait peut-être pas sans inconvénient
pour la zoologie aussi bien que pour l'anatomie. On lira
néanmoins avec intérêt ce qui a été écrit à ce sujet par
M. Geoffroy-Saint-Hilaire (*trois mémoires sur l'organisation des insectes*, insérés dans le journal complémentaire
du Dictionnaire des Sciences médicales, 1820), par
M. Ampère (*considérations philosophiques sur la détermination du système solide et du système nerveux des
animaux articulés*. Annales des sciences naturelles,
tome 2), etc.   E.

articulées; colonne qui se termine à son extrémité antérieure par la tête de l'animal, à l'autre extrémité par sa queue, et qui fait la base de tout véritable squelette.

Par cette définition, les *animaux sans vertèbres* sont nettement distingués des animaux vertébrés; mais, quoiqu'ils paraissent former une coupe particulière sous ce point de vue, leur ensemble néanmoins présente un assemblage d'objets dont les masses sont très disparates entre elles. (1)

En effet, quant à la forme et et à l'organisation intérieure, qu'y a-t-il de commun entre un *infusoire* et un *insecte*, entre un *ver* et un *crustacé?* en un mot, quelle étrange dissemblance ne trouve-t-on pas entre un *polype* et une *arachnide*, entre celle-ci et un *mollusque?*

Si l'ensemble des *animaux sans vertèbres* présente, dans ses masses déplacées et mises arbitrairement en comparaison, des assemblages disparates, l'on sera forcé de convenir qu'en rapprochant les objets d'après leurs véritables rapports, et qu'en distribuant les masses classiques dans l'ordre progressif de la composition de l'organisation de ces animaux, alors ont trouvera moins d'irrégularité dans leur série, quoique de distance en distance, les systèmes d'organisation soient singulièrement changés, et puissent rarement se lier chacun les uns aux autres par de véritables nuances.

Telle est, je crois, l'idée la plus juste que l'on

______

(1) Les animaux sans vertèbres, en effet, ne forment pas un groupe naturel, mais constituent plusieurs séries bien distinctes qui diffèrent entre eux autant qu'eux-mêmes diffèrent des animaux vertébrés.　　　　E.

doive se former des *animaux sans vertèbres*. Ils composent une immense série d'animaux divers (1), au moins neuf fois plus nombreuse que celle de tous les vertébrés réunis, et dont probablement nous ne connaissons pas même la moitié des êtres qui la forment.

Ces animaux, originaires des eaux, vivent encore la plupart dans son sein : aussi c'est parmi eux que se trouvent les plus petits, les plus frêles, les plus imparfaits et les plus simples en organisation, comme c'est parmi les vertébrés qu'on observe les plus parfaits des animaux.

Sans doute, le volume ou la taille n'a point de rapport essentiel avec la nature de l'organisation des différents êtres vivants. Cependant, il n'en est pas moins très vrai que les plus imparfaits des animaux connus en sont aussi les plus petits : ce qui est également vrai à l'égard des végétaux.

Des trois coupes primaires qui partagent l'échelle animale entière (2), les *animaux sans vertèbres* embrassent les deux premières; savoir :

Les animaux apathiques;

Les animaux sensibles.

C'est donc à la troisième coupe, à celle des vertébrés dont le plan unique d'organisation est plus ou

---

(1) Il nous paraît impossible de ranger les animaux sans vertèbres en une seule série naturelle ; ils en forment au moins deux qui sont à peu près parallèles, l'une composée des infusoires rotateurs, des helminthes, des annelides, des cirrhipèdes, des crustacés, des myriapodes, des insectes et des arachnides; l'autre de la plupart des infusoires polygastriques, des polypes, des acalèphes, des tuniciers et des mollusques.   E.

(2) Voyez-en le tableau à la fin de la 7ᵉ partie de l'Introduction, page 313.   (*Note de Lamarck.*)

moins avancé en perfectionnement selon les classes, qu'appartiennent les animaux intelligents. En conséquence, je vais partager mon exposition des animaux sans vertèbres en deux parties : l'une relative aux animaux apathiques, et l'autre aux animaux sensibles.

Ainsi, d'après l'ordre que nous devons suivre, exposons d'abord les *animaux apathiques*, leurs classes, leurs familles, leurs genres, comme objets de la première partie; nous terminerons par l'exposition des *animaux sensibles*, dont nous présenterons pareillement les classes, les familles et les genres, ce qui complétera la deuxième partie; et nous indiquerons de part et d'autre les espèces les mieux déterminées à notre connaissance.

[Les divisions dont il est ici question ne nous paraissent pas naturelles, et nous semblent reposer même sur des idées fausses. Ainsi qu'on a pu le voir dans l'Introduction, Lamarck pose en principe, que toute faculté dépend de l'existence d'un instrument ou organe dont elle est l'appanage; cela est incontestable; mais, sans l'énoncer aussi formellement, notre auteur va plus loin : il admet que la même fonction ne peut être exercée que par le même organe, et que l'absence d'un de ces instruments entraîne nécessairement la cessation des actes exécutés par lui, lorsqu'il existe. C'est ainsi que voyant le cerveau être le siége des fonctions intellectuelles, il conclut de son absence chez les animaux inférieurs, la non existence de toute espèce de travail intellectuel, et que voyant les nerfs être des organes indispensables à la perception des sensations chez un bien plus grand nombre d'animaux encore; il arguë de l'absence de ces cordons médullaires, pour prouver que la sensibilité n'existe pas chez les êtres dépourvus d'un système nerveux. Or, ce raisonnement me paraît être un cercle vicieux, et les résultats auxquels ils mènent me semblent être en contradiction directe avec les données fournies par l'observation directe aussi bien que par l'analogie. Que dirait-on, si un physiologiste, ayant appris que chez l'homme et tous les autres mammifères, chez les oiseaux et les reptiles, la respiration ne peut s'effectuer que dans l'intérieur des poumons, concluait que les poissons, les crustacés, les insectes, etc., ne respirent point parce qu'ils sont dépourvus de ces organes ; ou même s'il prétendait que cette fonction ne peut s'exercer que là où il existe soit des poumons, soit des trachées ou des branchies, et que la surface générale du corps ne pouvant jamais suppléer à ces organes, les animaux dépourvus d'organes spéciaux de respiration, sont sans action sur l'air atmosphérique ? Les défauts d'un raisonnement pareil deviennent également palpables lorsqu'on l'applique aux phénomènes de la locomotion, de la génération, etc. , etc. , et tout dans la nature semble prouver que des parties diverses peuvent jusqu'à un certain point, en se modifiant, se suppléer les unes les autres et servir aux mêmes usages. En serait-il autrement pour les facultés intellectuelles et pour la sensibilité ? rien n'autorise à le croire, et l'analogie, doit, au contraire nous faire penser que la sensibilité, par exemple, existe déjà chez des êtres qui n'ont pas encore d'instruments spéciaux pour sentir ; de même que la reproducion a lieu chez des animaux qui n'ont pas encore des organes spéciaux de génération. C'est en assignant à chaque grande fonction un instrument particulier, que la nature commence à perfectionner les êtres, de même que c'est en localisant de plus en plus les divers actes dont chaque fonction se compose ou en d'autres mots par une division de travail toujours croissant, que les diverses facultés se perfectionnent à leur tour. (Voyez l'article *Organisation*, *Nerfs*, etc. du Dictionnaire classique d'histoire naturelle, et mes *Éléments de Zoologie*). E.

PREMIÈRE PARTIE.

—

ANIMAUX APATHIQUES (1).

Point de forme symétrique par des parties paires bisériales, ou seulement sur deux côtés opposés ; aucun sens particulier pour la sensation ; ni moelle longitudinale, ni cerveau ; point de véritable squelette. (2)

Le caractère le plus apparent des *animaux apathiques*, est de ne point offrir encore cette forme symétrique de parties paires dont les animaux des autres coupes présentent presque tous des exemples ; parties paires si prononcées dans l'organisation de l'homme, quoique toutes les intérieures ne soient pas

---

(1) Cette division correspond à peu près à l'embranchement des *zoophytes* ou *animaux rayonnés*, de la méthode de M. Cuvier (Voy. le *Règne animal distribué d'après son organisation.*) Dans la classification de M. de Blainville, les animaux apathiques de Lamarck, forment deux sous-règnes, savoir : les *actinozoaires* ou *A. rayonnés*, et les *amorphozoaires* ou A. amorphes. (Voyez de *l'organisation des animaux*, ou *Principes d'anatomie comparée*, t. 1.) E.

(2) Ainsi que nous le verrons par la suite, cette définition n'est pas rigoureusement applicable à tous les animaux dont ce groupe se compose. E.

dans ce cas, parties paires, enfin, qui **sont toujours** bisériales lorsqu'elles se répètent, ou seulement sur deux côtés opposés.

Ici, il n'y a jamais de parties paires dans cet ordre; car lorsqu'on rencontre des parties semblables, elles sont rayonnantes ou disposées en rond, et non sur deux côtés opposés.

La nature tendant à la production des animaux les plus parfaits, en qui cette forme symétrique de parties paires ou bisériales est extrêmement remarquable, l'a employée dans le plus grand nombre des animaux, parce qu'elle est la plus favorable au mouvement de progression en avant. Mais elle n'a pu l'établir dans les *animaux apathiques*; d'abord, parce que la trop faible consistance de leurs parties ne le lui permit pas et laissait aux fluides expansifs de l'extérieur trop d'influence sur la forme générale de ces animaux; ensuite, parce que le mouvement progressif en avant ne leur est point nécessaire.

Les *animaux apathiques* furent très-improprement appelés *zoophytes* : ils ne tiennent rien de la nature végétale, et tous généralement sont complétement des animaux; ce que je crois avoir prouvé (1).

La dénomination d'*animaux rayonnés* ne leur convient pas plus que la précédente ; car elle ne peut s'appliquer qu'à une partie d'entre eux, et il s'en trouve beaucoup parmi eux qui n'ont absolument rien de la forme rayonnante.

Tous les *apathiques* manquent de tête, sont dé-

______

(1) En conservant à ces animaux le nom de zoophytes, M. Cuvier n'a en aucune façon entendu qu'ils participent de la nature des végétaux, mais seulement, que souvent ils en rappellent les formes.   E.

pourvus de sens extérieurs ; et parmi ceux , en petit
nombre , en qui l'on a observé quelques nerfs , on ne
trouve jamais cet appareil nerveux qui est essentiel
à la production du sentiment. Ce sont donc des animaux véritablement privés de la faculté de sentir (1).

Etant dépourvus du *sentiment* , n'ayant pas même
celui de leur existence , c'est-à-dire , ce *sentiment
intérieur* que des besoins sentis peuvent émouvoir ,
ces animaux ne se meuvent que par leur *irritabilité*
excitée , que par des causes excitantes qui leur viennent du dehors. Aussi ai-je montré que leurs besoin
très bornés , n'exigent point qu'ils aient d'autres facultés , qu'ils dirigent eux-mêmes aucun de leurs
mouvements ; ce qui leur est nécessaire se trouvant
toujours à leur portée.

Les *animaux apathiques* embrassent les quatre
premières classes du règne animal (2) , savoir :

    1° Les infusoires ;
    2° Les polypes ;
    3° Les radiaires ;
    4° Les vers .
     (Les épizoaires.)

Exposons successivement les caractères de chacune
de ces classes , ainsi que ceux des animaux qui
s'y rapportent.

[* Presque tous les naturalistes s'accordent à rassembler
dans une grande division du règne animal , les animaux

---

(1) *Voyez* la note de la page 330.   E.

(2) C'est probablement par une erreur d'impression que
le nombre de ces classes n'est porté qu'à quatre ; en effet,
l'auteur divise les animaux apathiques en cinq classes, savoir : 1° les infusoires ; 2° les polypes ; 3° les radiaires ; 4°
les tuniciers, et 5° les vers.   E.

les plus simples et dont la forme est ordinairement plus ou
moins rayonnée ; mais ils sont loin d'être d'accord sur les
limites qu'il convient d'assigner à ce groupe, et cette divergence d'opinion ne doit pas nous étonner quand nous
réfléchissons aux principes divers qui peuvent également
servir de guide dans la distribution méthodique des
êtres. En effet, on peut suivre dans cette classification,
deux marches très différentes qui chacune ont leurs avantages et leurs inconvénients : on peut, en prenant pour
règle le principe de la subordination des caractères, si
bien développé par un de nos plus grands naturalistes, établir les divisions successives de la hiérarchie méthodolo-
gique, d'abord sur les modifications que présentent les
grands appareils de l'économie, puis sur les différences
qui se montrent entre des parties dont le rôle est ordinairement d'une importance plus minime ; ou bien on peut
chercher à ranger ces êtres en autant de groupes principaux qu'il y a de séries bien reconnaissables formées par
la dégradation ou la simplification de plus en plus grande
de chaque type d'organisation. Or, les limites à assigner au
groupe des animaux apathiques ou rayonnés ou zoophytes,
(peu importe le nom qu'on leur donne), varient suivant que
l'on adopte l'une ou l'autre de ces méthodes. En suivant la
première que l'on pourrait appeler une *méthode naturelle
physiologique*, il faudra réunir dans la même grande division, tous les animaux qui se ressemblent par un certain
degré de simplicité d'organisation, tandis qu'en suivant
la seconde méthode qui nous paraît être éminemment *zoologique*, on ne s'arrêtera pas à ces similitudes dans le degré de la division du travail physiologique, et on ratta-
chera aux séries plus élevées dans l'échelle des êtres, les
différents animaux inférieurs qui semblent être les premières ébauches, ou si l'on aime mieux, les dégradations
de chacun de ces types d'organisation, et qui rappellent
par leur conformation, les états transitoires par lesquels
les premiers passent avant que d'arriver à l'état adulte.
Dans le premier cas, on laissera dans ce sous-règne, les
vers intestinaux et les planaires qui se lient d'une manière si intime aux annelides, les lernées, qu'aucune li-

mite bien tranchée ne sépare des crustacés et certains polypes qui ont les rapports les plus intimes avec les ascidies,
lesquels, par l'ensemble de leur organisation, se rapprochent des mollusques; dans le second cas au contraire, on
réduira ce groupe aux animaux très simples, et en général
rayonnés, qui semblent conduire vers les acalèphes et les
échynodermes.

Quoi qu'on fasse, on ne peut, dans l'état actuel de la
science, adopter sans modifications les divisions établies
ici parmi les animaux apathiques de Lamarck. La classe des
polypes renferme, comme nous le verrons bientôt, des
éléments très hétérogènes, et il en est de même de celles des
radiaires et des vers.   E.

CLASSE PREMIÈRE.

LES INFUSOIRES. (Infusoria.) (1)

Animaux microscopiques, gélatineux, transparents, polymorphes, contractiles.

Point de bouche distincte; aucun organe inté-

---

(1) La division des *infusoires*, telle que Muller l'avait
établie, était évidemment composée d'éléments trop hétérogènes pour pouvoir prendre place dans une classification
naturelle; aussi, est-ce avec raison que Lamarck en proposa
la réforme, et que ce zoologiste distribua dans des classes différentes, les animalcules dont l'organisation lui paraissait la
plus simple, et ceux dont la structure est la plus compliquée; mais l'état peu avancé de cette partie de la science ne
lui permit pas d'établir sa méthode sur des bases solides, et
presque tous les caractères qu'il assigna à ses infusoires ne

rieur constant, déterminable ; génération fissipare, subgemmipare.

Animalcula microscopica, gelatinosa ; hialina, polymorpha, contractilia.

Os distinctum nullum. Organa specialia interna determinabiliaque nulla. Generatio fissipara, subgemmipara.

Observations. Je ne rapporte à cette classe d'animaux que

---

leur sont plus applicables. En effet, les observations récentes de M. Ehrenberg, nous ont appris que ces animalcules ne sont pas dépourvus d'*organes intérieurs constants et déterminables*, et qu'ils ont une *ouverture distincte* qui, d'après ses fonctions, doit être considérée comme une *bouche*; il est aussi à noter, que la plupart de ces êtres sont loin d'être *polymorphes*, et leur petitesse, comme Lamarck le dit lui-même, n'est pas un caractère qui puisse les faire distinguer.

En se fondant sur une connaissance plus exacte des choses, M. Ehrenberg divise les infusoires de Muller, en deux classes, savoir :

1° Les *polygastriques.*

Animalcules pourvus d'un certain nombre de vésicules cœcales tenant lieu d'estomacs, isolés ou réunis par un tube intestinal : fissipares.

2° Les *rotateurs.*

Animalcules pourvus d'un intestin simple et analogue à celui des animaux articulés, ne se reproduisant point par scission, mais par des œufs, et portant des organes rotateurs.

La classe des polygastriques correspond à peu-près à celle des infusoires de Lamarck, et se distingue parfaitement de celle de rotateurs ; mais elle nous paraît moins nettement séparée d'un grand nombre de polypes qui établissent le passage des vorticelles jusqu'au flustres.

E.

ceux des infusoires de *Muller* qui n'ont point de bouche, et qui conséquemment sont dépourvus de sac alimentaire, c'est-à-dire, de cet organe digestif qui s'ouvre nécessairement au dehors par une bouche au moins.

Ainsi, c'est avec cette coupe circonscrite par le défaut de bouche dans les animaux qui en sont le sujet, que je forme la première classe du règne animal. Elle comprend les animaux les plus petits, les plus imparfaits, les plus simples en organisation, en un mot, ceux qui possèdent le moins de facultés.

Ces animaux n'ayant point de bouche, point de sac alimentaire, n'ont point de digestion à exécuter, et ne se nourrissent que par les absorptions de leurs pores extérieurs, et par imbibition interne (1). Ainsi, leur organi-

---

(1) Jusqu'en ces derniers temps, tous les naturalistes s'accordaient à regarder les animalcules dont il est ici question, comme étant formés d'une espèce de gelée vivante et dépourvue de tout organe intérieur; mais ainsi que nous l'avons déjà dit, les beaux travaux de M. Ehrenberg ont entièrement changé les idées à cet égard. En mettant en suspension dans l'eau où vivaient des infusoires, de l'indigo parfaitement pur, du carmin et autres substances colorantes insolubles, cet habile observateur a vu ces petits êtres se colorer de la même manière, mais non pas uniformément, ainsi que cela ce serait fait par une imbibition générale dont toutes les parties de leur corps auraient été le siége ; la matière colorante était toujours circonscrite dans des points déterminés du corps, et renfermée dans de petites cavités, qui d'après leurs fonctions doivent nécessairement être regardées comme des estomacs. Par ce procédé si simple, il a pu constater aussi l'existence d'une bouche ordinairement garnie de cils, et dans bien des cas, d'un anus distinct.

La disposition de cet appareil digestif varie chez les différents infusoires : tantôt il n'existe point d'intestin : toutes les vésicules stomacales naissent isolément d'une bouche commune, et il n'y a point d'anus ; tantôt les vésicules

sation, qui est la plus simple de toutes celles qu'offre le règne animal, présente par son caractère un degré particu-

***

stomacales sont groupées autour d'un intestin distinct, qui lui-même est circulaire, de façon à naître et à se terminer au même point par une ouverture extérieure, qui est en même temps la bouche et l'anus; d'autres fois l'intestin avec lequel communiquent toutes les vésicules stomacales, parcourt en ligne droite toute la longueur du corps de l'animal, et se termine par une bouche et un anus distincts situés aux deux extrémités du corps; enfin, d'autres fois l'intestin, au lieu d'occuper ainsi l'axe du corps, se porte en serpentant de l'extrémité antérieure à l'extrémité postérieure du corps, et présente, du reste, la même disposition que dans le type précédent. M. Ehrenberg, désigne ces modifications par les noms suivants : dont l'étymologie indique assez la signification.

1° *Anentera.*

2° *Enterodela*
{ *Cyclocœla.*
{ *Ortocœla.*
{ *Campylocœla.*

Le nombre des vésicules stomacales logées dans l'intérieur du corps de ces petits êtres est souvent immense; dans quelques espèces, M. Ehrenberg en a compté deux cents : lorsqu'elles sont vides elles sont imperceptibles à cause de leur transparence, et lorsqu'elles sont remplies d'eau on peut facilement les prendre pour des œufs, erreur qui paraît avoir été commise par quelques zoologistes; enfin lorsqu'elles sont remplies d'aliments solides, elles affectent une forme sphérique et paraissent toujours isolées, car l'intestin qui les réunit se rétrécit et devient transparent aussitôt qu'il cesse de contenir des matières opaques. Ces petites cavités sont très extensibles, et lorsque l'animalcule est vorace, elles se remplisent souvent d'autres infusoires assez gros à proportion; quand l'une d'elles se remplit beaucoup, elle se distend tellement qu'elle empêche les aliments de pénétrer dans les autres; aussi, le nombre de

lier qui les distingue éminemment de tous les autres animaux.

Je me suis assuré qu'il en existe de semblables, car j'en

---

ces estomacs semble-t-il augmenter à mesure qu'ils se
remplissent plus également et qu'ils paraissent plus petits :
la position de l'anus se décèle par les déjections.

Il paraît que les taches qu'on a souvent observées chez divers infusoires, et qu'on a considérées comme caractéris-
tiques d'espèces distinctes, ne sont souvent que des différences dépendantes de l'état de réplétion de ces vésicules
et de la nature des aliments contenus dans leur intérieur.

Outre l'appareil nutritif, il existe dans l'intérieur du
corps chez quelques infusoires polygastriques, une masse
cellulaire que l'animalcule rejette par l'anus, et que
M. Ehrenberg considère comme un ovaire.

Sous le rapport de leur organisation extérieure, les infusoires polygastriques présentent de grandes différences ; les
uns sont nus, les autres sont pourvus d'une enveloppe
protectrice que l'on a appelée cuirasse (*lorica*), et qui affecte la forme d'un *écusson* (enveloppe ronde ou ovale,
lisse sur ses bords et ne recouvrant que le dos de l'animal
comme le ferait un bouclier), d'une *coque* (enveloppe
membraneuse ou gélatineuse en forme de cloche ou de
cylindre, quelquefois conique, fermée à son extrémité inférieure ou postérieure, ouverte du côté opposé, et dans
l'intérieur de laquelle l'animal peut se retirer complétement) ; d'un *manteau*, (tunique gélatineuse qui paraît être
la couche externe de la masse du corps, laquelle, à un certain âge, se transforme en quelque sorte en jeunes, qui restent d'abord renfermés dans cette enveloppe, mais à la
fin s'en échappent par suite de sa rupture) ; ou d'une *cuirasse bivalve* qui devient distincte lorsqu'on divise transversalement l'animalcule.

Ces petits êtres présentent rarement une tête distincte,
et la portion céphalique de leur corps ne se détermine ordinairement que par la position d'autres organes ; quelquefois il existe une espèce de queue formée par un simple

ai observé moi-même plusieurs ; et quand même il n'en existerait qu'un petit nombre, j'en eusse fait une classe à part, d'après la considération du caractère éminent qui les distingue. Cette classe néanmoins embrasse évidemment la plus grande partie des infusoires de *Muller*; elle doit être nécessairement la première, puisqu'elle nous présente l'organisation animale dans son premier degré.

L'organisation des *infusoires*, et tout ce qui concerne leur manière d'être, de vivre, de se mouvoir, de se régénérer, etc., sont des objets plus importants à considérer que les distinctions qu'on a pu établir parmi eux.

En effet, sans cette curiosité philosophique, sans le

---

prolongement du ventre. La bouche est souvent bilobée, et il existe chez ces animalcules des appendices extérieurs très variés. M. Ehrenberg les distingue par les noms de prolongements variables, de soies, de cils, de crochets, de styles, etc.

Les prolongements variables (*processus variabiles*) sont des espèces de sacs herniaires formés par le relâchement d'une partie de l'enveloppe tégumentaire, tandis que le reste se contracte avec force ; leur apparition détermine ces changements de formes si variées qui ont fait comparer quelques infusoires à des êtres protéens. Les soies (*setæ*) sont des appendices droits et raides qui n'exécutent aucun mouvement bien apparent. Les cils (*cilia*) sont de petits appendices filiformes qui décrivent des mouvements rotatoires et qui sont quelquefois placés autour de la bouche seulement, d'autres fois distribués par séries sur toute la surface du corps. Les *crochets* (*uncini*) sont des appendices courts, tantôt raides, tantôt flexibles, qui ressemblent à des soies de cochon, qui ne servent pas à produire des mouvements de rotation, mais à la préhension et à l'action de grimper ; quelquefois, on en voit à la lèvre inférieure ; d'autres fois à la face ventrale du corps où ils tiennent lieu de pieds ; enfin les styles (*styli*) sont des espèces de soies épaisses, droites et très mobiles, mais incapables d'exécuter des mouvements de rotation.   E.

besoin même que nous avons de connaître la nature dans tout ce qu'elle produit, dans tout ce qu'elle exécute, en un mot, sans l'importance pour nous de savoir jusqu'à quel point la *vie animale* peut être réduite et exister encore, sans doute l'étude des *infusoires* nous présenterait bien peu d'intérêt, et ce serait fort mal débuter dans l'exposition du règne animal, que de placer de pareils objets en tête de ce règne.

Mais plusieurs considérations importantes se réunissent pour que nous donnions la plus grande attention au fait de l'existence de ces étonnants animaux, ainsi qu'à celui de l'état singulier de leur organisation et de leur manière d'exister.

Ces êtres, dont l'animalité paraît à peine croyable, et que l'on peut en quelque sorte regarder comme des ébauches de la nature animale, sont d'une petitesse extraordinaire. Leur corps n'a presque point de consistance, et paraît pour ainsi dire sans parties. Ce sont cependant des animaux nombreux en individus et en races diverses, qui peuplent toutes les eaux, et qui se retrouvent les mêmes dans tous les pays du monde, mais seulement dans les circonstances qui leur permettent d'exister; ce sont des animaux qui la plupart disparaissent dans les abaissements de température, qui reparaissent et se multiplient rapidement dans ses élévations; enfin, ce sont des animaux dont l'existence et l'état renversent toutes les idées que nous nous étions formées de la nature animale.

Parmi les merveilles sans nombre que la nature offre de toutes parts à nos observations, celle peut-être qui est la plus étonnante, c'est de voir la vie animale pouvoir exister dans des corps aussi frêles et aussi simples que ceux qui constituent les animaux de cette classe, et sur-tout de son premier ordre.

En effet, les *infusoires*, considérés dans ceux dont j'assigne le caractère classique, nous présentent l'organisation animale dépourvue de tout organe particulier intérieur, constant et déterminable, réduite à n'offrir qu'une masse de tissu cellulaire variée, extrêmement petite, frêle, presque sans consistance, et cependant vivante et très irritable.

Ainsi, non-seulemeut ces singuliers animaux n'ont point de tête, point d'yeux (1), point de muscles, point de vaisseaux, point de nerfs; mais il n'out même aucun organe particulier déterminable, soit pour la respiration, soit pour la génération, soit, enfin, pour la digestion. Aussi, ce ne sont que des corpuscules extraordinairement petits, nus, gélatineux; ce ne sont que des points vivants.

Cependant, retrouver la vie animale dans des corps aussi frêles et aussi simples que ceux dont il est question, est une considération tellement étonnante, que d'après les idées que l'on s'était formées de la vie, considérée dans les animaux les plus parfaits, plusieurs personnes n'ont pas osé croire à la réalité de ce fait, et qu'il y en a même qui l'ont inconsidérément nié.

On a effectivement beaucoup écrit pour contester l'animalité de ces corpuscules mouvants; mais on est maintenant forcé de céder à la raison qui s'appuie sur des faits décisifs. Or, ces faits attestent non-seulement que les corpuscules dont il s'agit sont des corps vivants, puisqu'ils en ont les qualités essentielles, et qu'en effet ils se régénèrent et se multiplient eux-mêmes ; mais en outre que ce sont de véritables animaux, puisqu'ils sont irritables, qu'ils se meuvent, et qu'ils exécutent des mouvements subits qu'ils peuvent répéter de suite plusieurs fois.

D'ailleurs, comment reconnaître, comme on le fait, l'animalité des *polypes*, sans admettre celle des *vorticelles*?

---

(1) M. Ehrenberg, considère comme étant des yeux, les points colorés que l'on remarque chez plusieurs infusoires, notamment dans le genre *microglena* (Ehr.) de la famille des monadines, dans le genre *lagenula* (Ehr.) de la famille des cryptomonadines, dans les genres *euglena* (Ehr.) *amblyophis* (Ehr.) et *distigma* (Ehr.), de la famille des astasiens, dans le genre *eudorina* (Ehr.), de la famille des péridiniens, et le genre *ophryoglena* (Ehr.), de la famille des kolpodiées.   E.

comment convenir de la nature animale des vorticelles , et
refuser la même nature aux *urcéolaires*? et si l'on reconnaît les urcéolaires pour des animaux, comment contester
la nature animale des *trichocerques*, des *cercaires*, des
trichodes et ensuite de tous les autres *infusoires*? Les
rapports les plus grands lient évidemment tous ces ani-
maup les uns aux autres par une gradation nuancée depuis
les plus simples et les plus imparfaits d'entre eux, tels
que les *monades*, jusqu'aux *polypes* les mieux connus.

Ne pouvant plus nier la nature animale des *infusoires*,
on a essayé de contester la simplicité de leur organisation ;
tant on tient à conserver les idées qu'on s'est inconsidérément formées de la vie, en supposant qu'elle ne peut
exister dans un corps qu'avec la complication de cette
multitude d'organes particuliers dont celle des animaux
les plus parfaits nous offre des exemples.

Mais, au lieu de supposer, contre l'évidence, que tous
les organes que l'on trouve dans les animaux les plus parfaits, et dont on n'aperçoit plus le moindre vestige dans
les plus imparfaits, existent néanmoins dans tous, c'est-
à-dire, dans les uns et les autres; il est bien plus simple
et plus conforme à la raison de reconnaître que non-seulement la nature n'a pu établir ces organes spéciaux dans des
corps gélatineux aussi frêles que les *infusoires*, mais
même qu'elle n'a pas eu besoin de le faire.

Effectivement, la moindre réflexion suffit pour nous
faire sentir que dans des animaux aussi imparfaits, la
nature n'a pu avoir en vue que d'y instituer seulement la
vie, et que toute autre faculté que celles qui en résultent généralement, leur serait fort inutile. Il serait en
effet très-inutile à une *monade*, à une *volvoce*, à un
protée, etc., d'avoir des organes qui lui servissent à
changer de lieu, et d'autres qui soient propres à lui
faire discerner les objets; n'ayant d'autre action à exécuter pour conserver sa vie, que celle d'absorber par ses
pores les matières que l'eau qui l'environne lui présente
sans cesse partout, et que celle de faire des mouvements
qui facilitent cette absorption. Aussi peut-on assurer que
partout où une fonction organique n'est pas nécessaire,

l'organe particulier qui peut l'exécuter **n'existe point.**
(*Philos. zool.*, vol. I , p. 2o3 et suiv.)

Si les *infusoires* sont de tous les animaux ceux qui ont
le moins de facultés, ce sont aussi ceux qui ont le moins
de besoins. Ils n'ont pas une seule faculté particulière ;
ils n'ont pas non plus un seul besoin particulier. Vivre
pendant un temps limité, et reproduire d'autres individus
semblables à eux ; là se borne tout ce qui leur est propre,
les mouvements qu'on leur voit exécuter étant le produit
de causes hors d'eux. Ces animaux n'ont donc aucun besoin des organes particuliers que l'on observe dans les
autres.

Il est évident que si l'on veut savoir en quoi consiste la
vie animale la plus réduite, c'est uniquement en considérant les *infusoires*, et sur-tout ceux du premier ordre,
qu'on y pourra parvenir ; c'est en étudiant sans prévention tout ce qui concerne des animaux aussi imparfaits
et aussi simples en organisation que ceux dont il sagit,
qu'on pourra se former une idée juste de ce qu'exige la
vie animale dans ces petits corps, et des facultés qu'elle
peut leur donner.

On verra que les facultés des infusoires les plus simples
se réduisent à celles qui sont communes à tous les corps
vivants, et en outre à celle qui résulte de leur nature animale, à l'*irritabilité* ; mais on verra en même temps que,
comme aucune de ces facultés n'exige d'organe particulier
pour sa production , il n'y en a effectivement aucun.

A la vérité, dans un assez grand nombre d'infusoires,
sur-tout dans ceux du deuxième ordre, on aperçoit des
parties intérieures locales qui paraissent dissemblables,
quelquefois même mouvantes. Mais ces parties, dont on
peut dire tout ce qu'on veut, ne peuvent être que des
modifications plus ou moins grandes du tissu intérieur de
ces corps, que des voies qui préparent la multiplication
des individus, que des gemmes reproducteurs dans différents états de développement.

Ces animaux ne possédant pas encore le premier organe
particulier que la nature ait créé dans l'organisation animale, celui de la *digestion*, ne sauraient avoir sans doute

aucun de ceux qu'elle a établis postérieurement à celui-ci.

Ces frêles êtres étant les seuls qui n'aient point de digestion à exécuter pour se nourrir, ressemblent en cela aux végétaux qui ne vivent que par des absorptions, et dont les mouvements vitaux ne s'opèrent aussi que par des excitations de l'extérieur. Mais les *infusoires* sont irritables et contractiles ; or ces caractères indiquent leur nature animale, et les distinguent essentiellement des végétaux.

Quelque simple que soit l'organisation des *infusoires*, on distingue déjà parmi eux quelques degrés de moins grande simplicité, selon les ordres et les genres.

En effet, le propre de la durée de la vie dans un corps animal étant de le fortifier graduellement, d'augmenter peu à peu la consistance de ses parties, et de tendre à en composer l'organisation; bientôt ce corps se fortifiera et s'animalisera davantage; son organisation deviendra moins simple; et, après s'être multiplié et reproduit bien des fois, il offrira dans sa consistance, sa taille, sa forme particulière et ses parties, des différences de plus en plus grandes et assujetties aux circonstances variées qui auront agi sur lui. Tel est effectivement ce qu'attestent, de la manière la plus évidente, l'observation des *infusoires* et leur connexion nuancée avec les polypes.

Ces petits corps gélatineux, qui nagent ou se meuvent dans les eaux qui les contiennent, et où ils ne paraissent que des points mouvants, ne possèdent assurément point en eux-mêmes la puissance qui les anime et les fait mouvoir. Cette puissance, qui provient des milieux environnants, leur est étrangère ; mais ils offrent en eux l'ordre de choses qui permet à cette même puissance d'exciter dans ces animalcules les diverses sortes de mouvements qu'on leur observe (1).

Si cette source où les mouvements vitaux puisent la force qui les fait s'exécuter, est incontestable à l'égard des

---

(1) Introduction , p. 43. (Fluides subtils.)

(Note de Lamarck.)

végétaux, elle l'est assurément aussi relativement aux animaux imparfaits qui composent les premières classes du règne animal ; et, pour un grand nombre de ces animaux, elle l'est en outre des mouvements particuliers de leur corps. Voilà ce dont maintenant il n'est plus raisonnablement possible de douter, et ce qui, comme vérité, est à l'abri de tout ce que le temps pourra produire.

Outre leur extrême contractilité qui les fait changer de forme d'un instant à l'autre, certains infusoires exécutent dans l'eau des mouvements assez lents, tandis que d'autres en offrent de très vifs. Ces mouvements, qui en général sont variés à raison de la forme de ces corps, sont tantôt de rotation sur eux-mêmes, comme lorsque ces petits corps sont sphériques, tantôt ondulatoires ou oscillatoires, comme lorsque ces corps sont alongés, et tantôt décrivent des lignes concentriques ou spirales, comme lorsque ces ces mêmes corps sont aplatis.

Je le répète : la vivacité de ces mouvements ne saurait provenir d'une force organique capable d'en produire de semblables : on sent assez que dans d'aussi frêles corps une pareille force ne saurait exister. Cette vivacité des mouvements résulte donc nécessairement de l'extrême petitesse des corps dont il s'agit, ces petits corps cédant aux conflits d'agitation que les fluides subtils environnants leur font éprouver en s'y précipitant et s'en exhalant sans cesse. Or, d'une part, la forme générale de chacun de ces corpuscules animés, contribue à l'espèce de mouvement que les fluides subtils ambiants leur font subir, et de l'autre part, les routes particulières que se sont frayés ces fluides subtils en traversant l'intérieur de ces petits corps, y concourent aussi de leur côté (1).

---

(1) Dans l'état actuel de la science, il nous semble impossible d'admettre que les monuments des infusoires ne sont produits que par des agents extérieurs, et ne sont pas déterminés, comme ceux de tous les autres animaux, par une cause ou force intérieure ; sous ce rapport ils ne diffèrent en rien des polypes, de certains acalèphes, etc.,

En observant les mouvements qu'exécutent les *infusoires* dans les eaux, ces mouvements ont paru s'accélérer ou se ralentir et quelquefois même s'interrompre au gré de l'animal : chaque espèce a semblé jouir d'une sorte d'instinct ; enfin, l'on s'est imaginé qu'ils évitaient les obstacles et fuyaient ce qui peut leur nuire.

Ce sont-là réellement des erreurs de jugement et les suites des préventions auxquelles nous nous sommes livrés. Qui ne sait que l'on croit facilement ce que l'on s'est pérsuadé devoir être !

Ces animaux sont le jouet de toutes les impressions qu'ils éprouvent et qui les agitent. Les causes qui les meuvent sont elles-mêmes susceptibles de variations dans leurs influences. Dailleurs, si dans un mouvement de tournoiement ou d'oscillation, un infusoire semble éviter un corps du voisinage, les émanations continuelles de ce corps (1) suffisent pour repousser l'animalcule dans son mouvement, et pour opérer mécaniquement l'effet observé, sans qu'aucune prévoyance ou qu'aucune détermination de l'animal y ait la moindre part.

D'après ce qui vient d'être exposé, on voit que les *infusoires* sont, parmi les animaux, ce que sont les algues parmi les végétaux ; que, de part et d'autre, ce sont les corps vivants les plus imparfaits, ceux qui ont l'organisation la plus simple, et que c'est parmi eux sur-tout que la

---

dans la structure desquels on ne découvre pas de fibres musculaires, mais dont les mouvements sont tout aussi spontanés que ceux d'une huître, etc. Quant à la théorie physico-physiologique sur laquelle reposent les vues hypothétiques de notre auteur, il nous paraît inutile de nous y arrêter.   E.

(1) Relativement aux fluides subtils qui se meuvent presque sans cesse dans les milieux environnants, la diversité des corps qui en reçoivent et en transmettent les effluves, apporte nécessairement des différences dans ces effluves, dans leur direction, leur abondance, leur interruption, etc.   (*Note de Lamarck.*)

nature opère, encore de part et d'autre, des générations
directes.

On trouve les *infusoires* dans les eaux douces et sur-tout
dans celles qui sont croupissantes ; c'est plus particulièrement dans les infusions des substances végétales ou animales qu'on les rencontre ; enfin, on en trouve aussi dans
les eaux marines. Ces animalcules semblent n'avoir point
de patrie particulière, puisqu'on les retrouve les mêmes
dans toutes les parties du monde (1), mais seulement dans
les circonstances où ils peuvent se former.

Trop près encore de leur origine, ils n'ont pas eu le
temps de recevoir de la différence des climats, des situations et des habitudes, les modifications qui assujettissent
les autres animaux à vivre dans des régions et des localités
particulières.

Les *infusoires* n'ont pas, comme les autres animaux,
une forme générale qui soit particulière à ceux de leur
classe, et qui puisse servir à les caractériser ; ils ne sauraient l'avoir, parce que la trop faible consistance de leur
corps ne le permet pas, et qu'ils sont plus ou moins complétement assujettis à l'influence des pressions environnantes.

Aussi, quoique les différents infusoires nous présentent
toutes sortes de formes, que souvent même les individus
d'une même espèce changent de forme sous nos yeux d'un
instant à l'autre, les plus imparfaits de ces animaux étant
plus frêles et plus fortement assujetis que les autres aux
influences de l'eau qui presse également sur tous les points
de leur corps, sont nécessairement sphériques ou d'une
forme qui en approche.

Ceux qui en proviennent ensuite, et qui acquièrent

––––––––––––––––––

(1) Les recherches récentes de M. Ehrenberg, sur la distribution géographique des infusoires, montrent qu'il en
est autrement. Ainsi, les deux tiers du nombre total des
animalcules observés par ce voyageur, en Arabie et en
Afrique, ne se retrouvent pas en Europe. (Voyez *les
Mémoires de l'Académie de Berlin pour* 1830).　　E.

progressivement plus de consistance dans leurs parties, sont moins soumis aux pressions du milieu dans lequel ils vivent, s'éloignent graduellement de cette forme simple et première à laquelle les plus imparfaits ne peuvent se soustraire, et en obtiennent de particulières qui sont relatives à l'état où leur organisation est parvenue.

Ce n'est réellement que dans les *polypes* que la nature a réussi à donner aux animaux une forme générale, relative à leur organisation, sur laquelle les pressions environnantes n'ont plus ou presque plus d'influence, et qui peut servir à les caractériser. Partout ensuite, la diversité des formes tient à l'état de l'organisation et au produit des habitudes des animaux en qui on la considère.

Une considération qu'il importe de ne pas perdre de vue, c'est que le caractère essentiel des *infusoires* ne réside nullement dans l'extrême petitesse de ces animaux, mais dans la simplicité de leur organisation.

Ce n'est pas dans cette classe seule que l'on observe des animaux extrêmement petits; dans les quatre classes qui suivent, et principalement dans les *crustacés*, l'on connaît des animaux d'une petitesse si considérable qu'ils échappent à la vue simple. Or, comme ces animaux sont aquatiques, microscopiques et la plupart transparents, il est probable qu'on en rapporte plusieurs à la classe des *infusoires*, quoiqu'ils appartiennent réellement à d'autres classes. En observant quelques-uns des traits de leur organisation, on s'en autoriserait alors pour déclarer celle des infusoires plus composée qu'elle ne l'est véritablement; ce qui a déjà été fait. Il suffira de replacer dans leur classe convenable, les animaux que leur extrême petitesse aurait, par erreur, fait ranger parmi les infusoires.

Rien n'est plus digne de notre admiration et n'est plus propre à nous éclairer sur la marche de la nature dans sa production des animaux, que la manière dont les *infusoires* se multiplient, c'est-à-dire, que le mode qu'emploie la nature pour reproduire des animaux en qui aucun système d'organes particulier pour la génération ne peut encore exister.

Elle atteint son but en employant des divisions grandes
cu petites de leur corps, selon que sa forme les exige.

Pour ceux dont le corps est sphérique, elle ne peut
guère se servir que de petites portions de ce corps qui
naissent de l'intérieur, et se font jour par des déchirures ;
et pour ceux dont le corps est aplati ou déprimé, elle emploie communément des *scissions* de leur corps, scissions
qui s'opèrent sur sa longueur ou sur sa largeur selon les
espèces.

On voit d'abord paraître sur le corps de l'animalcule,
une ligne longitudinale ou transversale ; et quelque temps
après, il se forme une échancrure à l'une des extrémités
de cette ligne, quelquefois aux deux bouts. L'échancrure
s'agrandit insensiblement, et à la fin les deux moitiés se
séparent et prennent bientôt la forme même de l'individu entier. Ces nouveaux individus vivent quelque temps
sous leur forme naturelle, et à leur tour se multiplient
de même par une scission de leur corps (1).

A cet égard, j'ai fait remarquer, dans ma *Philosophie
zoologique* (vol. 2, p. 120 et 150.), que la multiplication
des individus par scissions et celle par gemmules externes
ou internes, n'étaient réellement que des modifications
d'un même mode ; qu'au fond, ce n'est qu'une suite
d'extensions et de séparations de parties, lorsque l'accroissement a atteint son terme ; et qu'enfin, ce mode
n'exigeant point d'embryon préalablement formé, et conséquemment aucun acte de fécondation, n'a besoin pour
s'exécuter d'aucun organe spécial.

C'est ce même mode de multiplication par extension et
séparation de parties, qui prouve que, dans son principe,
la faculté de *reproduction* prend réellement sa source dans
un excédent de la nutrition qui, au terme du dévelope-
ment de l'individu, n'a pu être employé à l'accroissement
général ; excédent qui s'isole alors en un ou plusieurs

---

(1) Ce mode de reproduction est l'un des caractères les
plus importants du groupe naturel formés par les infusoires inférieurs ou animalcules polygastriques.   E.

corps particuliers, et finit par se séparer de l'individu (1). On sent que, selon l'organisation très-simple ou compliquée en qui on le considère, cet excédent peut se passer, ou a besoin de certaine préparation pour pouvoir être reproductif. La fécondation opère cette préparation dans ceux en qui elle est nécessaire.

Cette considération, et bien d'autres que j'ai indiquées, montrent de quelle importance il est pour le *physiologiste*, de ne point se borner, dans ses études, à l'examen de l'organisation de l'homme et des animaux les plus parfaits; et d'observer, en outre, l'organisation des différents animaux sans vertèbres, et particulièrement celle des plus imparfaits de ces animaux.

Les *infusoires*, quoique la plupart renouvelés sans cesse dans les temps et les lieux favorables à leur production, sont néanmoins les plus anciens des animaux. Cependant la connaissance de ces animaux est le résultat d'une découverte assez moderne, puisqu'elle est du siècle dernier; et comme l'a dit *Bruguière*, ce n'est assurément pas la moins piquante.

Ces petits animaux exigent des observations microscopiques très-délicates, une patience presque sans bornes pour reconnaître les faits qu'ils nous présentent, enfin, un esprit libre ou dégagé de prévention, afin de ne voir en eux que ce qui y est véritablement.

Lorsqu'on manque de loisirs ou de moyens pour les observer soi-même, il faut, pour s'en procurer la notion, consulter les ouvrages de *Leuwenoheck*, qui en fit la dé-

---

(1) Des expériences curieuses de M. Ehrenberg s'accordent jusqu'à un certain point avec les opinions de Lamarck; elles montrent combien la privation ou l'abondance des aliments exerce d'influence sur la reproduction des infusoires. (*Voyez* son second mémoire dans les *Mémoires de l'Académie de Berlin*, pour 1831, et imprimé à part, format in-folio, Berlin, 1832; il en a été donné une traduction dans les *Annales des Sciences naturelles*, 2ᵉ série. *Zoologie*, tome I.)   E.

couverte; d'*Othon-Frédéric Muller*, qui en observa un très grand nombre, et en décrivit beaucoup de genres et d'espèces; en un mot, ceux de *Ledermuller*, de *Backer*, de *Roësel*, de *Schranck*, de *Spallanzani*, etc., qui en observèrent séparément différentes espèces. Mais *O.-F. Muller* est celui qui les a le plus étudiées, les a décrits et figurés avec exactitude, et à qui l'on est véritablement redevable de cette partie de la zoologie tout-à-fait inconnue des anciens.

L'existence des *infusoires* et l'état réel de leur organisation et de leurs facultés, sont les seuls objets qui puissent nous intéresser à leur égard. Aussi ce n'est que philosophiquement et que comme des objets de première importance à considérer dans l'étude de la nature, que nous devons nous en occuper.

Il importe donc très peu qu'aux connaissances actuelles sur les animaux de cette classe, l'on ajoute celle de 100 ou de 1000 infusoires nouvellement observés; que l'on augmente, soit la liste des genres, soit celle des espèces. C'est d'après cette considération que je me suis un peu étendu sur ce qui les concerne en général, et sur ce qu'il nous importe de remarquer à leur égard, Mais dans l'exposition qui va suivre, je ne m'ocuperai que des coupes principales à établir parmi eux, et je me bornerai à la citation de quelques espèces pour exemple, d'après *Muller*.

DIVISION DES INFUSOIRES.

Les observations faites sur ces animalcules, nous apprennent que les uns sont nus ou à très peu près, c'est-à-dire dépourvus d'organes ou d'appendices extérieurs, tandis que les autres offrent des parties saillantes au dehors, comme des poils bien apparents, des espèces de cornes, ou de queue.

En conséquence, imitant à peu près la distribution

de *Bruguière*, je partage les *infusoires* en deux ordres, savoir :

1º En infusoires nus;

2º En infusoires appendiculés.

Cette distribution, qui n'est pas toujours exempte d'équivoque ou d'embarras, m'a paru néanmoins d'autant plus utile, qu'il est évident que les *infusoires nus* sont plus imparfaits que les autres ; que c'est surtout parmi eux que se trouvent les plus petits, les plus frêles, les plus simples de tous les animaux connus.

TABLEAU DES INFUSOIRES.

—

ORDRE Ier.

INFUSOIRES NUS.

Ils sont dépourvus d'appendices extérieurs.

Ire SECTION. — CORPS ÉPAIS.

Monade.
Volvoce.
Protée.
Enchélide.
Vibrion.

IIe SECTION. — CORPS MEMBRANEUX, aplati
ou concave.

Gone.
Cyclide.
Paramèce.
Kolpode.
Bursaire.

23*

ORDRE II.

INFUSOIRES APPENDICULÉS.

Ils ont, à l'extérieur, des parties toujours saillantes,
comme des poils, des espèces de cornes, ou une queue.

Tricode.
Kérone. } Point de queue.
Cercaire.
Furcocerque. } Une queue.

[Depuis la publication de l'*Histoire des animaux
sans vertèbres*, MM. Bory-Saint-Vincent et Ehrenberg
se sont successivement occupés de la classification des
infusoires, et y ont apporté de grands changements.
La méthode du premier de ces naturalistes se trouve
exposée dans des ouvrages qui se trouvent entre les
mains de la plupart de nos lecteurs (le *Dictionnaire
classique d'histoire naturelle* et l'*Encyclopédie méthodique*) : nous pouvons, par conséquent, nous dispenser d'en parler ; mais celle de M. Ehrenberg n'étant
encore que très peu connue, et étant aussi ce qu'on a
fait de plus récent à ce sujet, nous paraît mériter d'être
exposée ici avec quelques détails.

Cet habile zoologiste, fondant sa méthode, non sur
la forme extérieure de ces êtres, mais sur leur mode
d'organisation, établit parmi les animaux inférieurs
une classe qui correspond à peu près à celle des infusoires de Lamarck, et qui porte le nom de

PHYTOZOAIRES POLYGASTRIQUES.

Les caractères de cette classe sont les suivants : animaux sans vertèbres, apodes, ayant quelquefois une

queue, nageurs, ayant très souvent des cils vibratiles
ou rotateurs épars; point de cœur, des vaisseaux extrêmement ténus, réticulés, hyalins et dépourvus d'un
mouvement propre; ayant souvent des yeux rudimentaires formés par du pigment rouge, et indiquant un
système nerveux non apparent; ayant une bouche nue
ou couronnée de cils vibratiles, et communiquant avec
plusieurs ventricules non réunis par un intestin (chez
les anenthérés), ou bien se continuant avec un tube
alimentaire polygastrique (chez les entérodélés); le
pharynx apparent et en général sans armature; point
de branchies; les organes de la génération filiformes,
réticulés et granuleux; point d'organe mâle distinct;
enfin, se reproduisant par des divisions spontanées.

Les polygastriques se subdivisent en deux légions,
savoir :

I. Les ANENTHÉRÉS (*Anenthera*) ayant la bouche en
communication avec plusieurs ventricules, et
n'ayant ni anus ni tube intestinal.

II. Les ENTÉRODÉLÉS (*Entherodela*) ayant un tube
intestinal distinct, polygastrique, et terminé par
une bouche et par un anus.

Chacun de ces groupes se divise en deux séries parallèles formées, l'une par les polygastriques dont le
corps n'est point cuirassé, l'autre par ceux dont le
corps est cuirassé.

Ire LÉGION. — ANENTHÉRÉS (*Anenthera*).

Les ANENTHÉRÉS nus et cuirassés se subdivisent en
trois sections, savoir :

1. Les GYMNIQUES (*Gymnica*) ayant le corps

dépourvu de cils, la bouche tantôt ciliée, tantôt nue et point de prolongements pseudo-pédiformes.

2. Les ÉPITRIQUES (*Epitrica*), ayant le corps cilié ou garni de soies, la bouche tantôt ciliée, tantôt nue, et point de prolongements pseudo-pédiformes.

3. Les PSEUDOPODIENS (*Pseudopodia*), ayant le corps pourvu de prolongements pédiformes variables.

La distribution de ces animalcules en familles et en genres, repose sur les caractères suivants :

ORDRE DES GYMNIQUES (*Gymnica*).

1. GYMNIQUES NUS (*Gymnica nuda*).

Ire FAMILLE. MONADINES (*Monadina*).

G. Monomorphes (dont le corps a une forme stable et n'est pas protéen) et dont la reproduction a lieu spontanément par une division transversale simple.

A. Point de queue.

a. Point d'yeux.

*a** Bouche tronquée terminale et dirigée en avant lors des mouvements natatoires.

*a** + individus solitaires, jamais réunis en groupes.

G. Monas.

*a** + + Individus solitaires dans le jeune âge, puis amoncelés en tas désagréables, enfin redevenant libres.

G. Uvella

    *a** + + +Individus solitaires dans le jeune âge, se divisant crucialement et se résolvant en une espèce d'amas d'individus.

               G. Polytoma.

    *a*** Bouche droite, tronquée et dirigée en divers sens lors des mouvements de natation et de tournoiement de l'animal.

               G. Doxococcus.

    *a**** Bouche oblique, sans bords et bilobée.

               G. Chilomonas.

    aa. Un œil unique rouge.

               G. Microglena.

B. Une queue.

    b. Corps cylindrique.

               G. Bodo.

    bb. Corps anguleux.

               G. Urocentrum.

2ᵉ FAMILLE. VIBRIONIENS (*Vibrionia*).

    G. Alongés, monomorphes (ne se gonflant pas, mais se fléchissant seulement par la contraction), se divisant transversalement et spontanément en beaucoup de parties ; bouche terminale ?

    A. Corps filiforme, cylindrique, se courbant par ondes.

               G. Vibrio.

    B. Corps filiforme, rigide et en spirale ; se roulant en se mouvant.

    b. La spirale roulée en cercle.

               G. Spirodiscus.

    bb. La spire en hélice.

               G. Spirillum.

C. Corps oblong, fusiforme ou filiforme, n'étant ni évidemment ondulé, ni roulé en cercle, ni en spirale.

G. Bacterium.

3ᵉ FAMILLE. ASTASIENS (*Astasia*).

G. Alongés, devenant phymorphes par la contraction, souvent cylindriques ou fusiformes, se divisant spontanément dans le sens longitudinal, ou obliquement.

A. Point de vestiges d'yeux.

G. Astasia.

B. Des yeux rudimentaires bien distincts.

b. Un seul œil.

*b** Corps pourvu d'une queue.

G. Euglena.

*b*** Corps dépourvu de queue.

G. Amblyophis.

bb. Deux yeux.

G. Distigma.

2. GYMNIQUES CUIRASSÉS (*Gymnica loricata*).

1ʳᵉ FAMILLE. CRYPTOMONADINES (*Cryrtomonadina*).

Enveloppe membraneuse, subglobuleuse et ovale.

A. Simples.

a. Point d'yeux.

*a** Bouche ciliée.

G. Cryptomonas.

*a*** Bouche nue.

G. Gyges.

aa. Ayant un œil rouge.

G. Lagenula.

B. Composés ou se reproduisant par des divisions internes.

G. Pandorina.

2ᵉ FAMILLE. CLOSTÉRINES (*Closterina*).

Enveloppe alongée et arrondie lorsqu'elle est à l'état rigide, se séparant spontanément en deux ou quatre parties par des divisions transversales et ouverte aux deux bouts.

G. Closterium.

§ II. ORDRE DES ÉPITRIQUES (*Epitricha*).

ÉPITRIQUES NUS (*Epitricha nuda*).

FAMILLE UNIQUE. CYCLIDINES (*Cyclidina*).

A. Corps garni de cils vibratiles.
    a. Les cils distribués par rangées simples, longitudinales et circulaires.

G. Cyclidium.

    aa. Cils épars partout.

G. Pantotrichum.

B. Corps dépourvu de cils, mais garnis de soies non vibratiles (les cils de la bouche non compris.)

G. Chœtomonas.

ÉPITRIQUES CUIRASSÉS (*Epitricha loricata.*)

FAMILLE UNIQUE. PÉRIDINIENS (*Peridinœa*).

A. Simples.

G. Peridinium.

B. Composés, se reproduisant par des divisions extérieures et la rupture de l'enveloppe.

b. Point d'yeux.

 *b** Enveloppe comprimée (quadrangulaire).

     G. Gonium.

 *b*** Enveloppe globuleuse.

  *b*** + Ciliés.

     G. Volvox.

  *b*** ++ Tentaculés.

     G. Sphærosira.

bb. Oculés.

     G. Eudorina.

§ III. ORDRE DES PSEUDOPODIENS (*Pseudopodia*).

PSEUDOPODIENS NUS (*Pseudopodia nuda*).

FAMILLE UNIQUE. AMOEBIENS (*Amœbœa*).

     G. Amœba.

PSEUDOPODIENS CUIRASSÉS (*Pseudopodia loricata*).

1re FAMILLE. BACILLARIENS (*Bacillaria*).

Enveloppe se divisant spontanément avec l'animal (bivalve, bi-ailée ou quadrangulaire).

 A. Libres, jamais fixés.

  a. Solitaires ou bien agglomérés.

   *a** Enveloppe plus longue que large.

     G. Navicula.

   *a*** Enveloppe plus large que longue.

     G. Enastrum.

  aa. Réunis en formes de rubans polymorphes; les individus conservant quelques mouvements libres, sans se détacher; cuirasse également épaisse partout et prismatique.

     G. Bacillaria.

aaa. Réunis en faisceaux et non polymorphes, ensuite désunis.

G. *Fragilaria.*

aaaa. Réunis en éventail, sans pieds; cuirasse plus épaisse en avant qu'en arrière.

G. *Exilaria.*

B. Fixes dans le jeune âge, ensuite libres.
b. Sessiles.

G. *Synedra.*

bb. Pédiculés, souvent dichotomes, par ramification; corps rétréci inférieurement, cunéiforme.

G. *Gomphonema.*

bbb. Pédiculés, souvent dichotomes, corps rétréci à ses deux extrémités, subfusiforme.

G. *Cocconema.*

bbbb. Pédiculés, réunis en éventail, et souvent dichotomes.

G. *Echinella.*

2ᵉ FAMILLE. ARCELLINIENS (*Arcillina*).

Enveloppe non divisée.

A. Enveloppe urcéole.

G. *Difflugia.*

B. Enveloppe scutelliforme.

G. *Arcella.*

IIᵉ LEGION. — ENTERODÉLÉS (*Enterodela*).

Ce groupe, composé, comme nous l'avons déjà dit, des polygastriques, ayant un intestin commun, et une bouche distincte de l'anus, se divise, de même que le précédent, en deux ordres, les *nus* et les *cuirassés,* qui, à leur tour, se subdivisent en quatre sections, savoir :

1º Les ANOPISTHES (*Anopisthia*), qui ont la bouche et l'anus contigus ;

2º Les ÉNANTIOTRÈTES (*Enantiotreta*), qui ont la bouche et l'anus terminaux et opposés, et se divisent transversalement.

3º Les ALLOTRÈTES (*Allotreta*), qui ont également la bouche ou l'anus terminaux, mais se reproduisent par des divisions spontanées longitudinales et transverses.

4º Les KATOTRÈTES (*Katotreta*), qui n'ont ni la bouche ni l'anus terminaux, et se divisent comme dans le groupe précédent.

Voici le tableau de leur distribution en familles et en genres.

ORDRE DES ANOPISTHES NUS (*Anopistha nuda*).

FAMILLE UNIQUE. VORTICELLINES (*Vorticellina*).

A. Corps pédicellé, fixé, ensuite détaché, devenant souvent dichotome.

   a. Pédicule se contractant en spirale, simple ou rameux.

   *a** Pédicule solide, le muscle intérieur peu distinct.

G. Vorticella.

   *a*** Tubulaire, le muscle intérieur souvent distinct, devenant arborescent par les divisions spontanées de l'animal.

   *a**** Animalcules d'un même groupe similaires.

G. Carchesium.

a*** Les animalcules dissemblables sur
le même arbuscule.

G. Zoocladium.

aa. Pédicule ne se contractant pas en spirale,
rigide, sans tuyau intérieur, simple ou rameux.

G. Epistylis.

B. Corps non pédiculé et libre.
b. Cils disposés en une couronne simple.

G. Trichodina.

bb. Cils disposés en une couronne spirale conduisant à la bouche.

G. Stentor.

ORDRE DES ANOPISTHES CUIRASSÉS (*Anopisthia loricata*).

Famille unique. Ophrydines (*Ophrydina*).

A. Corps entouré de gélatine et point pédicellé.

G. Ophrydium.

B. Corps renfermé dans une gaîne membraneuse.
b. Pédicellés.
*b** Gaîne sessile ; corps pédicellé.

G. Tintinnus.

*b*** Gaîne pédicellée.

G. Cothurnia.

bb. Non pédicellée.

G. Vaginicola.

ORDRE DES ENANTIOTRÈTES NUS (*Enantiotreta nuda*).

FAMILLE UNIQUE. ENCHELINES (*Enchelina*).

A. Bouche terminale droite, obtuse, généralement garnie de cils; divisions spontanées transversales.

    a. Corps ni cilié ni garni de soies.

    *a** Simples.

G. *Enchelys.*

    *a*** Doubles.

G. *Disoma.*

aa. Corps pourvu de cils vibratiles.

G. *Holophrya.*

aaa. Corps garni de soies non vibratiles.

    *aaa** Subglobuleux.

G. *Actinophrys.*

    *aaa*** Disciforme.

G. *Trichodiscus.*

B. Bouche terminale , mais oblique , souvent ciliée.

    b. Corps non cilié.

    *b** Point de prolongement en forme de tête et de cou (l'extrémité antérieure peu ou point atténuée).

G. *Trichoda.*

    *b*** Un prolongement en forme de tête et de cou.

G. *Lacrymaria.*

bb. Corps cilié.

G. *Leucophrys.*

ORDRE DES ENANTIOTRÉTES CUIRASSÉS (*Enantriotreta loricata*).

FAMILLE UNIQUE. COLÉPIENS (*Colepina*).

Enveloppe ovalaire ou cylindrique.

G. *Coleps.*

ORDRE DES ALLOTRÈTES NUS (*Allotreta nuda*).

Ire FAMILLE. TRACHELINES (*Trachelina*).

Bouche inférieure ; anus terminal.
   A. Bouche non armée.
      a. Point de cercle de cils distinct sur le front.
        *a** Lèvre supérieure ou front alongé, cylindrique ou déprimé, et se prolongeant en forme de trompe étroite.

G. *Trachelius.*

        *a*** Lèvre supérieure courte, déprimée et dilatée obliquement.

G. *Loxodes.*

        *a**** Lèvre supérieure comprimée, subcarénée ou renflée, point rétrécie.

G. *Bursaria.*

      aa. Front garni d'un anneau de cils.

G. *Phialina.*

   B. Bouche garnie de crochets.

G. *Glaucoma.*

2e FAMILLE. OPHRYOCERCINES (*Ophryocercina*).

Anus inférieur, bouche terminale.

G. *Ophryocercus.*

ORDRE DES ALLOTRÈTES CUIRASSÉS (*Allotreta loricata*).

FAMILLE UNIQUE. ASPIDISCINES (*Aspidiscina*).

Bouche inférieure, anus terminal.

G. *Aspidisca.*

ORDRE DES KATOTRÈTES NUS (*Katotreta nuda*).

Ire FAMILLE. KOLPODIENS (*Kolpodea*).

Corps glabre ou bien cilié, inerme.

    A. Sans yeux.
        a. Une trompe courte et rétractile.
            *a** Corps cilié en partie seulement.

G. *Kolpoda.*

            *a*** Corps cilié obliquement partout.

G. *Paramicium.*

        aa. Point de trompe.
            *aa** Front et queue rétrécis.

G. *Amphileptus.*

            *aa*** Front oblong, queue rétrécie.

G. *Uroleptus.*

    B. Pourvus d'yeux.

G. *Ophryoglena.*

2e FAMILLE. OXYTRICHINES (*Oxytrichina*).

Corps cilié et soyeux, ou armé de styles ou de crochets.

    A. Corps garni de soies; point de styles ou de crochets.

G. *Oxytricha.*

    B. Des crochets, point de styles.

G. *Kerona.*

C. Des styles, point de crochets.

G. *Urostyla.*

D. Des styles et des crochets.

G. *Stylonichia.*

ORDRE DES KATOTRÈTES CUIRASSÉS (*Katotreta loricata*).

FAMILLE EUPLOTIENS (*Euplota*).

Corps armé de crochets, dos écussonné.

A. Tête point distincte.

Euplotes.

B. Tête séparée du corps par un rétrécissement.

G. *Discocephalus.*]

ORDRE PREMIER.

INFUSOIRES NUS.

Corps très simple, microscopique, dépourvu d'organes ou d'appendices extérieurs, et paraissant homogène.

Les *infusoires nus* sont des animalcules très simples, infiniment petits, la plupart transparents, dépourvus, au moins en apparence, d'appendices extérieurs, comme de poils, de cils, d'espèces de cornes ou d'une queue, et qui ne paraissent, sous l'œil armé, que des points animés ou mouvants (1). Ces animalcules, et sur-tout

---

(1) Un grand nombre des animalcules rangés par Lamarck dans cette division sont loin d'avoir les caractères qu'il y assigne. Des cils à l'entour de la bouche sont très communs; d'autres fois il existe une espèce de trompe, etc.

E.

parmi eux ceux qui ont le corps globuleux ou sphérique, offrent ce qu'il y a de plus simple dans le règne animal, c'est-à-dire, les plus faibles ébauches de l'organisation.

Si on laisse quelque temps de l'eau exposée à la chaleur de l'air ou du soleil, et sur-tout de l'eau dans laquelle des matières animales ou végétales ont été infusées, on y voit bientôt paraître de ces infusoires ; mais on ne peut en général les apercevoir qu'avec le secours du microscope.

Malgré leurs mouvements singuliers, on pourrait douter que ces petits corps, sur-tout ceux qui sont sphériques et punctiformes, fussent réellement des animaux ; si, de proche en proche, ces animalcules de plus en plus développés ou animalisés, ne conduisaient, presque sans lacune, aux infusoires appendiculés, ceux-ci aux polypes ciliés, enfin, ces derniers aux polypes à rayons. Ainsi, ce fait bien reconnu ne peut laisser aucun doute raisonnable sur la nature animale de ces singuliers corps.

Comme ces animaux n'intéressent que sous des points de vue philosophiques, je me suis permis de réduire un peu le nombre des genres établis parmi eux par *Muller*, dans l'intention d'en rendre l'étude plus facile.

Je partage les infusoires nus en deux sections, de la manière suivante :

Ire Section. — Corps épais.

IIe Section. — Corps membraneux.

PREMIÈRE SECTION.

CORPS ÉPAIS.

Il a une épaisseur perceptible, qui l'éloigne de l'état membraneux.

MONADE. (Monas.)

Corps extrêmement petit, très simple, transparent, en forme de point.

Corpus minimum, simplicissimum, hyalinum, punctiforme.

OBSERVATIONS. Les *monades* sont les plus petits, les plus imparfaits et les plus simples de tous les animaux connus; elles sont plus petites encore que les volvoces, et on n'a supposé leur animalité que parce que ce sont des corpuscules mouvants, et que leur analogie avec les volvoces est évidente.

Assurément les *monades* n'ont ni bouche, ni sac alimentaire, ni organe spécial quelconque; aussi est-il probable qu'elles ne vivent que par absorption et par une imbibition continuelle. Ce ne sont que des points vivants, n'ayant aucune forme propre, car leur forme globuleuse résulte de la pression du liquide dans lequel elles vivent.

Ces animalcules, véritables ébauches de l'animalité, se forment et se trouvent, lorsqu'il fait un peu chaud, dans les eaux tranquilles ou croupissantes, soit douces, soit marines, dans les infusions végétales et animales, plus rarement dans l'eau pure.

24^*

La première espèce est réellement le terme où l'observation microscopique ait pu atteindre.

[Les observations de M. Ehrenberg montrent que chez ces animalcules il existe de quatre à six cavités intérieures qui recoivent les matières alimentaires dont ces êtres se nourrissent. Leur bouche paraît être entourée d'une couronne formée par une vingtaine de cils.

Ce naturaliste définit ce genre de la manière suivante :

A. Polygastriques, anenthérés, gymniques, nus, monomorphes, se reproduisant par scission transversale, dépourvus de queue et d'yeux, ayant la bouche tronquée, terminale et occupant la partie du corps qui est dirigée en avant pendant la natation, enfin étant toujours solitaires.]

ESPÈCES.

1. Monade terme. *Monas termo.*

M. gelatinosa; corpore minimo subinconspicuo.
Mull. Inf. t. f. 1. Encycl. pl. 1. f. 1.
La fig. citée représente une goutte d'eau considérablement grossie et remplie de M. termes en nombre incalculable.
[Ehrenberg. Acad. de Berlin. 1830. pl. 1. fig. 1.
Bory. Encycl. Zooph. p. 548.]
H. dans les infusions animales et végétales.

2. Monade atome. *Monas atomus.*

M. albida, puncto variabili instructa.
Mull. Inf. t. 1. f. 2, 3. Encycl. pl. 1. f. 2. a, b.
H. dans l'eau de mer gardée.
[Suivant M. Ehrenberg, cette espèce serait la même que le *M. lens*, mais observé au moment où les poches gastriques sont remplies de matières alimentaires. Ehr. 1ᵉʳ Mém. Op. cit. pl. 1. fig. 2.]

3. Monade point. *Monas punctum.*

M. nigra, subcylindrica.
Mull. Inf. t. 1. f. 4. Encycl. pl. 1. f. 3.

[Bory. *Op. cit.* p.550.]
H. dans les infusions de la pulpe de poire.

4. Monade œil. *Monas ocellus* (1).

M. hyalina, puncto centrali notata.
Mull. Inf. t. 1. f. 7, 8. Encycl. pl. 1. f. 4. a, b.
H. dans l'eau des fossés où croissent les conferves.

5. Monade lente. *Monas lens.*

M. ovoidea, hyalina.
Mull. Inf. t. 1. f. 9 à 11. Encycl. pl. 1. f. 5. a, b, c.
[Bory. *Op. cit.* p. 550.
Ehrenberg et Hemprich. *Symbolæ physicæ.* Phytozoa. pl. 1.
fig. 1.]
H. dans toute sorte d'eau. Ces monades paraissent se multi-
plier par scission.

6. Monade luisante. *Monas mica.*

M. circulo notata.
Mull. Inf. t. 1. f. 14, 15. Encycl. pl. 1. 6. a, b.
[Ehrenb. 2ᵉ Mém. p. 53.]
H. dans les eaux les plus pures. Ces corpuscules varient sous
l'œil, de la forme sphérique à l'ovale; tantôt ils oscillent,
et tantôt ils tournent sur eux-mêmes.

7. Monade tranquille. *Monas tranquilla.*

M. ovata, hyalina, margine nigra.
Mull. Inf. t. 1. f. 18. Encycl. pl. 1. f. 7.
H. dans l'urine gardée.

---

(1) M. Bory-Saint-Vincent a établi, sous le nom d'OPH-
THALMOPLANIDE, *ophthalmoplanis* (Encycl. méth. Zoophytes,
p. 583), un genre nouveau composé des monades, dans
l'intérieur desquelles on distingue un point comme chez le
M. ocellus ; mais il résulte des observations de M. Ehrenberg, que la présence ou l'absence de cette espèce de tache,
dépend de l'état de plénitude ou de vacuité des cavités
gastriques, de façon que le même animal peut présenter
tour à tour les caractères d'une monade proprement dite ou
d'un ophthalmoplanide.   E.

8. **Monade poussière.** *Monas pulvisculus.*

M. hyalina, margine virente.
Mull. Inf. t. 1. f. 5, 6. Encycl. pl. 1. f. 9. a. c.
[*Enchelys monadina.* Bory. Op. cit. p. 318. et *Monas pulviusculus.* Bory. *Op. cit.* p. 549 (double emploi).
Monas pulviusculus. Ehrenb. 2ᵉ Mém. p. 57.]
H. dans l'eau des marais.

VOLVOCE. (Volvox.)

Corps très petit, très simple, transparent, sphérique ou ovoïde, tournant sur lui-même comme sur un axe (1).

---

(1) MM. Bory-Saint-Vincent et Ehrenberg ont successivement restreint les limites du genre VOLVOX ; ce dernier naturaliste y range les polygastriques de la légion des anenthérés, de l'ordre des cuirassés et de la section des épitriques, qui se reproduisent par des divisions intérieures et la rupture de l'enveloppe du corps de la mère dans laquelle les petits sont d'abord renfermés comme dans une coque, dont l'enveloppe est globuleuse et dont le corps est garni de cils. Il y rapporte le *V. globator* de Muller et deux espèces nouvelles.

Le genre SPHOEROSIRA, du même auteur, se distingue du précédent par la disposition des cils qui sont plus longs et tentaculiformes. Une espèce *Sphærosira volvox.* Ehr. (2ᵉ Mém., p. 78.)

Le genre EUDORINA (Ehrenb.) se compose des Anenthérés épitriques cuirassés ayant un mode de reproduction analogue aux précédents, mais pourvus d'un point oculiforme. Le corps de ces infusoires consiste en une sphère transparente, gélatineuse, et garnie de cils, dans l'intérieur de laquelle sont renfermés un certain nombre de petits de même forme, colorés en vert et présentant un point oculi-

Corpus minimum , simplicissimum , pellucidum , sphæricum , circà axim rotatorium.

OBSERVATIONS. La plupart des volvoces sont trop petites pour qu'on puisse les apercevoir à la vue simple, et une seule espèce connue fait exception à cet égard. Leur corps très simple et peu changeant de figure , nous paraît les rapprocher davantage des *monades* que les *protées* , car il ne s'offre à nous que sous l'aspect d'une très petite masse gélatineuse, transparente, sphérique, et qui, dans ses mouvements, prend souvent une forme ovoïde.

Ces petits corps tournent sur eux-mêmes comme sur un axe; les uns avec lenteur, les autres avec une vitesse qu'ils semblent varier à leur gré ; mais ce n'est qu'une illusion ; et il est probable que les variations dans la vitesse de leur rotation ne dépendent pas d'eux.

Dans plusieurs , le corps paraît composé de globules nombreux, quelquefois mouvants et réunis dans une masse commune. Or , il y a lieu de croire que ces globules sont des gemmules qui régénèrent ou multiplient l'individu, en sortant par une déchirure de son corps : la volvoce globuleuse est de ce nombre.

Muller a pensé qu'il y avait ici lieu de former deux genres; savoir : les volvoces à parties intérieures uniformes, et celles dont l'intérieur offre un amas de globules particuliers.

---

forme rond et d'un beau rouge. M. Ehrenberg n'en décrit qu'une espèce, qu'il nomme *Eudorina elegans* (2ᵉ Mém., p. 78, pl. 2, fig. 10). Cet animalcule paraît avoir été souvent confondu avec le *Volvox morum* , Muller, et le *Volvox globator,* du même auteur.

Enfin , M. Ehrenberg donne le nom de PERIDIUM aux Anenthérés épitriques cuirassés qui ne se reproduisent pas comme les précédents et comme les gones, mais sont toujours simples. Il place dans ce genre trois espèces nouvelles et le *Trichoda cincta,* Muller. (Ehr., 2ᵉ Mém., p. 74.)

E.

On trouve les volvoces dans les eaux douces, soit des marais, soit des fontaines; dans des infusions végétales; dans l'eau de mer.

ESPÈCES.

* *Intérieur du corps paraissant simple et homogène.*

1. Volvoce point. *Volvox punctum.*

> *V. sphæricus, nigricans; centro puncto lucido.*
> Mull. Inf. t. 3. f. 1, 2. Encycl. pl. 1. f. 1. a, b.
> [*Monas punctum.* Bory. *Op. cit.* p. 550.]
> H. dans l'eau de mer fétide.

2. Volvoce grain. *Volvox granulum.*

> *V. sphæricus, viridis; periphœriâ hyalinâ.*
> Mull. Inf. t. 3. f. 3. Encycl. pl. f. 2.
> [*Gyges viridis.* Bory - Saint - Vincent. Encycl. Zooph.
> p. 449 (1).]
> H. dans l'eau des marais.

---

(1) M. Bory-Saint-Vincent, à qui l'on doit de nombreuses recherches sur les infusoires, a établi, sous le nom de Gygès, une division générique destinée à recevoir les animalcules sans poils ni cirrhes, dont le corps ovoïde est entouré d'un anneau transparent et ressemble assez à celui d'une volvoce qui serait contenu dans une vésicule transparente, dont il n'atteindrait pas les bords. Ce groupe correspond à peu près à la famille des *Criptomonadiens* de M. Ehrenberg, laquelle comprend les A. polygastriques, anenthérés, cuirassés et gymniques, dont le corps est renfermé dans une enveloppe membraneuse subglobuleuse et ovale. Ce groupe se subdivise, comme nous l'avons déjà dit, en quatre genres, savoir :

1° Le G. CRYPTOMONAS, comprenant les cryptomonadiens simples et dépourvus d'yeux, dont la bouche est

3. Volvoce globule. *Volvox globulus.*

V. globosus , posticè subobscurus.
Mull. Inf. t. 3. f. 4. Encycl. pl. 1. f. 3. a, b.
[*Doxococcus globulus.* Ehrenb. 2ᵉ Mém. p. 63 (2).]

---

ciliée (toutes les espèces connues sont colorées ordinairement en vert ou en brun);

2° Le G. Gygès, comprenant les cryptomonadiens simples et dépourvus d'yeux, dont la bouche est nue ;

3° Le G. Lagenula, comprenant les cryptomonadiens
simples et ocellés (ayant un œil unique rouge)
> Exemple : *Lagenula enchlora*, Ehrenberg, 2ᵉ Mém.,
> p. 63, pl. 2, fig. 8.

4° Le G. Pandorina, comprenant les cryptomonadiens
composés, ou se reproduisant (comme les volvoces,
les eudorines, etc.) par des divisions intérieures.
Ce genre , dont l'établissement est dû à M. Bory,
est très remarquable , en ce que les espèces de
bourgeons reproducteurs se développent dans l'intérieur de l'animal et , qu'à une certaine époque, le
corps de celui-ci ressemble à une simple poche remplie
d'animalcules vivants.

> Exemple : *Volvox morum* , Muller , Inf. , tab. 3,
> fig. 14—16, et Encycl. pl. 1, fig. 10; *Pandorina
> mora.* Bory, Op. cit., p. 600, et Ehrenb., 2ᵉ Mém.,
> p. 63.   E.

(2) M. Ehrenberg range cette espèce dans son genre
Doxococcus , qui se compose des A. polygastriques , anenthérés, nus, monomorphes, dont la reproduction s'effectue par simple division transversale (ou monadines), qui
n'ont ni queue, ni yeux; enfin dont la bouche est tantôt
antérieure, tantôt postérieure ou latérale pendant la natation , car ils se roulent alors en tous sens. Ils sont ronds et
généralement opaques.   E.

** *Intérieur du corps offrant des corpuscules particuliers.*

4. Volvoce pilule. *Volvox pilula.*

V. sphæricus; interaneis immobilibus virescentibus.
Mull. Inf. t. 3. f. 5. Encycl. pl. 1. f. 4.
[Bory. Op. cit. p. 818.]
H. dans les eaux les plus pures, où croît le *Lemna minor*.

5. Volvoce grésil. *Volvox grandinella.*

V. sphæricus, opacus; interaneis immobilibus.
Mull. Inf. t. 3. f. 6, 7. Encycl. pl. 1. f. 7.
H. dans les eaux douces.

6. Volvoce sociale. *Volvox socialis.*

V. sphæricus; moleculis crystallinis, æqualibus, distantibus.
Mull. Inf. t. 3. f. 8, 9. Encycl. pl. 1. f. 8. a, b.
[*Uvella rosacea.* Bory. Op. cit. p. 767 (1).]
H. dans l'eau des rivières.

---

(1) Le genre Uvella a été créé par M. Bory-Saint-Vincent pour recevoir les animalcules microscopiques qui ont le corps simple et sphérique comme les monades, mais qui se réunissent en groupes ayant la forme de petites masses globuleuses, sans que les divers individus ainsi agrégés, soient réunis par une membrane commune. M. Ehrenberg adopte cette division en la définissant de la manière suivante :

A. polygastriques, anenthérés, nus, gymniques, de la famille des monadines, qui n'ont ni queue, ni yeux, dont la bouche est tronquée et terminale, et dont les individus, solitaires dans le jeune âge, se réunissent ensuite en groupes désagréables, et plus tard redeviennent libres.

Cet auteur y rapporte le *volvox uva*, Muller, *Op. cit.*, tab. 3, fig. 17—21 (Encycl., pl. 2, fig. 11—13), ou *uvella virescens* de M. Bory, *Op. cit.*, p. 767; l'*uvella chamæ-*

7. Volvoce sphérule. *Volvox sphœrula.*

V. sphœricus ; moleculis similaribus rotundis.
Mull. Inf. t. 3. f. 10. Encycl. pl. 1. f. 5.
H. dans l'eau des étangs, en automne.

---

morus, Bory, *Op. cit.*, p. 766 et quelques espèces nouvelles.

Le genre POLYTOMUS de MM. Quoy et Gaimard, paraît avoir de l'analogie avec le genre uvelle. Ces naturalistes ont donné ce nom à de petits animaux hyalins et gélatineux de forme rhomboïdale, qu'ils ont souvent trouvés solitaires, mais qui se rencontrent aussi même en masse ovalaire, de la grosseur d'un petit œuf. Ils n'en ont fait connaître qu'une seule espèce, le *Polytomus lamanon.* Quoy et Gaim. Annales des sciences naturelles, t. 6, p. 87, pl. 2, fig. 12 et 13.

Dans son tableau des infusoires, M. Ehrenberg donne aussi le nom de POLYTOMUS, E. à une division de la famille des monadines ; mais il ne dit pas si c'est du genre établi par MM. Quoy et Gaimard qu'il entend parler. Il y place les monadines qui, solitaires dans le jeune âge, se changent par des divisions cruciales spontanées en une sorte de baie formée d'un amas d'individus. Il ne rapporte à ce genre qu'une espèce, le *Polytomus uvella*, E. (2ᵉ Mém., p. 63).

Le genre CHILOMONAS, du même auteur, se compose aussi de monadines anoures dépourvues d'yeux ; mais, chez ces animalcules, la bouche au lieu d'être terminale, est oblique, sans bords et bilabiée; leur corps est un peu alongé (2ᵉ Mém., p. 64).

Enfin, le genre MICROGLENA (Ehrenberg, 2ᵉ Mém., p. 64) se compose des monadines qui, de même que les précédents, n'offrent point de prolongement caudal, mais qui se distinguent par l'existence d'un point oculiforme de couleur rouge; leur corps est tantôt arrondi, tantôt ovalaire. On en connaît deux espèces : le *Microglena monadina* (Ehrenberg, 2ᵉ Mém., p. 64. pl. 1. fig. 1), et le *Microglena volvocina* (Ehrenb., loc. cit., pl. 1, fig. 2). E.

8. Volvoce globuleuse. *Volvox globator.*

V: sphæricus, membranaceus; globulis sparsis.
[*Pandorina Leuwenhoeckii.* Bory. Op. cit. p. 600.
Volvox globator. Ehrenb. 2ᵉ Mém. p. 77.
Hemp. et Ehrenb. *Symbolæ physicæ. Phytozoa.* tab. 1.
　　fig. 46.]
Mull. Inf. t. 3. f. 12, 13. Encycl. pl. 1. f. 9. a, b.
H. dans les eaux stagnantes. On l'aperçoit à la vue simple:
Etc.

PROTÉE. (*Proteus.*)

Corps très petit, très simple, transparent, de forme changeante, diversement lobé instantanément.

Corpus minimum, simplicissimum, pellucidum, mutabile, instantaneo motu variè lobatum.

[Le nom de PROTEUS étant déjà employé en zoologie, pour désigner d'autres animaux, M. Bory-Saint-Vincent a donné aux infusoires, dont il est question, celui d'AMIBE qui, avec un léger changement, a été adopté par M. Ehrenberg. Ce dernier naturaliste a constaté l'existence de cavités stomacales isolées et éparses dans l'intérieur du corps de ces animalcules. Les poches cœcales sont susceptibles d'une distension extrême; M. Ehrenberg a figuré des amœbes diffluents, qui s'étaient nourris de navicules, et dans l'intérieur du corps desquels on aperçoit de ces infusoires dont la longueur est très considérable. Ce genre est le seul dont se compose, dans l'état actuel de la science, sa famille des anenthérés pseudopodes nus, comprenant les polygastriques anenthérés, dont le corps est nu et pourvu de prolongements pédiformes variables. On trouve, dans les Mémoires de l'Académie de Turin, un travail descriptif très considérable sur ces animaux par M. Losana; mais il ne nous paraît pas avoir été fait avec assez de critique pour être réellement utile à la science.]

Observations. Les *protées* sont plus fortement contractiles que les monades et les volvoces; conséquemment, ils sont déjà plus animalisés. Leur corps très petit, gélatineux, et ovale ou oblong, passe d'un instant à l'autre, d'une forme simple et unie, à une forme sinuée, lobée, presque rameuse; et jamais il ne se présente une minute de suite sous la même forme.

La première espèce de ce genre, que *Roësel* a le premier fait connaître, est si singulière, relativement à ses changements de forme, qu'on l'a comparée à une goutte d'eau jetée sur de l'huile.

[M. Ehrenberg a observé la manière dont ce phénomène s'opère; une partie des téguments du corps se relâche pendant que le reste se contracte avec force, et les viscères ainsi poussés contre la partie non contractée, la distendent et la transforment en un sac ou appendice creux de forme variable, dont ils occupent eux-mêmes la cavité. Souvent toute la substance granulaire, renfermée dans le corps ainsi que les estomacs et les matières alimentaires y contenues, sont de la sorte poussés dans un prolongement qui, par son mode de formation, peut être comparé à une hernie. Chez les protées (ou amibes) ces prolongements peuvent se former dans toutes les parties de la surface du corps.]

Dans les protées, ainsi que dans les monades et les véritables volvoces, aucune trace d'organe particulier quelconque n'est perceptible, et sans doute il n'en existe réellement aucun.

Les protées vivent dans l'eau douce et dans l'eau de mer; on n'en connaît encore que deux espèces.

ESPÈCES.

1. **Protée rameux.** *Proteus diffluens.*

    P. *in ramulos diffluens.*
    Roës. Ins. 3. t. 101. fig. A. T. Mull. t. 2. f. 1 à 12. Encycl. pl. 1.
    f. 1. a, b, c, d, e, f, g, h, i, k, l, m.

| *Amiba divergens.* Bory. Dict. classique. t. 1. p. 261.
Amœba. diffluens. Ehrenberg. Acad. de Berlin, 1830,
pl. 1. fig. 5.]
Se trouve dans l'eau des marais.

2. Protée tenace. *Proteus tenax* (1).

P. in spiculum diffluens:
Mull. t. 2. f. 13 à 18. Encycl. pl. 1. f. 2. (a, b, c, d, e, f.)
Se trouve dans l'eau de rivière et dans l'eau de mer.

ENCHÉLIDE. (Enchelis.)

Corps très petit, très simple, oblong, cylindracé, de forme un peu changeante.

Corpus minimum, simplicissimum, oblongum vel cylindraceum, subvariabile.

OBSERVATIONS. Il n'y a point de limites positives et tranchées entre les enchélides et les vibrions ; et j'aurais pu, sans inconvénient bien important, continuer de réunir ces animalcules en un seul genre. Cependant les enchélides sont en quelque sorte grosses et courtes, comparativement aux vibrions, qui ont le corps grêle et alongé. Les enchélides d'ailleurs varient souvent un peu de forme dans leurs mouvements, et semblent plus voisines des protées, sous cette considération, que les infusoires auxquels le nom de vibrion peut convenir. Enfin, l'on a lieu de penser

---

(1) M. Ehrenberg pense que cette espèce pourrait bien appartenir à son genre DISTIGMA, qui se compose des polygastriques anenthérés, nus, gymniques, qui ont le corps alongé, deviennent polymorphes par la contraction, se divisent spontanément dans le sens longitudinal ou oblique, n'ont pas de queue et sont pourvus de deux yeux. (2e Mém., p. 73.)   E.

que, quoique on ait pu commettre quelque erreur à leur
égard, la plupart des animalcules qu'on a rangés parmi
les *enchélides*, sont de véritables infusoires ; tandis qu'il
est probable qu'il n'en est pas ainsi des vibrions.

[Les observations récentes de M. Ehrenberg montrent
qu'il existe de grandes différences entre les enchélides et
les vibrions, les cyclides, etc.; car les premiers sont pourvus d'un canal intestinal qui s'étend en ligne droite d'une
extrémité du corps à l'autre, et autour duquel sont groupées les appendices stomacales qui, chez les derniers, paraissent être isolées et communiquent directement au dehors par une ouverture commune. Chez les enchélides il
existe par conséquent une bouche et un anus distincts ; la
première de ces ouvertures, placée à l'extrémité tronquée
du corps, est entourée d'un cercle de petits cils; la seconde,
située à l'extrémité opposée, devient distincte lors de la
sortie des matières fécales. (Voyez Mém. de l'Acad. de
Berlin, 1830, pl. 2, fig. 1 ; et Annales des sciences naturelles, 2ᵉ série, Zool., t. 1, pl. 5, fig. 10—12.)
Dans la méthode de M. Ehrenberg ces animaux prennent
place dans la légion des polygastriques entérodélés, division des énantiotrètes nus (caractérisée par la position de la
bouche et de l'anus, et la reproduction au moyen de divisions transversales), laquelle ne se compose que d'une
seule famille, celle des ENCHÉLINES.
Les caractères assignés par ce naturaliste au genre enchélide, sont les suivants :
Bouche terminale droite; corps ni cilié, ni garni de soies
et simple.]

ESPÈCES.

1. Enchélide poupée. *Enchelis pupa.*

> *E. lageniformis seu ovata, anticè attenuata, posticè crassior*
> *quadruplo ferè longior quàm lata.*
> Mull. Inf. tab. 25. fig. 25, 26.
> Encycl. pl. 2. fig. 31.
> Bory. Op. cit. p. 320.

Ehrenb. Mém. de Berlin , 1830. pl. 2. fig. 1. et Ann. des
Sc. nat. 2ᵉ série. Zool. t. 1. pl. 5. fig.
Quelquefois cet enchélide ovale a des infusoires d'une di-
mension si considérable , que lui-même devient presque
globuleux. M. Ehrenberg pense qu'il ne diffère pas de
l'*Enchelys farcimen*, Muller. Inf. tab. 5. fig. 7 et 8. Encycl.
pl. 2. fig. 29, que M. Bory-Saint-Vincent range dans son
genre *pupella.*]

2. Enchélide verte. *Enchelis viridis.*

E. subcylindrica, anticè obliquè truncata.
Mull. Inf. t. 4. f. 1. Encycl. pl. 2. f. 1.
H. dans l'eau gardée plusieurs semaines.

3. Enchélide ponctuée. *Enchelis punctifera.*

E. subcylindrica, viridis, anticè obtusa, posticè acuminata.
Mull. Inf. t. 4. f. 2, 3. Encycl. pl. 2. f. 2.
[Bory-Saint-Vincent. Op. cit. p. 319.]
H. dans l'eau des marais.
[M. Ehrenberg pense que cette espèce pourrait bien appar-
tenir à son genre *Distigma* (2ᵉ mém. p. 17).]

4. Enchélide ovule. *Enchelis ovulum.*

E. cylindrico-ovata, hyalina, longitudinaliter subplicata.
Mull. Inf. t. 4. f. 9—11. Encycl. pl. 2. f. 3. a, b, c.
[Bory-Saint-Vincent. Op. cit. p. 321.]
H. dans l'eau gardée quelques jours.

5. Enchélide paresseuse. *Enchelis deses.*

E. viridis, cylindrica, subacuminata, gelatinosa.
Mull. Inf. t. 4. f. 4, 5. Encycl. pl. 2. f. 4. a, b.
H. dans l'infusion de la lenticule.
[M. Ehrenberg range cette espèce dans le genre *monas.*
2ᵉ Mém. p. 59.]

6. Enchélide anneau. *Enchelis similis.*

E. obovata, opaca, margine pellucida ; interaneis mollibus.
Mull. Inf. t. 4. f. 6. Encycl. pl. 2. f. 5.
[*Gyges encheloïdes.* Bory-Saint-Vincent. Encycl. p. 449.]
H. dans l'eau conservée plusieurs mois.

7. Enchélide tardive. *Enchelis serotina.*

E. ovato-cylindracea ; interaneis immobilibus.
Mull. Inf. t. 4. f. 7. Encycl. pl. 2. f. 6.
[Bory. Op. cit. p. 318.]
H. dans l'eau des marais gardée.

8. Enchélide nébuleuse. *Enchelis nebulosa.*

E. ovato-cylindracea : interaneis manifestis mobilibus.
Mull. Inf. t. 4. f. 8. Encycl. pl. 2. f. 7.
[Bory. Op. cit. p. 318.
Ehrenb. 2e Mém. p. 101.]
H. dans l'eau gardée.

9. Enchélide semence. *Enchelis seminulum.*

E. cylindracea, æqualis.
Mull. Inf. t. 4. f. 13, 14. Encycl. pl. 2. f. 8. a, b.
[Bory. Op. cit. p. 320.]
H. dans l'eau conservée plusieurs jours.

10. Enchélide poire. *Enchelis pirum.*

E. inversè conica, posticè hyalina.
Mull. Inf. t. 4. f. 12. Encycl. pl. 2. f. 11.
[*Enchelis lagenula.* Bory. Op. cit. p. 320.]
H. dans l'eau long-temps gardée.
Etc.

Observ. L'*Enchelis fritillus* de Muller (t. 4. f. 22, 23.) semble
appartenir au genre bursaire.

[M. Ehrenberg place à côté des enchélides, dans la famille dont ces derniers animalcules constituent le type,
un infusoire très singulier qu'il a découvert dans la mer
Rouge, et dont le corps glabre et terminé antérieurement
par une bouche droite, est profondément bifurqué à sa
partie postérieure. Cet animalcule ne peut être une para-
mécie, une loxode ou une trachélie, dont le corps se serait divisé spontanément, car sa bouche est terminale, et
chez les infusoires qui se reproduisent par des divisions
longitudinales, cette ouverture est latérale ou inférieure,

tandis que chez ceux où elle est terminale, ces divisions se
font transversalement.

Ce genre, qui porte le nom de DISOMA, Hemp. et Ehrenb.,
est caractérisé de la manière suivante :

A. polygastrique, entérodèlé, énantiotrète nu, dont
la bouche est terminale droite, et dont le corps est double
et ne porte ni cils, ni soies.

Esp. *Disoma vacillans*, H. et Ehr., Symb. phys.
phytoz., tab. 3, fig. 3.

Son corps est hyalin, étroit, à lobes filiformes,
réunis seulement à la tête.]

VIBRION. (Vibrio.)

Corps très petit, très simple, cylindrique, prolongé.

*Corpus minimum, simplicissimum, cylindricum,
elongatum.*

OBSERVATIONS. Les *vibrions* sont des animalcules microscopiques, à corps cylindrique, grêle, prolongé, ne variant
presque point dans sa forme.

Ceux de ces animalcules qui ont le corps très simple,
sans bouche, sans tube alimentaire, en un mot, sans aucun
organe particulier, sont de véritables infusoires et appartiennent réellement à ce genre: j'en ai vu moi-même dans
ce cas.

Mais il est probable que, parmi les espèces nombreuses
que l'on a comprises dans ce même genre, plusieurs ont
une organisation moins simple que les infusoires, ne sont
point réellement des *vibrions*, et qu'on ne s'est uniquement
fondé que sur la petitesse de ces animalcules pour les classer
et les rapporter au genre dont il s'agit.

Le vibrion-anguille, par exemple, que *Bruguière* ne regarde que comme une variété du *Vibrio aceti*, offre, à ce
qu'on prétend, une bouche munie de deux lèvres, et un

tube alimentaire distinct. S'il en est ainsi, cet animalcule doit être rapporté à la classe des vers, quelque petit qu'il soit, et non à celle des infusoires. On a lieu de présumer que d'autres prétendus vibrions sont dans le même cas. Quoi qu'il en soit, j'en ai vu qui assurément n'avaient point de bouche, et parmi eux j'en ai distingué qui offraient l'apparence d'une cavité intérieure, tantôt simple et oblongue, tantôt divisée en deux ; mais cette cavité ne s'ouvrait point au-dehors.

[Nous verrons par la suite qu'effectivement plusieurs des animaux désignés d'après la forme générale de leur corps, sous le nom de vibrion, appartiennent à d'autres groupes.

M. Ehrenberg réserve le nom de VIBRIO aux A. polygastriques anenthérés, nus, gymniques, alongés, monomorphes, dont le corps est filiforme, cylindrique et ne décrivant que des ondes, lors de sa contraction.

Les vibrioniens dont le corps également filiforme est rigide et se contourne en spirale, forment, dans la méthode de ce naturaliste, les genres SPIRODISCUS et SPIRILLUM.

Le genre SPIRODISCUS (Ehrenb., 2e Mém., p. 68) est caractérisé par la manière dont le corps s'enroule en cercle, tandis que chez les SPIRILLUM il s'enroule en hélice.

Le genre BACTERIUM (Ehrenb., 2e Mém., p. 69) se compose des vibrioniens dont le corps est oblong, fusiforme ou filiforme, mais jamais distinctement ondulé, ni enroulé.

Le genre CLOSTÉRIUM de Nitzsch (Ehrenb., 2e Mém., p. 66), a beaucoup d'analogie avec les vibrioniens, mais se compose des A. polygastriques anenthérés, gymniques, cuirassés, dont l'enveloppe est alongée, cylindrique, ouverte aux deux bouts et se divise spontanément en deux ou quatre parties par des sections transversales. M. Ehrenberg y range plusieurs espèces nouvelles, ainsi que le *Vibrio lunula* de Muller, que M. Bory-Saint-Vincent avait placé dans son genre LUNULINE (Encycl. p. 500).]

On voit souvent à l'œil nu le vibrion-anguille, et même le vibrion du vinaigre, qui porte aussi le nom d'anguille du vinaigre : leurs mouvements sont vermiculaires. La gelée, dit-on, ne les fait point périr; mais ils ne résistent point à l'évaporation, à moins que quelques poussières ne les mettent à l'abri du contact de l'air.

On trouve les *vibrions* dans plusieurs infusions végétales et animales, dans les eaux douces, et quelquefois dans l'eau de mer conservée.

ESPÈCES.

1. Vibrion linéole. *Vibrio lineola.*

> *V. linearis, minutissimus.*
> Mull. Inf. t. 6. f. 1. Encycl. pl. 3. f. 2.
> [Ehrenberg, 2ᵉ Mém., p. 67.]
> H. dans les infusions végétales. C'est un des infusoires les plus petits.

2. Vibrion ridé. *Vibrio rugula.*

> *V. linearis, flexuosus.*
> Mull. Inf. t. 6. f. 2. Encycl. pl. 3. f. 3. a. b.
> [Ehrenb. 2ᵉ Mém. p. 67.
> H. dans l'infusion des mouches.

5. Vibrion baguette. *Vibrio baccillus.*

> *V. linearis, æqualis, utrinque truncatus.*
> [Bory. Op. cit. p. 775.
> Ehrenb. 2ᵉ Mém. p. 67.]
> Mull. Inf. t. 6. f. 3. Encycl. pl. 3. f. 4. a, b.
> H. dans l'eau gardée.

4. Vibrion ondoyant. *Vibrio undula.*

> *V. filiformis, flexuosus.*
> Mull. Inf. t. 6. f. 4, 5, 6. Encycl. pl. 3. f. 5—7.
> [*Spirillum undula.* Ehrenb. 2ᵉ Mém. p. 68.] (1)

------

(1) Le genre Spirillum renferme les vibrioniens dont le corps est rigide et roulé en hélice.   E.

H. dans l'infusion gardée de la lenticule. Tantôt ils nagent ,
et tantôt ils se réunissent en pelotons sur un rameau de
conferve.

5. Vibrion spiral. *Vibrio spirillum.*

V. filiformis; ambagibus in angulum acutum tornatis.
Mull. Inf. t. 6. f. 9. Encycl. pl. 3. f. 8.
[*Spirillum volutans.* Ehrenh. 2ᵉ Mém. p. 68.]
H. dans l'infusion du laitron des champs.

6. Vibrion vermet. *Vibrio vermiculus.*

B. cylindraceus, gelatinus, tortuosus.
Mull. Inf. t. 6. f. 10, 11. Encycl. pl. 3. f. 1.
[*Pupella annulans.* Bory. Op. cit. p. 664.]
H. dans l'eau des marais.

7. Vibrion intestin. *Vibrio intestinum.*

V. gelatinosus, teres, anticè angustatus.
Mull. Inf. t. 6. f. 12—15. Encycl. pl. 3. f. 10—13.
[*Pupella clavata.* Bory. Op. cit. p. 664.]
H. dans l'eau des marais.

8. Vibrion biponctué. *Vibrio bipunctatus.*

*V. linearis, œqualis; utráque extremitate truncatá; globulis
binis mediis*
[*Bacillaria bipuncta.* Bory. Op. cit. p. 136 (1).
Mull. Inf. t. 7. f. 1. Encycl. pl. 3. f. 14.
H. dans l'eau de mer gardée.

---

(1) Les bacillaires sont des êtres très singuliers, qui paraissent tenir autant du végétal que de l'animal ; ce sont
de petites lames linéaires et rigides, des espèces de ba-
guettes animées qui ne peuvent fléchir leur corps et qui
ne se meuvent que par balancement et par glissement. Ils
ont la plus grande ressemblance avec certains produits du
règne végétal que l'on range parmi les algues et ont, depuis quelques années , beaucoup occupé les naturalistes.
Du reste, il règne, à leur égard, les opinions les plus diver-
gentes : suivant les uns, ce seraient des êtres qui, animaux

9. **Vibrion triponctué.** *Vibrio tripunctatus.*

V. linearis , utrinque attenuatus , globulis tribus ; extremis minoribus.

d'abord, deviendraient ensuite des plantes ; suivant d'autres, leur réunion, ainsi que l'agrégation de divers autres infusoires, donnerait naissance à des productions phytoïdes, telles que le *conferva camoides*, etc. Il est aussi des auteurs qui regardent les bacillaires comme appartenant entièrement au règne végétal ; enfin, suivant l'observateur le plus récent qui se soit occupé de ce sujet, M. Ehrenberg, les bacillaires doués de vie, seraient bien des animaux, et tous ceux qui sont réellement immobiles ne seraient que des individus morts. L'espace nous manquerait pour exposer en détail et discuter toutes ces opinions, ou même pour énumérer les faits curieux dont la connaissance est due aux auteurs de ces hypothèses ; et nous nous bornerons à indiquer les principaux écrits consacrés à ce sujet, savoir : la description des cercaires et des bacillaires par Nitzsch, publiée en 1817 ; divers articles de l'Encyclopédie méthodique et du Dictionnaire classique d'histoire naturelle, par M. Bory-Saint Vincent ; un Mémoire sur les némazoones, par M. Gaillon, dans les Mém. de la Société d'émulation de Rouen ; l'Article némazoones du Diction. des sciences naturelles, par M. De Blainville, et les Observations de M. Ehrenberg dans les Mém. de l'Académie de Berlin et dans les Annales des sciences naturelles, 1834.

Ces animaux forment un groupe assez nombreux. Dans la classification de M. Bory-Saint-Vincent ils sont réunis dans la famille des bacillariées, qui se subdivise en cinq genres, savoir : les bacillaires, les échinelles, les navicules, les lunulines et les styllairiés. M. Ehrenberg adopte cette famille, mais en y assignant de nouvelles limites. Dans sa méthode, elle se compose des polygastriques anenthérés, pseudopodes, cuirassés, dont l'enveloppe se divise spontanément avec l'animal.

Le genre BACILLARIA, établi d'abord par Muller, puis

Mull. Inf. t. 7. f. 2. Encycl. pl. 3. f. 15.
[*Navicula tripunctata*. Bory. Op. cit. p. 563.]
H. en automne, dans les fossés inondés.

---

réuni par ce naturaliste au genre vibrio, dont il ?diffère considérablement, se compose d'êtres très singuliers, qui sont quelquefois solitaires, mais dont le corps linéaire et cylindrique ou légèrement comprimé, se colle pour ainsi dire côte à côte à quelque autre individu de même espèce, ou s'y joint par ses extrémités, de façon à former des séries ou des filaments diversement brisés, ou bien des aglomérations rayonnantes.Lorsqu'on les observe ainsi réunis, on les voit exécuter des mouvements anguleux et rapides par lesquels ils s'éloignent les uns des autres ou se juxt'apposent, mais dont on ne comprend pas le mécanisme et, à ce phénomène, succède tout-à-coup l'inertie la plus complète. M. Ehrenberg définit ce genre de la manière suivante :

G. BACILLARIA, Bacillariens libres, qui ne se fixent pas et qui sont réunis entre eux de façon à former des rubans polymorphes et à conserver quelque mobilité sans se détacher; enfin dont l'enveloppe est quadrangulaire, bivalve longitudinalement, et persistant après la mort.

Espèces. *B. Cleopatrœ*, Hemprich et Ehrenb., Symbolæ physicæ phytozoæ, pl. 3, fig. 2.

B. Ptolemœi, Hemp. et Ehrenb. Loc. cit., pl. 3. fig. 1.

B. flasculosa, Ehrenb., 2ᵉ Mém., p. 84, *Diatoma vulgaris*, Agarth, etc.

Le genre NAVICULA a été établi par M. Bory pour recevoir les bacillariées qui ont la forme d'une navette et qui, pendant une partie de leur existence, sont privés de mouvement et vivent fixés par un prolongement filiforme et extrêmement ténu qui naît d'une de leurs extrémités. M. Ehrenberg y range les bacillariens libres, jamais fixés, qui sont solitaires ou bien agglomérés et qui ont une enveloppe plus longue que large.

10. **Vibrion porte-pieu.** *Vibrio paxillifer.*

*V. linearis, flavescens ; paleis gregariis multifarium ordi-
natis.*

Mull. Inf. t. 7. f. 3—7. Encycl. pl. 3. f. 16—20.

Espèces. *N. sigmoidea*, Hem. et Ehr. Symb. phys.
phyt., pl. 2, fig. 8.

N. interrupta, Hem. et Ehr., Loc. cit., pl. 2, fig. 7,
etc., etc.

Le genre EUCASTRUM de M. Ehrenberg se distingue du
précédent par l'enveloppe, qui est plus large que longue.

Espèce. *E. rata*, Ehrenb. (2ᵉ Mém., p. 82), etc.

Le genre FRAGILLARIA de Lyngbye, rangé par M. Bory
parmi ses arthrodiées, doit prendre place, suivant M. Ehrenberg, dans la famille des bacillariées, à côté des bacillaires, et se composer des animalcules de cette famille
qui, de même que les précédents, ne sont jamais fixés,
mais qui se réunissent en faisceaux et non en groupes, polymorphes, et se désunissent ensuite.

Espèces. *F. bipunctata*, Hem. et Ehr., Symb. phys.
phyt., pl. 2. fig. 11.

F. diaphthalma, H. et Ehrem., Op. cit., pl. 3,
fig. 4.

F. multipunctata, Hem. et Ehr., Op. cit., pl. 2,
fig. 12.

Le genre EXILARIA (Lyngbye) se compose, dans la
méthode de M. Ehrenberg, des bacillariés qui diffèrent des
précédents en ce qu'ils sont réunis en étoiles : ils sont fla-
belliformes et apodes.

Le genre SYNEDRA, de M. Ehrenberg, comprend les bacillariés qui sont sessiles et qui, dans le jeune âge, sont
fixés.

S. ulna, Ehrenb., 2ᵉ Mém.; p. 87. —*Bacillaria ulna*,
Nitzsch.- etc.

Le genre GOMPHONEMA, Agarth, doit aussi, suivant

[*Bacillaria Mulleri.* Bory. Op. cit. p. 137.
B. paradoxa. Muller. Ehrenb. 2ᵉ Mém. p. 83.]
H. dans l'ulve dilatée.
Etc.

M. Ehrenberg, prendre place dans la famille des bacillariées, et avoir pour caractère distinctif d'être fixé dans le
jeune âge, pédiculé, et d'avoir le corps rétréci postérieurement et cunéiforme.

Le genre Cocconema, de M. Ehrenberg, diffère du précédent, en ce que le corps est rétréci à ses deux extrémités
et subréniforme.

Enfin, le genre Echinella, Lyngbye, appartient aussi à
cette famille d'infusoires polygastriques et diffère des précédents en ce qu'il est pédiculé, flabelliforme et réuni en
rayons.

Espèce. *E. splendida*, Hemp. et Ehrenb., Symb.
phys., pl. 3. fig. 5.

Il est à noter que la structure de tous ces êtres n'est
encore que très imparfaitement connue. M. Ehrenberg n'a
donné encore aucune observation précise relativement
même à l'existence d'une cavité digestive dans l'intérieur
de leur corps; et dans l'état actuel de la science il serait
difficile de se prononcer sur leur nature.   E.

DEUXIÈME SECTION.

—

CORPS MEMBRANEUX.

Il est presque sans épaisseur, soit aplati, soit concave.

—

Les animalcules compris dans cette section paraissent être réellement des *infusoires*. Leur corps est très simple, membraneux, le plus souvent aplati, concave, dans un petit nombre ; il n'offre aucun organe particulier perceptible, et il est probable qu'il n'y en existe réellement point.

Posséder une forme constante, différente de celle qui est sphérique, ovoïde ou oblongue, c'est, dans les infusoires qui la présentent, la preuve d'un progrès acquis dans la consistance des parties de ces corpuscules. Effectivement, sans un affermissement obtenu dans ces parties, la pression du liquide environnant se fût opposée à l'acquisition et à la conservation de cette forme qui, elle-même, a pris sa source dans la nature des mouvements que les animalcules qui l'offrent exécutent dans l'eau. L'organisation de ces infusoires n'en est pas moins encore très simple, quoique ces petits corps soient un peu moins frêles que ceux de la première section.

Voici les genres qui se rapportent à cette seconde section du premier ordre.

GONE. (Gonium.)

Corps très petit, très simple, aplati, court, anguleux.

Corpus minimum, simplicissimum, complanatum, breve, angulatum.

OBSERVATIONS. Les *gones* et les cyclides sont les plus simples des infusoires aplatis. Leur corps est court, plat, membraneux et en quelque sorte sans épaisseur. Il est anguleux dans son pourtour dans les gones ; tandis qu'il est orbiculaire ou ovale, dans les cyclides.

Quelques espèces de *gones* paraissent composées de plusieurs corps joints ensemble par une membrane commune qui les réunit ou les enveloppe. Ce n'est probablement tantôt que l'apparence des mailles aperçues de leur tissu cellulaire, comme dans la *gone pectorale*, et tantôt que celle des lignes préparées pour les scissions qui doivent les multiplier, comme dans la *gone coussinet.*

Leur mouvement est oscillatoire.

[M. Ehrenberg assigne à ce genre les caractères suivants :

A. polygastriques, anenthérés, cuirassés, épitriques, composés, se reproduisant par des divisions intérieures et la rupture de l'enveloppe, dépourvus d'yeux et renfermés dans une enveloppe comprimée, quadrangulaire. Il la range à côté des volvoces, 2ᵉ Mém., p. 75.]

ESPÈCES

1. Gone pectorale. *Gonium pectorale.*

G. quadrangulare, pellucidum; globulis sedecim.
Mull. Inf. t. 16. f. 9—11. Encycl. pl. 7. f. 1—3.
[*Pectoralina hebraica.* Bory. Op. cit. p. 605.

Gonium pectorale. Ehrenb. 2e mém. p. 75.]
H. dans les eaux pures.

2. Gone coussinet. *Gonium pulvinatum.*

G, quadrangulare, opacum, torosum.
Mull. Inf. t. 16. f. 12—15. Encycl. pl. 7. . 4—7.
H. dans l'eau des fumiers.

3. Gone ridée. *Gonium corrugatum.*

G. subquadrangulare, albidum , ruga longitudinali notatum.
Mull. Inf. t. 16. f. 16. Encycl. pl. 7. f. 8.
[*Paramœcium oriziformis.* Bory. Op. cit. p. 601.]
H. dans diverses infusions, particulièrement dans celle de la
poire.

4. Gone rectangle. *Gonium rectangulum.*

G. rectangulare; dorso arcuato.
Mull. Inf. t. 16. f. 17. Encycl. pl. 7. f. 9.
H. fréquemment dans les eaux pures.
[M. Bory-Saint-Vincent considère cette espèce comme ne
devant pas être distinguée de la suivante , et comme de-
vant se rapporter au genre kolpode. Op. cit. p. 476.]

5. Gone obtusangle. *Gonium obtusangulum.*

G. obtusangulare ; dorso arcuato.
Mull. Inf. t. 16. f. 18. Encycl. pl. 7. f. 10.
H. avec le précédent, mais rarement.

CYCLIDE. (Cyclidium.)

Corps très petit, très simple, transparent, aplati,
orbiculaire ou ovale.

*Corpus minimum, simplicissimum, pellucidum,
complanatum, orbiculare vel ovatum.*

OBSERVATIONS. Les *cyclides* sont rapprochés des gônes
par leur corps court et aplati ; mais ils tiennent davantage

aux paramèces, semblent même n'être que des paramèces
raccourcies, et n'en diffèrent point par leur organisation.
En effet, les *cyclides* ont le corps court, orbiculaire ou
ovale, tandis que le corps des paramèces est alongé, plusieurs fois plus long que large; mais, dans les uns comme
dans les autres, le corps est très simple, aplati, membraneux.

Le mouvement des *cyclides* est oscillatoire, circulaire
ou demi-circulaire, plus ou moins interrompu, lent ou vif
selon les espèces.

[Dans la méthode de M. Ehrenberg le genre CYCLIDIUM
se compose des A. polygastriques, anenthérés, nus, épi-
gastriques, dont le corps est garni de soies rétractiles, dis-
tribuées par rangées simples, longitudinales ou circu-
laires.

Le genre PANTOTRICHUM, du même auteur, diffère du
précédent en ce que les cils dont la surface du corps est
garni, sont épars partout; il se compose de plusieurs espèces
nouvelles décrites par M. Ehrenberg. (2ₑ Mém., p. 75.)

Enfin le genre CHŒTOMONAS se compose des cyclidiens,
dont la surface du corps n'est pas garnie de cils, mais dont
tout le dos est pourvu de soies, c'est-à-dire d'appendices
droites et raides, qui n'exécutent aucuns mouvements
analogues à ceux qui caractérisent les cils. M. Ehrenberg
en décrit deux espèces. (2ᵉ Mém., p. 77.)]

ESPÈCES.

1. **Cyclide bulle.** *Cyclidium bulla.*

> *C. orbiculare, hyalinum.*
> Mull. Inf. t. 11. f. 1. Encycl. pl. 5. f. 1.
> [*Monas bulla.* Bory. Op. cit. p. 550.]
> H. dans l'infusion du foin.

2. **Cyclide millet.** *Cyclidium milium.*

> *C. ellipticum, crystallinum.*
> Mull. Inf. t. 11. f. 2, 3. Encycl. pl. 5. f. 2, 3.
> H. dans l'infusion de diverses plantes.

3. Cyclide flottante. *Cyclidium fluitans.*

C. ovale, crystallinum.
Mull. Inf. t. 11. f, 4, 5. Encycl. pl. 5. f. 4. 5.
[*Gyges translucida.* Bory. Op. cit. p. 449.]
H. dans l'eau de mer corrompue.

4. Cyclide glaucome. *Cyclidium glaucoma.*

C. ovatum; interraneis ægrè conspicuis.
Mull. Inf. t. 11. f. 6—8. pl. 5. f. 6—8.
[Erhen. 1er Mém. (Acad. de Berlin, 1830.) pl. 1. fig. 4. —
2e Mém. p. 74.]
H. dans l'eau gardée pendant l'hiver.

5. Cyclide noirâtre. *Cyclidium nigricans.*

C. oblongiusculum; margine nigricante.
Mull. Inf. t. 11. f. 9, 10. Encycl. pl. 5. f. 9—10.
[Bory. Op. cit. p. 234.]
H. dans l'infusion de la lenticule.

6. Cyclide rostré. *Cyclidium rostratum.*

C. ovale, pellucidum, posticè subacutum.
Mull. Inf. t. 11. f. 11, 12. Encycl. pl. 5. f. 11, 12.
[*Bursaria rostrata.* Bory Op. cit. p. 161.]
H. dans une infusion végétale.

7. Cyclide pépin. *Cyclidium nucleus.*

C. ovale, posticè acuminatum.
Mull. Inf. t. 11. f. 13. Encycl. pl. 5. f. 13.
[Bory. Op. cit. p. 234.]
H. rarement dans les infusions végétales.

8. Cyclide diaphane. *Cyclidium hyalinum.*

C. ovatum, posticè acutum.
Mull. Inf. t. 11. f. 14. Encycl. pl. 5. f. 14.
[Bory. Op. cit. p. 234.]
H. dans l'infusion de la clavaire coralloïde.
Etc.

PARAMÈCE. (Paramecium.)

Corps très petit, simple, transparent, membraneux, oblong.

Corpus minimum, simplex, pellucidum, membranaceum, oblongum.

OBSERVATIONS. Les *paramèces* ne sont, en quelque sorte, que des cyclides alongés, plus développés, un peu plus animalisés. Le corps de ces animalcules est membraneux, aplati, quelquefois cylindracé, alongé, obtus à ses extrémités, en général très peu sinueux et sans angles. Il paraît varier de forme d'un instant à l'autre, selon les positions qu'il prend par rapport à l'œil de l'observateur.

C'est en observant ces infusoires qu'on a reconnu, d'une manière positive, leur multiplication par *scission*, c'est-à-dire, par division de leur corps, soit longitudinale, soit transverse; et l'on sait maintenant que ce fait remarquable ne leur est point du tout particulier. Il est même probable que ce mode singulier de multiplication est celui de la plupart des infusoires, quoique plusieurs paraissent se reproduire par des corpuscules (des gemmules) internes, qui se font jour au dehors par des déchirures.

Les *paramèces* ne nous offrent que de très petites lames alongées, vivantes, animalisées. Elles sont à peine distinctes des kolpodes; néanmoins elles sont moins sinueuses, moins anguleuses, moins irrégulières.

Leurs mouvements sont en général lents, vagues, ou oscillatoires.

[M. Ehrenberg a constaté que, chez les paramèces, il existe un tube alimentaire conduisant à de nombreuses cavités stomacales et s'ouvrant au dehors par une bouche et un anus qui ne sont situés ni l'un ni l'autre aux extrémités du corps; sous ce rapport, ils se rapprochent des kolpodes ; ils sont également pourvus d'une petite trompe rétractile et inerme ; mais ici les deux ouvertures sont plus éloignées l'une de l'autre, et la surface du corps est couverte de cils disposés obliquement par rangées.]

ESPÈCES.

1. Paramèce aurélie. *Paramecium aurelia.*

> *P. compressum, a medio ad apicem uniplicatum, posticè acutum.*
> Mull. Inf. t. 12. f. 1—14. Encycl. pl. 5. f. 1—12.
> [Bory. Op. cit. p. 601.
> Ehrenb. 2. Mém. p. 114.]
> H . dans l'eau des fossés où croît la lenticule.

2. Paramèce chrysalide. *Paramecium chrysalis.*

> *P. cylindraceum, versùs anticè plicatum, posticè obtusum.*
> Mull. Inf. t. 12. f. 15—20. Encycl. pl. 6. f, 1—5.
> H. en automne, dans l'eau de mer.
> [Ehrenb. 1er mém. Acad. de Berlin, 1830, pl. 4. fig. 2.
> — 2. Mém. p. 114.]

[Paramèce arabe. *Paramœcium siniaticum.*

> *P. valdè complanatum, utrinque rotundatum, carina antica longitudinali obliqua.*
> Hemp. et Ehrenb. Symb. phys. phyt. tab. 2. fig. 5.

3. Paramèce rusée. *Paramecium versutum.*

> *P. cylindraceum, posticè incrassatum, utrâque extremitate obtusum.*
> Mull. Inf. t. 12. f. 21—24. Encycl. pl. 6. f. 6—9.
> H. dans les fossés marécageux.

4. Paramèce œuvée. *Paramecium oviferum.*

> *P, depressum; intùs bullis ovalibus.*
> Mull. Inf. t. 12. f. 25—27. Encycl. pl. 6 f. 10—12.
> [Kolpode ovifera. Bory. Op. cit. p. 477.]
> H. dans les marais.

5. **Paramèce bordée.** *Paramecium marginatum.*

> *P. depressum, ellipticum, griseum; margine hyalino.*
> Mull. Inf. t. 12. f. 28—29. Encycl. pl. 6. f. 13—14.
> [*Gyges lithunatus.* Bory. Op. cit. p. 449.]
> H. dans l'eau des marais.

KOLPODE. (Kolpoda.)

Corps très petit, très simple, aplati, oblong, sinueux, irrégulier, transparent.

Corpus minimum, simplicissimum, pellucidum, oblongum, complanatum, sinuosum, irregulare.

OBSERVATIONS. De même que les paramèces ne sont guères que des cyclides alongés, de même aussi les *kolpodes* ne sont en quelque sorte que des paramèces sinueuses, irrégulières, plus variées dans leur forme.

Ainsi les *kolpodes*, quoique étant encore des infusoires très simples, sont un peu plus avancés en animalisation que les paramèces, puisqu'ils sont plus sinueux, plus irréguliers, plus variés, et que leur forme est moins assujettie aux influences de la pression du milieu dans lequel ils habitent.

Les espèces observées sont nombreuses : quelques-unes des moins irrégulières, qui vont être citées les premières, seraient aussi bien nommées *paramèces* que *kolpodes*.

Les mouvements de ces infusoires sont en général lents, vagues, ou oscillatoires.

[M. Ehrenberg réserve le nom de kolpodes aux A. polygastriques, entérodélés nus, qui n'ont ni la bouche, ni l'anus terminaux, qui ont la face ventrale du corps ciliée, et sont pourvus d'une trompe courte et rétractile. Il en sépare plusieurs des espèces indiquées ci-dessous pour les ranger dans les genres trachélius et loxodes, qui

s'éloignent des kolpodes par un caractère très important,
savoir, la position de leur anus, qui est terminal. D'après
de nouvelles observations de ce naturaliste (1834), il paraîtrait que la bouche des kolpodes est en outre armée de
dents.

M. Losana a inséré dans les mémoires de l'Académie de
Turin un travail descriptif très étendu sur ces animalcules;
mais les raisons que nous avons déjà indiquées en parlant
de ses observations sur les protées nous empêchent d'en
parler ici.]   E.

ESPÈCES.

1. Kolpode lame. *Kolpoda lamella.*

> *K. elongata, membranacea, anticè curvata.*
> Mull. Inf. t. 13. f. 1—5. Encycl. pl. 6. f. 1—3.
> [*Trachelius lamella.* Ehrenb. 2ᵉ mém. p. 107.] (1)
> H. dans l'eau, mais rarement.

---

(1) Le genre Trachelius, établi par Schrank, comprend,
dans la méthode de M. Ehrenberg, les A. polygastriques
entérodélés de la section des allotrètes, qui ont l'anus terminal, la bouche inférieure et inerme, et le front alongé,
cylindrique ou déprimé, et se prolongeant en forme de
trompe étroite. Le corps de ces animalcules est souvent
cilié, et sa forme varie.

M. Ehrenberg y range l'espèce mentionnée ci-dessus,
ainsi que

> Le *Trachelius anas*, Ehrenb., 1ᵉʳ Mém., Acad. de Ber-
> lin, 1830, pl. 4, fig. 5. *Trichoda anas*, Muller,
> pl. 27, fig. 14, 15.—Encycl., pl. 14, fig. 11 et 12.
> —Bory, Op. cit., p. 749.

> Le *Trachelius fallax*, Schr. Ehrenb., 2ᵉ Mém., p. 107.
> *Vibrio fallax*, Muller, Inf.—Enc. pl. 5, fig. 16—18.

Dans la méthode de M. Ehrenberg ce genre donne son
nom à une famille qui contient aussi les genres loxodes,
les bursaires, les phialines et les glaucomes.

De genre Glaucoma, Ehrenb., se distingue de tous les

2. Kolpode poulette. *Kolpoda gallinula.*

K. oblonga; dorso antico membranaceo hyalino.
Mull. Inf. t. 13. f. 6. Encycl. pl. 6. f. 4.
[*Enchelis gallinula.* Bory. Op. cit. p. 321.]
H. dans l'eau de mer corrompue.

5. Kolpode bec. *Kolpoda rostrum.*

K. oblonga; anticè uncinata.
Mull. Inf. t. 13. f. 7. 8. Encycl. pl. 6. f. 5, 6.
[*Loxodes rostrum.* Ehrenb. 2ᵉ Mém. p. 108.] (1)
H. dans les eaux où croît la lenticule.

---

autres trachéliens, par l'existence de crochets qui garnissent l'ouverture buccale et paraissent représenter une lèvre inférieure. La forme générale de leur corps les rapproche un peu des kolpodes, mais ils n'ont de cils qu'à l'extrémité antérieure du corps. M. Ehrenberg n'en décrit qu'une seule espèce.

Le *Glaucoma scintillans*, Ehrenb., 1ᵉʳ Mém., Acad. de Berlin, 1830. pl. 4, fig. 1.—2ᵉ Mém., p. 112.

Le genre OPHRYOCERCA, de M. Ehrenberg, se rapproche des trachéliens par la disposition du canal alimentaire qui, par un des bouts, s'ouvre à la face ventrale, et par l'autre, à l'extrémité du corps ; mais ici, c'est la bouche et non l'anus, qui est terminale, et l'ouverture efférente est inférieure.

Esp. *Ophyocerca ovum*, Ehrenb., 2ᵉ Mém., p. 112.

E.

(1) Le genre LOXODES, de M. Ehrenberg, appartient à la même famille que le genre trachélius, dont il se distingue par la forme de la lèvre supérieure, qui est courte, déprimée et remarquablement large et ciliée. De même que les précédents, les loxodes n'ont pas la bouche armée de crochets et ne portent pas sur le front un cercle de cils. Parmi les espèces que ce naturaliste y rapporte nous citerons :

Le *Loxodes cucullulus*, Ehrenb., 1ᵉʳ Mém., Acad. de

4. **Kolpode botte.** *Kolpoda ocrea.*

> *K. elongata, membranacea, apice attenuata, basi in angulum rectum producta.*
> Mull. Inf. t. 13. f. 9. 10. Encycl. pl. 6. f. 7. 8.
> [*Amiba ochrea.* Bory. Op. cit. p. 46.]
> H. dans les eaux stagnantes.

5. **Kolpode mucronée.** *Kolpoda mucronata.*

> *K. dilata, membranacea, antice angustata, altero margine incisa.*
> Mull. Inf. t. 13. f. 11. 12. Encycl. pl. 6. f. 9. 10.
> [Bory. Op. cit. p. 476.]
> H. dans l'infusion de *l'ulve linze.*

6. **Kolpode triquètre.** *Kolpoda triquetra.*

> *K. obovata, depressa; altero margine retuso.*
> Mull. Inf. t. 13. f. 13-15. Encycl. pl. 6. f. 11—13.
> H. dans l'eau de mer.

7. **Kolpode striée.** *Kolpoda striata.*

> *K. oblonga, subarcuata, depressa, candida, antice acuminata, postice rotundata.*
> Mull. Inf. t. 13. f. 16, 17. Encycl. pl. 6. f. 14. 15.
> H. en abondance, dans l'eau de mer.

8. **Kolpode noyau.** *Kolpoda nucleus.*

> *K. ovata, vertice acuto, dorso convexo.*
> Mull. Inf. t. 13. f. 18. Encycl. pl. 6. f. 16.
> [*Enchelis cycloïdes.* Bory. Op. cit. p. 321.]
> H. dans l'infusion des semences du chanvre.

Berlin, 1830, pl. 4, fig. 3 ; et 2ᵉ Mém., p. 109. — *Kolpoda cucullulus*, Muller. Encycl. pl. 7. fig. 8-12.

Le *L. cucullio*, Ehrenb., 2ᵉ Mém., p. 109.— *Kolpoda cucullio*, Muller, Inf., pl. 13, fig. 17-19.—Encycl., pl. 7, fig. 17-19. — *Bursaria cucullo*, Bory, Op. cit. p. 160.   E.

9. Kolpode pintade. *Kolpoda meleagris.*

> *K. plicatilis depressa, apice uncinata, margine antico crenu-*
> *lata, posticè obtusa.*
> Mull. Inf. t. 14. f. 1—6. et t. 15. f. 1—5. Encycl. pl. 6.
> f. 17—27.
> [*Amphileptus meleagris.* Ehrenb. 2e mém. p. 115.] (1)
> H. dans l'eau où croît la lenticule. Animalcules alongés, très
> irréguliers et très variables.

10. Kolpode coucou. *Kolpoda cucullus.*

> *K. ovata, ventricosa, infrà apicem incisa.*
> Mull. Inf. t. 14. f. 7—14. Encycl. pl. 7. f. 1—7.
> H. dans les infusions végétales, et dans celle du foin fétide.

11. Kolpode crénelée. *Kolpoda assimilis.*

> *K. depressa, non plicatilis, apice uncinato, margine antico ad*
> *medium usque crenulato, posticè dilatato acutiusculo.*
> Mull. Inf. t. 15. f. 6. Encycl. pl. 6. f. 28.
> [*Kolpode crenulata.* Bory. Op. cit. p. 475.]
> H. dans l'eau de mer.
> Etc.

BURSAIRE. (Bursaria.)

Corps très simple, membraneux, concave.

Corpus simplicissimum, membranaceum, concavum.

Observations. Les *bursaires* sont des infusoires à corps
mince, comme membraneux, ainsi que ceux des quatre

---

(1) Le genre Amphileptus de M. Ehrenberg, se compose
des infusoires qui, avec le même mode d'organisation que
les kolpodes, s'en distinguent par l'absence d'une trompe,
et ont le front et la queue rétrécis. Ce naturaliste y range
le *Vibrio anser* de Muller, le *Paramœcium fasciola*, Muller, etc.   E.

genres précédents, et qui se font remarquer par leur forme concave d'un côté, imitant soit une bourse, soit un bateau, etc.; elles ont peu de vivacité dans leurs mouvements, et on prétend que ces mouvements sont irréguliers, de manière que lorsqu'elles parcourent une ligne spirale de droite à gauche, et qu'elles s'élèvent dans l'eau, elles se meuvent avec assez de vitesse; mais quand elles reviennent ou redescendent, elles ne vont qu'avec lenteur; ce que l'on attribue à l'influence de leur forme.

On trouve des *bursaires* dans les eaux douces et stagnantes, et dans l'eau de mer; on n'en connaît encore que peu d'espèces, parmi lesquelles la première est visible à l'œil nu.

[Il paraît, d'après les observations récentes de M. Ehrenberg, que les bursaires ont, de même que les loxodes, les trachélies, etc., un tube intestinal garni d'appendices cœcales, qui s'ouvre antérieurement à la face inférieure du corps, et postérieurement à son extrémité; la bouche elle-même, dépourvue de cils ou de crochets et point de cercle de cils sur le front; du reste, ils se distinguent de ces deux genres par la disposition de la lèvre supérieure qui est comprimée, subcarénée ou renflée et point rétrécie; le corps de ces infusoires est en grande partie poilu.]

ESPÈCES.

1. Bursaire troncatelle. *Bursaria truncatella.*

B. follicularis, apice truncato.
Ehrenb. 2ᵉ Mém. p. 110.
Mull. Inf. t. 17. f. 1—4. Encycl. pl. 8. f. 1—4.
[Bory. Op. cit. p. 160.]
H. dans l'eau des fossés.

2. Bursaire bullée. *Bursaria bullina.*

B. cymbæ formis, anticè labiata.
Mull. Inf. t. 17. f. 5—8. Encycl. pl. 8. f. 5—8.

[Bory. Op. cit. p. 160.]
II. dans l'eau de mer.

3. Bursaire repliée. *Bursaria duplella.*

B. elliptica, marginibus inflexis.
Mull. Inf. t. 13. f. 13. 14. Encycl. pl. 8. f. 12. 13.
[Bory. Op. cit. p. 160.]
H. dans les eaux où croît la lenticule.

4. Bursaire globuleuse. *Bursaria globina.*

B. sphœrica, utrinque obscurata; medio pellucentissimo.
Mull. Inf. t. 17. f. 15—17. Encycl. pl. 8. f. 14—16.
H. dans l'eau de mer gardée.
[M. Bory pense que ¡cette espèce devra se rapporter au
genre VOLVOCE. Op. cit. p. 219.]

5. Bursaire hirondeau. *Bursaria hirundinella.*

B. utrinque laciniata; extremitatibus productis.
Mull. Inf. t. 17. f. 9—12. Encycl. pl. 8. f. 9—11.
[*Hirundinella quadricuspis.* Bory. Op. cit. p. 456.]
H. dans l'eau des marais.

ORDRE DEUXIÈME.

—

INFUSOIRES APPENDICULÉS.

*Ils ont à l'extérieur, des parties toujours saillantes,
comme des poils, des espèces de cornes, ou une queue.*

Ces *infusoires* sont encore très petits, gélatineux,
transparents, diversiformes : ils sont, malgré cela,
moins imparfaits et moins simples que ceux du premier
ordre, puisqu'ils ont constamment des parties saillantes

à l'extérieur, comme des poils très apparents, des espèces de cornes, ou une queue.

Au lieu d'être les produits de *générations spontanées*
comme les premiers des infusoires nus, on ne saurait
douter qu'ils ne proviennent des infusoires du premier
ordre, et que leur état et leur forme ne soient le résultat de quelques progrès obtenus dans la tendance à
composer l'organisation que la vie possède et exécute,
à mesure qu'elle se transmet dans les individus qui se
succèdent.

Déjà, en eux, l'animalisation est un peu plus avancée, plus caractérisée; le corps moins simple dans ses
parties, moins changeant sous les yeux de l'observateur;
les fluides essentiels contenus, et le tissu vivant qui les
contient sont probablement un peu plus composés que
dans les infusoires nus; et, quoiqu'ils ne possèdent
encore intérieurement aucun organe spécial pour des
fonctions particulières, ils sont tout-à-fait sur le point
d'en obtenir, et même à cet égard, on a pu déjà se
tromper sur plusieurs.

Les *infusoires appendiculés*, de même que ceux du
premier ordre, n'ont aucun organe particulier pour se
régénérer : la plupart se multiplient par une scission
naturelle de leur corps, et plusieurs néanmoins se
reproduisent par des gemmes intérieurs, c'est-à-dire
par des corpuscules oviformes qui probablement se
font jour au dehors par des déchirures.

Il paraît, par les nombreuses espèces déjà connues
et publiées, que les infusoires de cet ordre sont bien
plus nombreux dans la nature que les infusoires nus.
Cela doit être ainsi, d'après les principes que je me
suis cru fondé à établir.

En effet, dans les infusoires nus, l'origine encore
trop récente des races qui proviennent de celles, en
petit nombre, qui furent générées spontanément, n'a

permis à la durée de la vie et aux circonstances qui ont influé sur ces races, qu'une diversité peu considérable. Mais, à mesure que la durée de la vie, que sa transmission dans les individus qui se sont succédé en se multipliant, et que les circonstances ont eu plus de temps pour exercer leurs influences, les races se sont diversifiées de plus en plus et sont devenues plus nombreuses.

Cet ordre de choses, qu'il est facile de reconnaître pour celui même de la nature, nous fait sentir pourquoi les *infusoires* sont bien moins diversifiés et moins nombreux que les *polypes*. Effectivement, quoique nous ne connaissions pas probablement tous les infusoires, et que nous connaissions bien moins encore tous les polypes, ce qui est déjà connu de part et d'autre indique que la diversité des polypes est considérablement plus grande que celle des infusoires. Aussi les polypes sont plus éloignés de leur origine que les infusoires.

Malgré cela, les *infusoires appendiculés* sont déjà très variés entre eux; néanmoins ils présentent dans leurs caractères des moyens si peu favorables pour les diviser nettement en différentes coupes, que les genres qu'on a établis parmi eux, sont, quoiqu'en petit nombre, très imparfaitement limités.

Dans le genre tricode (*trichoda*) de Muller, il y a déjà quelques animaux qui commencent à offrir l'ébauche d'une bouche, et par conséquent d'un organe digestif commencé. Or, d'après notre caractère classique, ces animaux doivent être rapportés à la classe suivante.

TRICODE. (Trichoda.)

Corps très petit, transparent, diversiforme , sans queue particulière, garni de poils mous, soit partout, soit sur quelque partie de sa surface.

Corpus minimum, pellucidum, diversiforme , ecaudatum , undiquè vel in superficiei parte pilis mollibus ciliatum.

Observations. J'appelle *tricode* , les infusoires qui manquent de queue, c'est-à-dire, qui n'ont point postérieurement ce prolongement particulier qui mérite le nom de queue, et qui sont munis, soit partout, soit sur quelque partie de leur surface, de poils mous, qui les font paraître velus ou ciliés.

Ces infusoires se composent de tous les leucophres de *Muller* et de la plus grande partie de ses *trichoda*. Je les distingue de ceux que je nomme *kérones* , parce qu'ils n'ont pas, comme ces derniers, des poils longs et cirrheux, ou des poils raides, rares et corniformes.

Les *tricodes* et les *kérones* ainsi déterminées , sont sans contredit moins avancées en animalisation que les infusoires qui sont terminés postérieurement par une queue particulière ; elles doivent donc se trouver avant eux dans l'échelle animale.

[Le genre Tricode établi par Muller et adopté par M. Bory, qui en distingue les leucophres, se compose, dans la méthode de M. Ehrenberg, des enchélidiens (ou les polygastriques entérodélés, énantiotrètes nus), dont la bouche est terminale et oblique; le corps glâbre, peu ou point atténué en avant, ne présentant pas de prolongement en forme de tête et de cou, et se reproduisant par une division spontanée transversale.

Le genre Lacrimatoria de M. Bory-Saint-Vincent, se place dans la méthode de M. Ehrenberg, à côté des tri-

codes dont il se distingue par l'existence d'un prolongement en forme de tête et de cou, que le tube intestinal
traverse sans donner naissance à des appendices cœcales.

Enfin, le genre Leucophris, de Muller, termine la série
des enchélidéens, et diffère de tous les autres ayant
aussi la bouche oblique, par les cils qui sont répandus sur
toute la surface du corps.

C'est dans ce dernier genre que M. Ehrenberg a pu observer de la manière la plus distincte, la modification particulière du canal intestinal, qu'il désigne sous le nom de
campylocœla. Ce tube autour duquel naissent tous les
cœcums stomacaux, se prolonge d'une extrémité du
corps à l'autre, mais au lieu d'être en ligne droite comme
chez les enchélides, il est disposé en spirale. (*Voyez* le
premier mémoire de M. Ehrenberg, Acad. de Berlin 1830,
pl. 2. fig. 2 et Ann. des Sc. Nat. 2ᵉ sér. t. 2. Zool. pl. 5.
fig. 14)   E.]

ESPÈCES.

(A.) *Corps garni de cils sur toute sa surface.*

(Leucophres de Mull.)

1. Tricode conspirateur. *Trichoda conflictor.*

> *T. sphœrica, subopaca; interaneis mobilibus.*
> Mull. Inf. t. 21. f. 1, 2. Encycl. pl. 10. f. 1, 2.
> [*Leucophra conflictor*. Bory. Op. cit. p. 486.]
> H. dans l'eau des fumiers.

2. Tricode mamelle. *Trichoda mamilla.*

> *T. sphœrica, opaca; papillá exsertili.*
> Mull. Inf. t. 21. f. 3—5. Encycl. pl. 10. f. 3—5.
> [*Leucophra mamilla*. Bory. Op. cit. p. 486.]
> H. dans l'eau des marais.

3. Tricode verdâtre. *Trichoda viridescens.*

> *T. cylindracea, opaca, posticè crassior.*
> Mull. Inf. t. 21. f. 6—8. Encycl. pl. 10. f. 6—8.

[*Leucophra viridescens.* Bory. Op. cit. p. 487.]
H. dans l'eau de mer.

4. Tricode verte. *Trichoda viridis.*

T. ovalis, opaca.
Mull. Inf. t. 21. f. 9—11. Encycl. pl. 10. f. 9—11.
[*Leucophra viridis.* Bory. Op. cit. p. 487.]
H. dans l'eau des rivages.

5. Tricode posthume. *Trichoda postuma.*

T. globularis, opaca, nigricans; reticulo pellucenti.
Mull. Inf. t. 21. f. 13. Encycl. pl. 10. f. 13.
[*Leucophra posthuma.* Bory. Op. cit. p. 486.]
H. dans l'eau de mer corrompue.

6. Tricode dorée. *Trichoda aurea.*

T. ovalis, fulva, utrâque extremitate æquali obtusa.
Mull. Inf. t. 21. f. 14. Encycl. pl. 10. f. 14.
[*Leucophra aurea.* Bory. Op. cit. p. 486.]
H. dans l'eau de mer.

7. Tricode percée. *Trichoda pertusa.*

T. ovalis, gelatinosa, apice truncato obtusa, altero latere suffossa.
Mull. Inf. t. 21. f. 15, 16. Encycl. pl. 10. f. 15. 16.
[*Leucophra fossulata.* Bory. Op. cit. p. 487.]
H. dans l'eau de mer.

8. Tricode disloquée. *Trichoda fracta.*

T. elongata, sinuato-angulata, subdepressa.
Mull. Inf. t. 21. f. 17, 18. Encycl. pl. 10. f. 17, 18.
[*Leucophra fracta.* Bory. Op. cit. p. 488.]
H. dans les fossés inondés.

9. Tricode dilatée. *Trichoda dilatata.*

T. complanata, mutabilis; marginibus sinuatis.
Mull. Inf. t. 21. f. 19—21. Encycl. pl. 10. f. 19—21.
[*Leucophra dilatata.* Bory. Op. cit. p. 488.]
H. dans l'eau de mer. Cet animalcule serait un *kolpode* s'il
n'était cilié.

10. **Tricode étincelante.** *Trichoda scintillans.*

> *T. ovalis, teres, opaca, viridis.*
> Mull. Inf. t. 22. f. 1. Encycl. pl. 10. f. 22.
> H. dans les eaux stagnantes. On doute si ce n'est pas une volvoce.

11. **Tricode vésiculifère.** *Trichoda vesiculifera.*

> *T. ovata; interaneis vesicularibus pellucentibus.*
> Mull. Inf. t. 22. f. 2, 3. Encycl. pl. 10. f. 23, 24.
> H. dans les infusions végétales.

12. **Tricode globifère.** *Trichoda globifera.*

> *T. ovato-oblonga, crystallina; globulis tribus serialibus.*
> Mull. Inf. t. 22. f. 4. Encycl. pl. 10. f. 25.
> [*Leucophra globifera.* Bory. Op. cit. p. 486.]
> H. dans les fossés inondés.

13. **Tricode pustuleuse.** *Trichoda pustulata.*

> *T. ovato-oblonga, posticè obliquè truncata.*
> Mull. Inf. t. 22. f. 5—7. Encycl. pl. 10. f. 26—28.
> [*Leucophra pustulata.* Bory. Op. cit. p. 486.
> H. dans les marais.

14. **Tricode turbinée.** *Trichoda turbinata.*

> *T. inversè conica, subopaca.*
> Mull. Inf. t. 22. f. 8, 9. Encycl. pl. 11. f. 1, 2.
> [*Leucophra turbinata.* Bory. Op. cit. p. 485.]
> H. dans l'eau de mer corrompue.

15. **Tricode aiguë.** *Trichoda acuta.*

> *T. ovata, teres, apice acuto, mutabilis, flavicans.*
> Mull. Inf. t. 22. f. 10—12. Encycl. pl. 11. f. 3—5.
> [*Leucophra acuta.* Bory. Op. cit. p. 485.]
> H. dans l'eau de mer, parmi les ulves.

16. **Tricode marquée.** *Trichoda notata.*

> *T. ovata, teres, anticè puncto atro notata.*
> Mull. Inf. t. 22. f. 13—16. Encycl. pl. 11. f. 6—9.
> [*Leucophra notata.* Bory. Op. cit. p. 487.]
> H. dans l'eau de mer.

17. Tricode blanche. *Trichoda candida.*

T. oblonga, hyalina, alterâ extremitate attenuata, curvata.
Mull. Inf. t. 22. f. 17. Encycl. pl. 11. f. 10.
[*Peritricha candida.* Bory. Op. cit. p. 615.]
H. dans les infusions marines.

18. Tricode signalée. *Trichoda signata.*

T. oblonga, subdepressa ; margine nigricante.
Mull. Inf. t. 22. f. 18, 19. Encycl. pl. 11. f. 11, 12.
[*Peritricha signata.* Bory. Op. cit. p. 615.]
H. dans l'eau de mer, et n'est point rare.

19. Tricode trigone. *Trichoda trigona.*

T. crassa, obtusa, angulata, flava.
Mull. Inf. t. 22. f. 20, 21. Encycl. pl. 11. f. 22, 23.
[*Leucophra trigona.* Bory. Op. cit. p. 487.]
H. dans l'eau des marais.

20. Tricode fluide. *Trichoda fluida.*

T. subreniformis, ventricosa, variabilis.
Mull. Zool. dan. 2. t. 73. f. 1—6. Encycl. pl. 11. f. 24—29.
[*Leucophra fluida.* Bory. Op. cit. p. 488.
Leucophris fluida? Ehrenb. 2ᵉ Mém. p. 106.]
H. dans l'eau de la moule commune.

21. Tricode versante. *Trichoda fluxa.*

T. reniformis, sinuosa, flavicans.
Mull. Zool. dan. 2. t. 73. f. 7.—10. Encycl. pl. 11. f. 30—33.
[*Leucophra fluxa.* Bory. Op. cit. p. 487.]
H. avec le précédent.

22. Tricode cornue. *Trichoda cornuta.*

T. inversè conica, viridis, opaca.
Mull. Inf. t. 22. f. 22—26. Encycl. pl. 11. f. 36—39.
[*Dicerratella triangularis.* Bory. Op. cit. p. 250.
Monostyla cornuta. Ehrenb. 2ᵉ Mém. p. 230 (1).]
H. dans l'eau des marais.

---

(1) L'organisation des infusoires dont M. Ehrenberg a

(B.) *Corps velu sur quelque partie de sa surface.*

(La plupart des trichodes de Muller.)

[23. Tricode éthiopienne. *Trichoda ethiopica.*

> *T. ovata, oblonga, dorso convexa, ventre complanata, posticè acuta, hyalina.*
> Hemprick et Ehrenberg. Symb. Phys. phyt. pl. 1. fig. 10.
> H. parmi les conferves à Dongala.]

---

formé le genre Monostyla, s'éloigne beaucoup de celle des leucophres et des tricodes : ces animalcules ne sont pas polygastriques, mais sont pourvus d'un canal digestif simple, ouvert à ses deux extrémités et renflé à sa partie antérieure en une grande cavité pharyngienne globulaire. Leur bouche est armée de deux mandibules terminées chacune par une seule dent aiguë; leur corps est renfermé dans une enveloppe déprimée et oviforme, et se termine par une queue non divisée, pourvue à son extrémité d'une fossette qui semble remplir la fonction d'une ventouse; enfin, ils portent antérieurement un point oculaire et un appareil rotateur composé de plusieurs cercles de cils. Dans la méthode de M. Ehrenberg, le genre monostyla prend place dans la classe des rotateurs, division des *Polytrocha loricata* (*voyez* le volume suivant).

Le *Cercaria hirta* (Muller, Inf. pl. 19. fig. 17, 18. — Encyc. pl. 9. fig. 17, 18), que M. Bory Saint-Vincent a rangé avec le *Trichoda cornuta* dans son genre Dicerratella diffère beaucoup de ce dernier. Suivant M. Ehrenberg, c'est un animalcule polygastrique, enthérodélé, cuirassé. Dans sa méthode de classification, le genre Coleps de Nitzsch renferme tous les infusoires connus qui présentent ces trois caractères. L'enveloppe des coleps est une espèce de coque formée par des pièces rangées par files, et dans les intervalles desquelles on voit des rangées de cils.   E.

[24. Tricode lybienne. *Tricoda nasamonum.*

> *T. cylindrica, utrinque rotundata ; hyalina, oris rima elongata.*
> Hemp. et Ehrenb. Symb. Phys. phyt. pl. 2. fig. 10.
> Etc.]

25. Tricode grésil. *Trichoda grandinella.*

> *T. sphærica, pellucida, supernè crinita.*
> Mull. Inf. t. 23. f. 1—3. Encycl. pl. 12. f. 1—3.
> [*Trichodina grandinella.* Ehremb. 2ᵉ Mém. p. 97.] (1)
> H. dans l'eau pure et dans les infusions végétales.

26. Tricode comète. *Trichoda cometa.*

> *T. sphærica, anticè comata; globulo posticè appendente.*
> Mull. Inf. t. 23. f. 4, 5. Encycl. pl. 12. f. 4, 5.
> [Bory. Op. cit. p. 747.]
> H. dans l'eau très pure.

27. Tricode grenade. *Trichoda granata.*

> *T. sphærica, centro opaco, periphæria crinita.*
> Mull. Inf. t. 23. f. 6, 7. Encycl. pl. 12. f. 6, 7.
> [*Peritricha granata.* Bory. Op. cit. p. 614.]
> H. dans les eaux recouvertes par la lenticule.

28. Tricode toupie. *Trichoda trochus.*

> *T. subpiriformis, pellucida, utrinque crinita.*
> Mull. Inf. t. 23. f. 8, 9. Encycl. pl. 12. f. 8, 9.
> [*Ophrydia trochus.* Bory. Op. cit. p. 583.]
> H. dans les marais, avec la lenticule.

29. Tricode télard. *Trichoda gyrinus.*

> *T. ovalis, teres, crystallina, anticè crinita.*
> Mull. Inf. t. 23. f. 10—12. Encycl. pl. 12. f. 10—12.
> [*Ophrydia gyrinus.* Bory. Op. cit. p. 583.]
> H. dans l'eau de mer.

---

(1) Le genre Trichodina de M. Ehrenberg est une division de la famille des vorticelliens comprenant les espèces dont le corps n'est point pédicellé et qui sont libres.　E.

30. Tricode solaire. *Trichoda solaris.*

T. sphœroidea, periphœria crinita.
Mull. Inf. t. 23. f. 16. Encycl. pl. 12. f. 16.
[*Peritricha medusa.* Bory. Op. cit. p. 613.]
H. dans les infusions marines.

31. Tricode bombe. *Trichoda bomba.*

T. ventrosa, mutabilis ; anticè pilis sparsis.
Mull. Inf. t. 23. f. 17—20. Encycl. pl. 12. f. 17—20.
[Bory. Op. cit. p. 747.]
H. dans les eaux des marais.

32. Tricode palette. *Trichoda orbis.*

T. suborbicularis, anticè emarginata, crinita.
Mull. Inf. t. 23. f. 21. Encycl. pl. 12. f. 21.
[Bory. Op. cit. p. 749.]
H. dans les eaux douces.

33. Tricode urne. *Trichoda urnula.*

T. urceolaris, anticè crinita.
Mull. Inf. t. 24. f. 1, 2. Encycl. pl. 12. f. 22, 23.
[Bory. Op. cit. p. 749.]
H. dans l'eau où croît la lenticule.

34. Tricode amphore. *Trichoda diota.*

T. urceolaris, anticè angustata, ora apicis utrinque crinita.
Mull. Inf. t. 24. f. 3, 4. Encycl. pl. 12. f. 24, 25.
[*Ophrydia lagenulata.* Bory. Op. cit. p. 582.]
H. dans l'eau des fossés où croît la lenticule.

35. Tricode hérissée. *Trichoda horrida.*

T. subconica, anticè latiuscula, truncata, posticè obtusa, setis deflexis.
Mull. Inf. t. 24. f. 5. Encycl. pl. 12. f. 26.
H. dans l'eau de la moule.

36. Tricode urinale. *Trichoda urinarium.*

T. ovato-oblonga, rostro brevissimo crinito.
Mull. Inf. t. 24. f. 6. Encycl. pl. 12. f. 27.
[Bory. Op. cit. p. 749.]
H. dans l'infusion du foin.

Tome I.

37. Tricode croissante. *Trichoda semiluna.*

T. semi-orbicularis, anticè subtùs crinita.
Mull. Inf. t. 24. f. 7, 8. Encycl. pl. 12. f. 28. 29.
[Bory. Op. cit. p. 749.]
H. dans l'infusion de la lenticule.

38. Tricode teigne. *Trichoda tinea.*

T. clavata, anticè crinita, posticè incrassata.
Mull. Inf. t. 24. f. 11, 12. Encycl. pl. 12. f. 32, 33.
[Bory. Op. cit. p. 748.]
H. dans l'infusion du foin.

39. Tricode noire. *Trichoda nigra.*

T. ovalis, compressa, anticè latior crinita.
Mull. Inf. t. 24. f. 13—15. Encycl. pl. 12. f. 34—36.
[Bory. Op. cit. p. 749.]
H. dans l'eau de mer.

40. Tricode pubère. *Trichoda pubes.*

T. ovato-oblonga, gibba, anticè depressa.
Mull. Inf. t. 24. f. 16—18. Encycl. pl. 12. f. 37. 39.
[Bory. Op. cit. p. 749.]
H. dans l'eau des marais.

41. Tricode floccon. *Trichoda floccus.*

T. membranacea, anticè subconica, posticè papillis tribus crinitis.
Mull. Inf. t. 24. f. 19—21. Encycl. pl. 12. f. 40—42.
[Trinella pacha. Bory. Op. cit. p. 753.]
H. dans l'eau des fossés.

42. Tricode échancrée. *Trichoda sinuata.*

T. oblonga, depressa, altero margine sinuato crinita, posticè obtusa.
Mull. Inf. t. 24. f. 22. Encycl. pl. 12. f. 43.

43. Tricode hâtive. *Trichoda prœceps.*

T. membranacea, sublunata, medio protuberante, margine inferiore crinita.

Mull. Inf. t. 24. f. 23—25. Encycl. pl. 12. f. 44—46.
[*Oxitricha variabilis.* Bory. Op. cit. p. 597.]
H. dans l'eau des marais.

44. Tricode protée. *Trichoda proteus.*

T. ovalis, posticè obtusa; collo elongato retractili; apice crinito.
Mull. Inf. t. 25. f. 1—5. Encycl. pl. 13. f. 1—5.
[*Phialina proteus.* Bory. Op. cit. p. 617. (1)]
H. dans l'eau des rivières.

45. Tricode versatile. *Trichoda versatilis.*

T. oblonga, posticè acuminata; collo retractili, infrà apicem crinito.
Mull. Inf. t. 25. f. 6—10. Encycl. pl. 13. f. 6—10.
[*Phialina versatilis.* Bory. Op. cit. p. 617.]
H. dans l'eau de mer.

46. Tricode bossue. *Trichoda gibba.*

T. oblonga, dorso-gibbera, ventre excavata, anticè ciliata; extremitatibus obtusis.
Mull. Inf. t. 25. f. 16—20. Encycl. pl. 13. f. 11—15.
[*Oxitricha gibbosa.* Bory. Op. cit. p. 596.]
H. dans l'eau des rivages.

---

(1) Le genre PHIALINA a été établi par M. Bory-Saint-Vincent, pour recevoir les trichodes de Muller et quelques autres animalcules, qui se reconnaissent facilement par leur corps glabre et par l'existence d'un faisceau de cils isolés, et disposé sur un bouton céphalique, qu'un rétrécissement en forme de cou, rend très sensible. Cette division a été adoptée par M. Ehrenberg, qui la place à côté des bursaires dans la famille des trachélines de la section des allotrètes nus, ordre des entérodélés. Il y rapporte les deux espèces suivantes :

1° Le *Phialina vermicularis.* Ehr. 2ᵉ Mém., p. 111 — *Ph. hirudinoïdes.* Bory. Op. cit. p. 617 — *Trichoda vermicularis.* Muller, Inf. pl. 28. fig. 1—4—Encycl. pl. 14. fig. 27 — 30.
2° *Phialina viridis.* Ehr. 2ᵉ Mém. pl. 618.   E.

27*

47. Tricode enceinte. *Trichoda fœta.*

*T. oblonga, dorso protuberante, anticè ciliata; extremitatibus
obtusis.*
Mull. Inf. s. 25. f. 11—15. Encycl. pl. 13. f. 16—20.
[Bory. Op. cit. p. 748.]
H. dans l'eau de mer.

48. Tricode bâillante. *Trichoda patens.*

*T. teres, elongata, anticè foveata; foveâ marginibus cri-
nitis.*
Mull. Inf. t. 26. f. 1, 2. Encycl. pl. 13. f. 21, 22.
[*Kondyliostoma limacinia.* Bory. Op. cit. p. 478.]
H. dans l'eau de mer. Sa fossette antérieure serait - elle une
bouche commencée ?

49. Tricode fendue. *Trichoda patula.*

*T. subovata, ventricosa, anticè canaliculata; apice et cana-
liculo crinito.*
Mull. Inf. t. 26. f. 3—5. Encycl. pl. 13. f. 23—25.
[*Leucophrys patula.* Ehrenb. 1er Mém. (Acad. de Berlin, 1820)
pl. 2. fig. 2.—2e Mém. p. 105.]
H. dans les infusions marines et dans l'eau de rivière gardée.
Etc.

[C'est aux dépens des tricodes de Muller, que
M. Ehrenberg a établi plusieurs genres dout les noms ont
déjà été mentiounés dans le tableau que nous avons donné
de sa méthode.

Le genre Aspidisca de cet auteur comprend les A. polygastriques entérodélés de la section des allotrètes (ayant
la bouche et l'anus terminaux comme chez les enchélidiens, mais se reproduisant par des divisions spontanées,
longitudinales et transversales), qui sont cuirassés. Il y
rapporte le *Trichoda lynceus*, Muller.

Le genre Oxitrique établi par M. Bory-Saint-Vincent,
se compose aussi, en majeure partie, de trichodes de Muller,
et se fait distinguer par la forme arrondie du corps, et
l'existence de cils disposés en deux faisceaux distincts ou
sur deux séries. M. Ehrenberg a adopté ce genre et l'a
choisi comme type de la seconde famille de ses katotrètes

nues (n'ayant ni la bouche, ni l'anus terminaux) caractérisée par un corps cilié et soyeux ou armé de styles ou de
crochets. Les oxitriques diffèrent des autres genres composant ce groupe par l'absence de styles et de crochets ;
leur corps est simplement cilié et soyeux.

1. Oxitrique pellionelle. *Oxitricha pellionella.*

> *O. oblongata, angusta, compressa, obtusa, anticè ciliata, pos-
> ticè setosa.*
> Bory. Op. cit. p. 595.
> Ehrenb. 2ᵉ Mém. p. 118.
> *Trichoda pelionella.* Muller. Inf. pl. 31. fig. 21. Encycl.
> pl. 16. fig. 31.

2. Oxitrique lièvre. *Oxitricha lepus.*

> *O. ovata, compressiuscula, anticè ciliata, posticè setosa, pel-
> lucida.*
> Bory. Op. cit. p. 594.
> Ehrenberg. 2ᵉ Mém· p. 118.
> *Kerona lepus.* Muller. Inf. pl. 34. fig. 5—8. Encycl. pl. 18.
> fig. 17—20.
> Etc.

Le genre ACTINOPHRYS de M. Ehrenberg renferme certaines Tricodes de Muller, dont le corps est garni d'appendices droites, raides et très longues, qui, n'exécutant pas
de mouvements vibratiles, sont désignées par cet auteur
sous le nom de soies.

Ce petit groupe se place dans la famille des enchélidiens
et a pour caractère : bouche terminale droite, corps
subglobuleux et garni de soies.

> Esp. 1° *Actinophrys sol.* Ehrenb. 2ᵉ Mém. p. 102 et
> 1ᵉʳ Mém., Acad. de Berlin 1830. pl. 2. fig. 4. *Tri-
> choda sol,* Muller, Inf. pl. 23. fig. 13—15.—Encycl.
> pl. 12. fig. 13—15. *Peritricha sol,* Bory Op. cit.
> p. 614.

> 2° *Actinophrys difformis.* Ehr. 2ᵉ Mém. p. 102.

Le genre TRICHODISCUS du même auteur diffère du pré-

cèdent par la forme du corps qui ressemble à un disque ;
mais, qui, du reste est également pourvu de soies.

Esp. *Trichodiscus sol*, Ehr. 2ᵉ Mém. p. 103.

Le genre HOLOPHRYA de M. Ehrenberg renferme aussi
des leucophres de Muller, et se compose des enchélidéens
dont la bouche est terminale et droite comme dans le
genre enchélide, etc., et dont le corps est garni de cils vibratiles.

Esp. *Holophrya ovum*. Ehr. 2ᵉ Mém. p. 102.
Holophrya coleps. Ehr. loc .cit.
Holophrya ambigua. Ehr. *loc. cit. Trichoda ambigua*. Muller, pl. 27. fig. 11—16. Encycl. pl. 15.
fig. 1—5. *Oxitricha ambigua*. Bory, Op. cit. p. 596.

M. Ehrenberg range aussi quelques espèces de trichodes
de Muller dans son genre UROLEPTUS, division de l'ordre
des katotrètes nus, famille des kolpodées, dans laquelle
il n'existe pas de trompe comme chez les kolpodes ; le front
est obtus et le corps se termine par une queue rétrécie. Ce
naturaliste y place,

1° Le *Trichoda musculus*, Muller.—Encycl. pl. 15.
fig. 28-30.
2° Le *Trichoda piscis*, Muller, pl. 31. fig. 1-4. —
Encycl. pl. 16. f. 2-5.—Bory. Op. cit. p. 748,
etc.

Enfin, les OPHRYOGLENA, que M. Ehrenberg range à
côté du genre uroleptus, dans la famillie des kolpodées,
ressemblent un peu aux leucophres par la forme générale et
par les cils dont toute la surface du corps est recouverte ;
mais la bouche, au lieu d'être terminale, est inférieure
comme l'anus. Le caractère le plus saillant par lequel ces
infusoires se distinguent des autres kolpodées, est l'existence d'un point oculiforme vers la partie antérieure de
leur corps.

Esp. *Ophryoglina flavicans*. Ehr. 2ᵉ Mém., p. 117.
pl. 2. fig. 9.

KÉRONE. (Kerona.)

Corps très petit, diversiforme, sans queue particulière, garni de cirrhes rares, ou de poils raides et corniformes sur quelque partie de sa surface.

Corpus minimum, diversiforme, ecaudatum, quâdam superficiei parte cirrhatum aut aculeis corniformibus munitum.

OBSERVATIONS. Les *kérones* dont il s'agit ici se composent des kérones de Muller, et de ses himantopes : les uns et les autres de ces infusoires ont entre eux les plus grands rapports, et ne diffèrent que parce que dans les *kérones* de Muller, le corps est muni de poils raides, qui semblent des espèces de piquants corniformes; tandis que dans ses *himantopes*, les cirrhes sont des poils longs, rares et flexibles. Ces infusoires pourraient, sans inconvénient, être réunis aux *tricodes*, d'autant plus que parmi les tricodes mêmes de Muller, plusieurs espèces ont des poils, soit corniformes, soit cirrheux.

Cependant, comme les tricodes réduites au caractère plus précis que nous leur assignons, sont encore malgré cela très nombreuses, on peut en distinguer sous la dénomination de *kérones*, toutes les espèces qui offrent des poils en piquants corniformes, ou des filets écartés, longs, flexibles et cirrheux.

[D'après les observations de M. Ehrenberg, il paraîtrait que chez les kérones les cœcums stomacaux sont groupés autour d'un intestin, ayant deux ouvertures distinctes, mais situées, ni l'une, ni l'autre à l'extrémité du corps. Leur reproduction s'effectue à l'aide de divisions spontanées, longitudinales et transversales. Enfin, leur corps cilié et garni de soies présente encore à sa face

ventrale des crochets, qui semblent tenir lieu de pieds.
L'existence de ces appendices et l'absence de styles distingue le genre kérone, tel que M. Ehrenberg le circonscrit,
des autres infusoires de la famille des oxytrichéens, dans
laquelle il prend place. E.]

ESPÈCES.

1. Kérone râteau. *Kerona rastellum.*

*K. orbicularis, membranacea, hinc angulata, altera pagina
serie triplici corniculata.*
Mull. Inf. t. 33. f. 1, 2. Encycl. pl. 17. f. 1, 2.
[*Tribulina rastellum.* Bory. Op. cit. p. 527.]
H. dans l'eau de rivière et dans celle de mer.

2. Kérone carrée. *Kerona lyncaster.*

K. subquadrata, rostro obtuso, disco corniculis micantibus.
Mull. Zool. dan. 2. t. 9. f. 3. Encycl. pl. 17. f. 3 à 6.
[Bory. Op. cit. p. 470.]
Se trouve daus l'eau de mer long-temps gardée.

3. Kérone masquée. *Kerona histrio.*

*K. ovato-oblonga, anticè corniculis nigris punctiformibus,
posticè pinnulis longitudinalibus instructa.*
Mull. Inf. t. 33. f. 3, 4. Encycl. pl. 17. f. 7, 8.
[*Stylonichia histrio.* Ehrenb. 2e Mém. p. 120. (1)]
Se trouve dans les rivières parmi les conferves.

---

(1) Le genre STYLONYCHIA de M. Ehrenb. diffère du genre
kérone et des autres oxytrichéens par l'existence simultanée de crochets et de styles ; ces derniers appendices
sont placés à la partie postérieure du corps et forment des
cônes larges à leur base, déliés à leur sommet et incapables
d'exécuter des mouvements de rotation, mais cependant
bien mobiles ; on voit souvent l'animal s'appuyer sur ses
styles, et il semble s'en servir comme d'une organe de tact.

4. Kérone cypris. *Kerona cypris.*

*K. obversè ovata, anticè crinita, corniculis mucronata, posticè
crinita, altero margine sinuata.*
Mull. Inf. t. 33. f. 5, 6. Encycl. pl. 17. f. 7, 8.
[Bory. Op. cit. p. 471.]
H. dans les eaux douces, parmi la lenticule.

5. Kérone sébile. *Kerona haustrum.*

*K. orbicularis, medio corniculata, anticè memb anacea cri-
nita, posticè setosa.*
Mull. Inf. t. 33. f. 7—11. Encycl. pl. 17. f. 11—15.
[Bory. Op. cit. p. 472.]
H. dans l'eau de mer.

6. Kérone soucoupe. *Kerona haustellum.*

*K. orbicularis, medio corniculata, anticè membranacea, cili ta,
posticè mutica.*
Mull. Inf. t. 33. f. 12, 13. Encycl. pl. 17. f. 16, 17.
[Bory. Op. cit. p. 472.]
H. dans les eaux douces, parmi la lenticule.

7. Kérone patelle. *Kerona patella.*

*K. univalvis, suborbiculata, anticè emarginata corniculata,
posticè setis flexilibus pendulis.*
Mull. Inf. t. 33. f. 14—18. Encycl. pl. 18. f. 1—5.
[*Euplotes patella.* Ehrenb. 2ᵉ Mém. p. 118 (1).]
H. dans l'eau des marais.

M. Ehrenberg rapporte à ce genre l'espèce citée ci-dessus
et le *kerona mylitus*, Muller.

Le genre UROSTYLA du même auteur se fait aussi remarquer par l'existence de styles à la partie postérieure du
corps ; il prend place à côté du précédent dans la famille
des oxytrichéens, mais ne présente point de crochets.
M. Ehrenberg n'en décrit qu'une seule espèce qu'il nomme
U. grandis. (Ehrenb. 2ᵉ Mém., p. 119.)

(1) Le genre EUPLOTES de M. Ehrenberg comprend les
infusoires, qui avec l'organisation générale des kérones

8. **Kérone crible.** *Kerona vannus.*

> *K. ovalis, subdepressa; margine altero flexo, opposito ciliato; cornicu͏s anticis setisque posticis.*
>
> Mull. Inf. t. 33. f. 19, 20. Encycl. pl. 18. f. 6, 7.
> H. dans l'eau de mer.
> Etc.

CERCAIRE. (*Cercaria.*)

Corps très petit, transparent, diversiforme, muni d'une queue particulière très simple.

Corpus minimum, pellucidum, diversiforme; caudâ speciali simplicissimâ.

---

ont le dos écussoné, mais n'ont pas de tête distincte ; on leur voit des cils, des soies, des styles et des crochets. M. Ehrenberg rapporte aussi à ce genre le *Trichoda Cha* de Muller, Inf. pl. 32. fig. 12—20. Encycl. pl. 17. fig. 1—14, que M. Bory-Saint-Vincent range dans son genre *Plœsconia.* (Encycl. p. 629.)

Le genre Discocephalus (Ehrenberg) se distigue du précédent en ce que la tête est separée du dos par un rétrécissement. M. Ehrenberg ne mentionne qu'une seule espèce qu'il a observée dans la Mer Rouge et qu'il nomme *Discocephalus rotatorius* (Himp. et Ehrenb. , Symb. phys. phytoz. , pl. 3. fig. 8.) C'est un petit animal hyalin, oblong et un peu comprimé, dont la tête est plus étroite que le corps, et dont la face ventrale est garnie de quatre paires de cils. Par la forme générale de son corps, on pourrait le prendre pour quelque jeune animal de la famille des caliges. Et pour lui assigner une place définitive dans la série zoologique, peut-être faudra-t-il l'étudier d'une manière plus aprofondie que les savants voyageurs à qui on en doit la découverte ne paraissent l'avoir fait.

E.

Observations. Quoique les *cercaires* soient en général dépourvues de poils ou de cils, et qu'elles semblent venir naturellement après les bursaires, elles sont plus avancées en animalisation que les tricodes, et leur queue particulière les rapproche évidemment des furcocerques, des tricocerques, des ratules et des vaginicoles. Mais les vraies *cercaires* n'ont point de bouche, non plus que les furcocerques : ce sont donc les derniers genres des infusoires.

Les *cercaires* sont des infusoires très petits, microscopiques, gélatineux, transparents, qui vivent la plupart dans les eaux des marais et dans les eaux courantes. Quelques espèces néanmoins se trouvent dans les infusions animales et végétales, et d'autres dans l'eau de mer. La plupart ont un mouvement circulaire très rapide.

Ici, comme dans le genre suivant, l'on est exposé, d'après la petitesse extrême des individus, à rapporter à la classe des infusoires, des animaux qui, par leur organisation, appartiennent à d'autres points de l'échelle animale.

Une bouche, quoique d'abord inaperçue et conséquemment l'ébauche d'un sac alimentaire, peut exister dans certains de ces animaux, et dès lors ils appartiennent au premier ordre des polypes ; mais des yeux, comme on en a supposé dans certaines cercaires, cela est impossible.

Avant de dire que le fait lui-même vaut mieux que le raisonnement, il faut : 1° constater que les points que l'on a pris pour des yeux, en sont réellement, et qu'ils ont chacun un nerf optique qui se rend à une masse médullaire, centre de rapport pour des sensations ; 2° il faut ensuite établir positivement que des animalcules réellement pourvus d'yeux, sont néanmoins, par leur organisation, de la même classe que les autres infusoires.

[Les recherches de MM. Nitzsch, Baer et Ehrenberg, montrent que les animalcules réunis par Muller sous le nom de cercaires, présentent entre eux les différences les plus grandes : les uns sont des polygastriques, d'autres des rotateurs, d'autres encore des planaires, et plusieurs ont, avec les fascioles ou ditomes, l'analogie la plus grande. On voit chez ceux-ci à la face ventrale, deux ventouses dont une antérieure et l'autre placée vers le milieu du corps, un canal qui, d'abord unique, se divise bientôt en deux branches, comme le canal intestinal des ditomes, des organes qui paraissent être des ovaires et même des vaisseaux. En traitant des vers nous aurons l'occasion de revenir sur ces singuliers animaux qui, dans une classification naturelle, ne peuvent certainement rester à la place que Lamarck et la plupart des zoologistes de son époque leur assignait. Il nous paraît probable qu'on a aussi confondu sous cette dénomination les jeunes ascidies composées, lorsqu'elles sont sous leur première forme.]

ESPÈCES.

1. Cercaire têtard. *Cercaria gyrinus.*

> *C. rotundata; caudá acuminatá.*
> Mull. Inf. t. 18. f. 1. Encycl. pl. 8. f. 1.
> [Bory. Op. cit. p. 190.]
> H. dans les infusions animales.

2. Cercaire bossue *Cercaria gibba.*

> *C. subovata, convexa, anticè subacuta; caudá tereti.*
> Mull. Inf. t. 18. f. 2. Encycl. pl. 8. f. 2.
> [Bory. Op. cit. p. 190.]
> H. dans l'infusion des jungermanes.

3. Cercaire agitée. *Cercaria inquieta.*

> *C. mutabilis, convexa; caudá lœvi.*
> Mull. Inf. t. 18. f. 3—7. Encycl. pl. 8. f. 3—7.
> [*Histrionella inquieta.* Bory. Op. cit. p. 457 (1)].
> H. dans l'eau de mer. Quoique sans organes intérieurs, elle a, dit-on, des yeux et une bouche. Si cela est, ce n'est point un infusoire.

---

(1) Le genre HISTRIONELLE établi par M. Bory-Saint-Vincent comprend dans la méthode de ce savant, les cercariées dont le corps est ovale, oblong, contractile, polymorphe, aminci antérieurement, avec des rudiments d'yeux ou

4. Cercaire lenticule. *Cercaria lemna.*

> *C. mutabilis, subdepressa; caudâ annulatâ.*
> Mull. Inf. t. 18. f. 8.—12. Encycl. pl. 8. f. 8—12.
> [*Histrionella annulicauda.* Bory. Op. cit. p. 457.]
> H. dans les marais. On lui croit aussi une bouche et des yeux.

5. Cercaire toupie. *Cercaria turbo.*

> *C. globulosa, medio coarctata; caudâ unisetâ.*
> Mull. Inf. t. 18. f. 13—16. Encycl. pl. 8. f. 13—16.
> | *Turbinella.* Bory. Op. cit. p. 760.
> [*Urocentrum turbo.* Ehrenb. 2ᵉ Mém. p. 66 (1).]
> H. dans les ruisseaux. On lui soupçonne encore des yeux :

6. Cercaire pleuronecte. *Cercaria pleuronectes.*

> *C. orbicularis, membranacea; caudâ unisetâ.*
> Mull. Inf. t. 19. f. 19—21. Encycl. pl. 10: f. 1—3.
> [*Virgulina pleuronectes.* Bory. Op. cit. p. 781. (2)

---

d'organe buccal, et la queue implantée à la partie la plus obtuse du corps. La plupart de ces animalcules, si non tous, paraissent avoir trois yeux, deux ventouses ventrales, un tube digestif bifurqué; en un mot tous les caractères organiques les plus importants des ditomes. (*Voyez* Hemprich et Ehrenb., Symb. physicæ, phytozoea.)

(1) Le genre Urocentrum établi par Nitzch, renferme, dans la méthode de M. Ehrenberg, les monadines munies d'une queue et ayant le corps anguleux.

Le genre Bodo de ce dernier naturaliste (Ehrenb., 2ᵉ Mém., p. 65) est très voisin du précédent, dont il ne diffère que par la forme du corps, qui est arrondi ou alongé.

(2) M. Bory-Saint-Vincent a établi le genre Virgulina pour recevoir les cercaires de Muller, dont le corps est obrond, membraneux, aminci par sa partie postérieure en une très petite queue fléchie en virgule sur l'un des côtés de l'animal, qui lui-même est très comprimé.

[*Euglena pleuronectes.* Ehrenb. 1er Mém. Acad. de Berlin, 1830. pl. 6. fig. 5 (1).]
H. dans l'eau long-temps gardée.

---

(1) Le genre EUGLENA de M. Ehrenberg se compose des A. polygastriques, qui se rapprochent des monadines par l'absence d'un tube intestinal, d'une enveloppe de cils répandus sur la surface du corps, et de prolongements pseudopédiformes variables, qui ont le corps alongé comme les vibrioniens ; mais qui deviennent polymorphes par la contraction de certaines parties, et se reproduisent par des divisions longitudinales ou obliques ; enfin, qui se distinguent des autres infusoires que présentent cette série de caractères, et qui constituent la famille des astasiens par l'existence d'un seul œil et d'un prolongement caudal.

M. Ehrenberg y range l'espèce indiquée ci-dessus, plus :

Le *Circaria viridis*, Muller, *Furcocerca viridis*, Lamk.
L'*Enchelys sanguinea*. Nées et Goldfuss.
Le *Vibrio acus*, Muller. t. 8. fig. 9, 10. Encycl. loc. cit. pl. 4. fig. 8. *Lacrimatoria acus.* Bory. Encycl. p. 479. *Euglena acus.* Ehrenb. M.Mém. pl. 1 fig. 3.
L'*Euglena sanguinea*, Ehrenb. *Loc. cit.* pl. 1. fig. 4.
L'*Euglena pyreim*, Ehrenb. *Loc. cit.* pl. 1. fig. 5.
L'*Euglena longicauda.* Ehrenb. *Loc. cit.* pl. 1. fig. 6.

Le genre AMBLYOPHIS du même auteur ne diffère du précédent que par l'absence d'un prolongement caudal ; le corps des amblyophis est aplati, arrondi postérieurement ; leur bouche est terminale et ciliée, et leur œil unique rouge et très gros. M. Ehrenberg n'y rapporte qu'une seule espèce.

L'*Amblyophis viridis.* Ehrenb. 2e Mém. p. 72. pl. 2. fig. 9.

Le genre DISTIGMA, Ehrenberg, dont il a déjà été question se distingue de, deux précédents par l'existence de deux points oculiformes. Enfin, le genre ASTASIA de

7. **Cercaire trépied.** *Cercaria tripos.*

> *C. subtriangularis, brachiis deflexis, caudá rectá.*
> Mull. Inf. t. 19. f. 22: Encycl. pl. 10. f. 4.
> [*Tripos Mulleri.* Bory. Op. cit. p. 753.]
> H. dans l'eau de mer.

8. **Cercaire tenace.** *Cercaria tenax.*

> *C. membranacea, anticè crassiuscula truncata; caudá triplo*
>   *breviore.*
> Mull. Inf. t. 20. f. 1. Encycl. pl. 10. f. 5.
> [*Virgulina pirenula.* Bory. Op. cit. p. 781.]
> Se trouve dans l'infusion du tartre des dents.

9. **Cercaire cyclide.** *Cercaria cyclidium.*

> *C. ovalis, posticè subemarginata; caudá exsertili.*
> Mull. Inf. t. 20. f. 2. Encycl. pl. 10. f. 6.
> [*Virgulina brevicauda.* Bory. Op. cit. p. 781.]
> H. dans les eaux les plus pures.

10. **Cercaire disque.** *Cercaria discus.*

> *C. orbicularis; caudá curvatá.*
> Mull. Inf. t. 20. f. 3. Encycl. pl. 10. f. 7.
> [*Virgulina discus.* Bory. Op. cit. p. 781.]
> H. dans les eaux des marais.

11. **Cercaire lunaire.** *Cercaria lunaris.*

> *C. arcuata, teres, apice crinita; caudá cirratá inflexá.*
> *Trichoda.* Mull. Inf. t. 29. f. 1—3. Encycl. pl. 15. f. 11—13.
> [*Rastulus lunaris.* Bory. Op. cit. p. 667.
> Ehrenb. 2° Mém. p. 139 (1).]
> H. dans les eaux où croît la lenticule.

M. Ehrenberg comprend les astasiens qui ne présentent pas de vestiges d'yeux. Ce naturaliste décrit plusieurs espèces nouvelles d'astasies, et pense qu'il faudra peut-être rapporter à cette divison le *Paramœcium oceanicum* de Chamisso et Eysenhardt.

(1) Le genre RASTULUS, établi par Lamarck et adopté par MM. Bory et Ehrenberg, appartient à la classe des rota-

[C'est à côté des cercaires, que la plupart des zoologistes rangent des êtres extrêmement singuliers qui paraissent jouer, dans la fécondation, le rôle principal, et qui sont désignés sous les noms d'animalcules spermatiques ou de Zoospermes. Les mouvements vifs et variés que ces êtres exécutent ne peuvent guère laisser de doute sur leur nature animale, et les expériences de Spallanzani, mais sur-tout ceux de MM. Prevost et Dumas tendent à prouver que c'est à leur présence dans la liqueur spermatique que cette humeur doit ses propriétés fécondantes. Ces animalcules manquent dans les humeurs qui se trouvent dans les testicules des très jeunes animaux et de ceux qui sont devenus impotents par l'âge ; mais on a constaté leur existence chez les mâles adultes d'un nombre extrêmement considérable d'animaux, non-seulement parmi les vertébrés, mais aussi parmi les mollusques et les insectes. Leurs dimensions varient beaucoup suivant les espèces ; on leur distingue toujours une extrémité antérieure renflée (tantôt circulaire, tantôt ovalaire), et une espèce de queue plus ou moins filiforme et souvent extrêmement longue ; mais on ne sait rien sur leur organisation intérieure.—Voyez *Nouvelle Théorie de la Génération* par MM. Prevost et Dumas ; *Annales des Sciences Naturelles*, t. 1 ; l'article *Zoosperme* de l'Encyclopédie méthodique, *Hist. nat. des Zoophytes et du Dictionnaire classique d'Hist. nat.* par M. Bory-Saint-Vincent, etc.   E.]

FURCOCERQUE. (*Furcocerca.*)

Corps très petit, transparent, rarement cilié, muni d'une queue diphylle ou bicuspidée.

---

teurs, qui correspond à peu près à l'ordre des polypes ciliés de Lamarck. (*Voyez* le volume suivant.)

Corpus minimum, pellucidum, rarò ciliatum; caudâ diphyllâ vel furcatâ.

OBSERVATIONS. On est ici sur la limite de la classe des infusoires, et conséquemment plus exposé à se tromper sur la non existence de la bouche, que dans les genres précédents. Cependant il ne me paraît pas douteux qu'il y ait des infusoires à queue diphylle ou fourchue, qui n'aient point encore de véritable bouche, et que le genre *furcocerque* ne doive être établi pour eux. Des observations ultérieures décideront à l'égard des espèces qui sont dans ce cas, et feront reporter les autres parmi les tricocerques.

Ainsi les *furcocerques*, qui ne sont qu'un démembrement du genre *cercaria* de Muller, me paraissent devoir en être distinguées sous plusieurs considérations, et terminer la classe des infusoires ou astomes. Les espèces que j'y rapporte provisoirement sont les suivantes.

[La plupart des animalcules rangés par Lamarck dans son genre furcocerque, ont une organisation très différente de celle de la plupart des infusoires dont il vient d'être question ; au lieu d'avoir une multitude de petites poches gastriques, ils ont un estomac simple, et un canal intestinal analogue à celui des animaux articulés. Aussi, M. Ehrenberg les place-t-il dans la classe des rotateurs dont nous aurons l'occasion d'exposer les caractères et la classification dans le volume suivant.]

ESPÈCES.

1. Furcocerque podure. *Furcocerca podura.*

> F. *cylindracea, postice acuminata, caudâ subfissâ.*
> Mull. Inf. t. 19. f. 1—5. Encycl. pl. 9. f. 1. 5.
> [Bory. Op. cit. p. 424.]
> [*Ichthydium podura.* Ehrenb. 2ᵉ Mém. p. 122 (1).]

---

(1) Le genre ICHTHYDIUM de M. Ehrenberg appartient à

H. dans les marais où croit la lenticule. Probablement la queue ne paraît simple que lorsque ses branches sont réunies.

2. Furcocerque verte. *Furcocerca viridis.*

F. cylindracea, mutabilis, posticè acuminata ,fissa.
Mull. Inf. t. 19. f. 6—13. Encycl. pl. 9. f. 6—13.
[*Raphanella urbica.* Bory. Op. cit. p. 665.]
[*Euglena viridis.* Ehrenb. 1ᵉʳ Mém. (Acad. de Berlin, 1830. pl. 6. fig. 3.)]
H. dans les eaux stagnantes des fossés.

3. Furcocerque bourse. *Furcocerca crumena.*

F. cylindraceo-ventricosá , anticè obliquè truncata ; caudá lineari-bicuspidatá.
Mull. Inf. t. 20. f. 4—6. Encycl. pl. 9. f. 19—21.
[*Leiodina crumena.* Bory. Op. cit. p. 484.— Morren. Annales des sciences naturelles. t. 21. p. 121, pl. 3. fig. 1 (1).]
H. dans l'infusion de l'ulve linze.

4. Furcocerque catelle. *Furcocerca catellus.*

F. tripartita ; caudá bisetá.
Mull. Inf. t. 20. f. 10, 11. Encycl. pl. 9. f. 22, 23.
[*Cephalodella catellus.* Bory. Op. cit. p. 527.]
H. dans l'eau des marais.

5. Furcocerque catelline. *Furcocerca catellina.*

F. tripartita ; caudá bicuspidatá.
Mull. Inf. t. t. 20. f. 12, 13. Encycl. pl. 9. f. 24, 25.

---

la classe des rotateurs. Ces animalcules ont un canal digestif droit et simple; leur pharynx est très alongé; ils sont dépourvus de mandibules; leur corps est oblong, uni et glabre; ils ont une queue bifurquée très courte; enfin, ils ont autour de la bouche un cercle complet et unique de cils.

(1) Cet animalcule appartient probablement à la classe des rotateurs. (*Voyez* le volume suivant, notes du genre tricocerque.)

[*Cephalodella catellina*. Bory. Op. cit. p. 527.]
[*Diglena catellina*. Ehrenb. 2ᵉ Mém. p. 137.(1)]
H. dans l'eau des fossés où croît la lenticule.

6. Furcocerque loup. *Furcocerca lupus.*

F. cylindrica, elongata, torosa ; cauda spinis duabus.
Mull. Inf. t. 20. f. 14—17. Encycl. pl. 9. f. 26—29.
[*Cephalodella lupus*. Bory. Op. cit. p. 527.]
[*Cycloglena lupus*. Ehrenb. 2ᵉ Mém. p. 141 (2).]
H. dans les eaux stagnantes.

7. Furcocerque orbiculaire. *Furcocerca orbis.*

F. orbicularis; setá caudali, duplici, longissimá.
Mull. Inf. t. 20. f. 7. Encycl. pl. 10. f. 8.
[*Trichocerca orbis*. Bory. Op. cit .p. 746.]
H. dans les eaux stagnantes.

---

(1) Le genre DIGLENA de M. Ehrenberg appartient à la classe des rotateurs. Le pharynx de ces infusoires est volumineux et armé antérieurement de deux mandibules simples à une seule dent ; à cette cavité succède un canal étroit qui bientôt se dilate et paraît avoir dans son intérieur une structure glandulaire; six prolongements cœcales naissent de cette portion élargie de l'intestin, mais ne reçoivent pas directement les aliments dans leur intérieur, comme chez les infusoires polygastriques , et sont probablement des organes secréteurs; enfin , la portion postérieure du canal digestif se rétrécit de nouveau. (*Voyez* Ehrenb., 2ᵉ Mém. pl. 3. fig. 10, et Annales des Sciences Naturelles, 2ᵉ série Zool. t. 1, pl. 12, fig. 6.) Le corps est nu , terminé postérieurement par une queue bifurquée et pourvue antérieurement de plusieurs petits organes rotateurs disposés en cercle ; enfin ces animalcules présentent sur le front deux points oculiformes.

(2) Le genre CYCLOGLENA de M. Ehrenberg appartient à la même famille que le genre Diglina, mais présente plusieurs yeux disposés en un cercle sur le cou ; la queue est bifurquée.　　　　　F.

8. Furcocerque lune. *Furcocerca luna.*

F. orbicularis; caudá spinis binis, linaribus, brevibus.
Mull. Inf. t. 20. f. 8, 9. Encycl. pl. 10. f. 9, 10.
[*Trichocerca luna.* Bory. Op. cit. p. 746.]
[*Euchlanis luna.* Ehrenb. 2ᵉ Mém. p. 131 (1).]
H. dans les eaux stagnantes.

Voilà, quant à présent, où se réduisent nos principales connaissances sur les *infusoires*, lesquelles se bornent au caractère classique que je leur assigne, ce que l'on a pu savoir de plus essentiel à leur égard, et les genres les plus convenables qu'il a été possible d'établir parmi eux.

Muller, qui a tant contr'bue à faire connaître ces singuliers animaux, n'a consiaéré en général que leur extrême petitesse pour circonscrire la coupe particulière qu'ils paraissent former dans l'échelle animale : il y réunissait en conséquence ceux qui ont antérieurement un ou deux organes rotatoires, tels que les urcéolaires et les vorticelles.

Je pense, au contraire, que partout, dans le règne animal, les rapports et les coupes classiques ne doivent être déterminés que d'après l'état de l'organisation, et non d'après la taille des individus; et si, par le placement de ma ligne de séparation classique, je sépare les

---

(1) Le genre EUCHLANIS, Ehrenberg, appartient également à la classe des rotateurs ; la disposition des organes rotateurs rapproche ces animalcules des Ratules, des Diglènes, etc.; mais ils ont le corps cuirassé ; leur queue est bifurquée et très longue, leur cuirasse déprimée et uniforme ; enfin ils ont un seul point oculiforme.   E.

rotifères des infusoires, je m'y crois autorisé en ce que les rotifères ne sont pas essentiellement des infusoires, qu'aucune ne résulte de génération spontanée, que dans toutes, la bouche et le tube alimentaire sont clairement reconnus, et qu'enfin la bouche des *rotifères*, comme celle des *polypes*, est constamment munie d'organes extérieurs propres à amener dans cette bouche les corpuscules qui peuvent servir à la nutrition de ces animaux; ce qui n'en est pas ainsi dans les infusoires (1).

Si j'ai pu trouver des motifs raisonnables pour rapprocher les rotifères des polypes, tandis que *Muller* en a cru trouver pour les comprendre parmi les infusoires, il résulte de cette différence de classification, où néanmoins les rangs reconnus ne sont nullement changés, que les *rotifères* font évidemment le passage des infusoires aux polypes, et que les derniers infusoires tiennent de très près aux rotifères, comme les derniers rotifères tiennent de très près aux autres polypes.

Les *infusoires*, même les plus imparfaits, sont donc tous véritablement des animaux, puisque de proche en proche ils sont liés les uns aux autres par des rapports évidents, et qu'ils conduisent, sans lacune, aux *polypes* qui sont bien reconnus pour appartenir au règne animal.

---

(1) Les observations récentes de M. Ehrenberg confirment pleinement l'opinion de Lamarck, relativement à la nécessité de ne plus confondre dans une même classe tous les infusoires de Muller (*Voy*. p. 337).　　E.

FIN DU TOME PREMIER.

TABLE

DES

MATIÈRES CONTENUES DANS CE VOLUME.

HISTOIRE NATURELLE DES ANIMAUX SANS VERTÈBRES.

PREMIÈRE PARTIE.

FIN DE LA TABLE.

www.ingramcontent.com/pod-product-compliance
Lightning Source LLC
LaVergne TN
LVHW011221170726
843501LV00002B/322